程　杰 曹辛华 王　强 主编

中国花卉审美文化研究丛书

01

中国牡丹审美文化研究

付　梅 著

北京燕山出版社

图书在版编目（CIP）数据

中国牡丹审美文化研究 / 付梅著 . -- 北京 : 北京燕山出版社 , 2018.3
ISBN 978-7-5402-5122-2

Ⅰ . ①中… Ⅱ . ①付… Ⅲ . ①牡丹－审美文化－研究－中国②中国文学－文学研究 Ⅳ . ① S685.11 ② B83-092 ③ I206

中国版本图书馆 CIP 数据核字 (2018) 第 087861 号

中国牡丹审美文化研究

责任编辑：李涛
封面设计：王尧
出版发行：北京燕山出版社
社　　址：北京市丰台区东铁营苇子坑路 138 号
邮　　编：100079
电话传真：86-10-63587071（总编室）
印　　刷：北京虎彩文化传播有限公司
开　　本：787×1092 1/16
字　　数：320 千字
印　　张：28
版　　次：2018 年 12 月第 1 版
印　　次：2018 年 12 月第 1 次印刷
ISBN 978-7-5402-5122-2
定　　价：800.00 元

内容简介

本著为《中国花卉审美文化研究丛书》之第1种，由作者付梅硕士学位论文《北宋牡丹审美文化研究》（南京师范大学2011年）增订而成。牡丹在中国有悠久的栽培观赏历史，深受国人喜爱，有“花王”“国花”“富贵花”“太平花”等美誉和称号，饱含着深厚的民俗文化意蕴和文化象征功能，是我国传统名花中最为经典的花卉。本书分上、下编。上编五章论述唐前牡丹的实用阶段的培植应用，唐宋时期观赏之风的兴起和宋元以来文化意蕴积淀发展，以时间为序梳理牡丹审美文化的发展源流，总结牡丹文化的历史传统。下编五章研究牡丹与中国传统文化，诸如文学、园艺园林、音乐绘画、民俗礼节、工艺装饰等方面的关联，深入阐述牡丹文化的民族精神内蕴，探索牡丹文化传统生成、积淀的历史机制和文化渊源。

作者简介

付梅，女，河南信阳人。南京大学古代文学博士。现任河南农业大学文法学院讲师。主要研究方向为古代文学唐宋方向。主持国家社科基金青年项目一项，在《中国文化研究》《南京师范大学文学院学报》《古典文献研究》等刊物发表学术论文多篇。

《中国花卉审美文化研究丛书》前言

所谓“花卉”，在园艺学界有广义、狭义之分。狭义只指具有观赏价值的草本植物；广义则是草本、木本兼而言之，指所有观赏植物。其实所谓狭义只在特殊情况下存在，通行的都应为广义概念。我国植物观赏资源以木本居多，这一广义概念古人多称“花木”。明清以来由于绘画中花卉册页流行，“花卉”一词出现渐多，逐步成为观赏植物的通称。

我们这里的“花卉”概念较之广义更有拓展。一般所谓广义的花卉实际仍属观赏园艺的范畴，主要指具有观赏价值，用于各类园林及室内室外各种生活场合配置和装饰，以改善或美化环境的植物。而更为广义的概念是指所有植物，无论自然生长或人类种植，低等或高等，有花或无花，陆生或海产，也无论人们实际喜爱与否，但凡引起人们观看，引发情感反应，即有史以来一切与人类精神活动有关的植物都在其列。从外延上说，包括人类社会感受到的所有植物，但又非指植物世界的全部内容。我们称其为“花卉”或“花卉植物”，意在对其内涵有所限定，表明我们所关注的主要是植物的形状、色彩、气味、姿态、习性等方面的形象资源或审美价值，而不是其经济资源或实用价值。当然，两者之间又不是截然无关的，植物的经济价值及其社会应用又经常对人们相应的形象感受产生影响。

“审美文化”是现代新兴的概念，相关的定义有着不同领域的偏倚和形形色色理论主张的不同价值定位。我们这里所说的“审美文化”不具有这些现代色彩，而是泛指人类精神现象中一切具有审美性的内容，或者是具有审美性的所有人类文化活动及其成果。文化是外延，至大无外，而审美是内涵，表明性质有限。美是人的本质力量的感性显现，性质上是感性的、体验的，相对于理性、科学的“真”而言；价值上则是理想的、超功利的，相对于各种物质利益和社会功利的“善”而言。正是这一内涵规定，使“审美文化”与一般的“文化”概念不同，对植物的经济价值和人类对植物的科学认识、技术作用及其相关的社会应用等“物质文明”方面的内容并不着意，主要关注的是植物形象引发的情绪感受、心灵体验和精神想象等“精神文明”内容。

将两者结合起来，所谓“花卉审美文化”的指称就比较明确。从“审美文化”的立场看“花卉”，花卉植物的食用、药用、材用以及其他经济资源价值都不必关注，而主要考虑的是以下三个层面的形象资源：

一是“植物”，即整个植物层面，包括所有植物的形象，无论是天然野生的还是人类栽培的。植物是地球重要的生命形态，是人类所依赖的最主要的生物资源。其再生性、多样性、独特的光能转换性与自养性，带给人类安全、亲切、轻松和美好的感受。不同品种的植物与人类的关系或直接或间接，或悠久或短暂，或亲切或疏远，或互益或相害，从而引起人们或重视或鄙视，或敬仰或畏惧，或喜爱或厌恶的情感反应。所谓花卉植物的审美文化关注的正是这些植物形象所引起的心理感受、精神体验和人文意义。

二是“花卉”，即前言园艺界所谓的观赏植物。由于人类与植物尤其是高等植物之间与生俱来的生态联系，人类对植物形象的审美意识可以说是自然的或本能的。随着人类社会生产力的不断提高和社会财富的不断积累，人类对植物有了更多优越的、超功利的感觉，对其物色形象的欣赏需求越来越明确，相应的感受、认识和想象越来越丰富。世界各民族对于植物尤其是花卉的欣赏爱好是普遍的、共同的，都有悠久、深厚的历史文化传统，并且逐步形成了各具特色、不断繁荣发展的观赏园艺体系和欣赏文化体系。这是花卉审美文化现象中最主要的部分。

三是"花"，即观花植物，包括可资观赏的各类植物花朵。这其实只是上述"花卉"世界中的一部分，但在整个生物和人类生活史上，却是最为生动、闪亮的环节。开花植物、种子植物的出现是生物进化史的一大盛事，使植物与动物间建立起一种全新的关系。花的一切都是以诱惑为目的的，花的气味、色彩和形状及其对果实的预示，都是为动物而设置的，包括人类在内的动物对于植物的花朵有着各种各样本能的喜爱。正如达尔文所说，"花是自然界最美丽的产物，它们与绿叶相映而惹起注目，同时也使它们显得美观，因此它们就可以容易地被昆虫看到"。可以说，花是人类关于美最原始、最简明、最强烈、最经典的感受和定义。几乎在世界所有语言中，花都代表着美丽、精华、春天、青春和快乐。相应的感受和情趣是人类精神文明发展中一个本能的精神元素、共同的文化基因；相应的社会现象和文化意义是极为普遍和永恒的，也是繁盛和深厚的。这是花卉审美文化中最典型、最神奇、最优美的天然资源和生活景观，值得特别重视。

再从"花卉"角度看"审美文化"，与"花卉"相关的"审美文化"则又可以分为三个形态或层面：

一是"自然物色"，指自然生长和人类种植形成的各类植物形象、风景及其人们的观赏认识。既包括植物生长的各类单株、丛群，也包括大面积的草原、森林和农田庄稼；既包括天然生长的奇花异草，也包括园艺培植的各类植物景观。它们都是由植物实体组成的自然和人工景观，无论是天然资源的发现和认识，还是人类相应的种植活动、观赏情趣，都体现着人类社会生活和人的本质力量不断进步、发展的步伐，是“花卉审美文化”中最为鲜明集中、直观生动的部分。因其侧重于植物实体，我们称作“花卉审美文化”中的“自然美”内容。

二是“社会生活”，指人类社会的园林环境、政治宗教、民俗习惯等各类生活中对花卉实物资源的实际应用，包含着对生物形象资源的环境利用、观赏装饰、仪式应用、符号象征、情感表达等多种生活需求、社会功能和文化情结，是“花卉”形象资源无处不在的审美渗透和社会反应，是“花卉审美文化”中最为实际、普遍和复杂的现象。它们可以说是“花卉审美文化”中的“社会美”或“生活美”内容。

三是“艺术创作”，指以花卉植物为题材和主题的各类文艺创作和所有话语活动，包括文学、音乐、绘画、摄影、雕塑等语言、图像和符号话语乃至于日常语言中对花卉植物及其相应人类情感的各类描写与诉说。这是脱离具体植物实体，指用虚拟的、想象的、象征的、符号化植物形象，包含着更多心理想象、艺术创造和话语符号的活动及成果，统称“花卉审美文化”中的“艺术美”内容。

我们所说的“花卉审美文化”是上述人类主体、生物客体六个层面的有机构成，是一种立体有机、丰富复杂的社会历史文化体系，包含着自然资源、生物机体与人类社会生活、精神活动等广泛方面有机交融的历史文化图景。因此，相关研究无疑是一个跨学科、综合性的工作，需要生物学、园艺学、地理学、历史学、社会学、经济学、美学、文学、艺术学、文化学等众多学科的积极参与。遗憾的是，近数十年相关的正面研究多只局限在园艺、园林等科技专业，着力的主要是园艺园林技术的研发，视角是较为单一和孤立的。相对而言，来自社会、人文学科的专业关注不多，虽然也有偶然的、零星的个案或专题涉及，但远没有足够的重视，更没有专门的、用心的投入，也就缺乏全面、系统、深入的研究成果，相关的认识不免零散和薄弱。这种多科技少人文的研究格局，海内海外大致相同。

我国幅员辽阔、气候多样、地貌复杂，花卉植物资源极为丰富，有“世界园林之母”的美誉，也有着悠久、深厚的观赏园艺传统。我国又是一个文明古国和世界人口、传统农业大国，有着辉煌的历史文化。这些都决定我国的花卉审美文化有着无比辉煌的历史和深厚博大的传统。植物资源较之其他生物资源有更强烈的地域性，我国花卉资源具有温带季风气候主导的东亚大陆鲜明的地域特色。我国传统农耕社会和宗法伦理为核心的历史文化形态引发人们对花卉植物有着独特的审美倾向和文化情趣，形成花卉审美文化鲜明的民族特色。我国花卉审美文化是我国历史文化的有机组成部分，是我国文化传统最为优美、生动的载体，是深入解读我国传统文化的独特视角。而花卉植物又是丰富、生动的生物资源，带给人们生生不息、与时俱新的感官体验和精神享受，相应的社会文化活动是永恒的“现在进行时”，其丰富的历史经验、人文情趣有着直接的现实借鉴和融入意义。正是基于这些历史信念、学术经验和现实感受，我们认为，对中国花卉审美文化的研究不仅是一项十分重要的文化任务，而且是一个前景广阔的学术课题，需要众多学科尤其是社会、人文学科的积极参与和大力投入。

我们团队从事这项工作是从 1998 年开始的。最初是我本人对宋代咏梅文学的探讨，后来发现这远不是一个咏物题材的问题，也不是一个时代文化符号的问题，而是一个关乎民族经典文化象征酝酿、发展历程的大课题。于是由文学而绘画、音乐等逐步展开，陆续完成了《宋代咏梅文学研究》《梅文化论丛》《中国梅花审美文化研究》《中国梅花名胜考》《梅谱》（校注）等论著，对我国深厚的梅文化进行了较为全面、系统的阐发。从1999年开始，我指导研究生从事类似的花卉审美文化专题研究，俞香顺、石志鸟、渠红岩、张荣东、王三毛、王颖等相继完成了荷、杨柳、桃、菊、竹、松柏等专题的博士学位论文，丁小兵、董丽娜、朱明明、张俊峰、雷铭等20多位学生相继完成了杏花、桂花、水仙、蘋、梨花、海棠、蓬蒿、山茶、芍药、牡丹、芭蕉、荔枝、石榴、芦苇、花朝、落花、蔬菜等专题的硕士学位论文。他们都以此获得相应的学位，在学位论文完成前后，也都发表了不少相关的单篇论文。与此同时，博士生纪永贵从民俗文化的角度，任群从宋代文学的角度参与和支持这项工作，也发表了一些花卉植物文学和文化方面的论文。俞香顺在博士论文之外，发表了不少梧桐和唐代文学、《红楼梦》花卉意象方面的论著。我与王三毛合作点校了古代大型花卉专题类书《全芳备祖》，并正继续从事该书的全面校正工作。目前在读的博士生张晓蕾、硕士生高尚杰、王珏等也都选择花卉植物作为学位论文选题。

以往我们所做的主要是花卉个案的专题研究，这方面的工作仍有许多空白等待填补。而如宗教用花、花事民俗、民间花市，不同品类植物景观的欣赏认识、各时期各地区花卉植物审美文化的不同历史情景，以及我国花卉审美文化的自然基础、历史背景、形态结构、发展规律、民族特色、人文意义、国际交流等中观、宏观问题的研究，花卉植物文献的调查整理等更是涉及无多，这些都有待今后逐步展开，不断深入。

“阴阴曲径人稀到，一一名花手自栽”（陆游诗），我们在这一领域寂寞耕耘已近20年了。也许我们每一个人的实际工作及所获都十分有限，但如此络绎走来，随心点检，也踏出一路足迹，种得半畦芬芳。2005年，四川巴蜀书社为我们专辟《中国花卉审美文化研究书系》，陆续出版了我们的荷花、梅花、杨柳、菊花和杏花审美文化研究五种，引起了一定的社会关注。此番由同事曹辛华教授热情倡议、积极联系，北京采薇阁文化公司王强先生鼎力相助，继续操作这一主题学术成果的出版工作。除已经出版的五种和另行单独出版的桃花专题外，我们将其余所有花卉植物主题的学位论文和散见的各类论著一并汇集整理，编为20种，统称《中国花卉审美文化研究丛书》，分别是：

1.《中国牡丹审美文化研究》（付梅）；

2.《梅文化论集》（程杰、程宇静、胥树婷）；

3.《梅文学论集》（程杰）；

4.《杏花文学与文化研究》（纪永贵、丁小兵）；

5.《桃文化论集》（渠红岩）；

6.《水仙、梨花、茉莉文学与文化研究》（朱明明、雷铭、程杰、程宇静、任群、王珏）；

7.《芍药、海棠、茶花文学与文化研究》（王功绢、赵云双、孙培华、付振华）；

8.《芭蕉、石榴文学与文化研究》（徐波、郭慧珍）；

9.《兰、桂、菊的文化研究》（张晓蕾、张荣东、董丽娜）；

10.《花朝节与落花意象的文学研究》（凌帆、周正悦）；

11.《花卉植物的实用情景与文学书写》（胥树婷、王存恒、钟晓璐）；

12.《〈红楼梦〉花卉文化及其他》（俞香顺）；

13.《古代竹文化研究》（王三毛）；

14.《古代文学竹意象研究》（王三毛）；

15.《蘋、蓬蒿、芦苇等草类文学意象研究》（张俊峰、张余、李倩、高尚杰、姚梅）；

16.《槐桑樟枫民俗与文化研究》（纪永贵）；

17.《松柏、杨柳文学与文化论丛》（石志鸟、王颖）；

18.《中国梧桐审美文化研究》（俞香顺）；

19.《唐宋植物文学与文化研究》（石润宏、陈星）；

20.《岭南植物文学与文化研究》（陈灿彬、赵军伟）。

我们如此刈禾聚把，集中摊晒，敛物自是快心，乱花或能迷眼，想必读者诸君总能从中发现自己喜欢的一枝一叶。希望我们的系列成果能为花卉植物文化的学术研究事业增薪助火，为全社会的花卉文化活动加油添彩。

程　杰

2018年5月10日

于南京师范大学随园

目　录

下　编　牡丹与中国传统文化

引　言

庭前芍药妖无格，池上芙蕖净少情。唯有牡丹真国色，花开时节动京城。（唐刘禹锡《赏牡丹》）

既全国色与天香，底用人家紫共黄。却喜骚人称第一，至今唤作百花王。（宋郑刚中《牡丹》）

百宝阑干护晓寒，沉香亭畔若为看。春来谁作韶华主，总领群芳是牡丹。（明冯琦《牡丹》）

上面这三首诗不仅向我们展示了牡丹国色天香及其芳国至尊之地位，也展示了中国古人曾共有过的牡丹审美观赏热潮。第一首诗可谓脍炙人口，如今各个牡丹景点多有引用，它不仅昭示了牡丹国艳无双的地位，也体现了大唐盛世的赫赫声威。唐代牡丹热潮已得到了学术界广泛而深入的关注，而宋代以及元明清持续高涨的牡丹审美文化却没有得到足够重视。尤其是宋代，更是牡丹审美文化发展的关键时期。细检史籍不难发现，宋人文集中形神俱佳的牡丹题材文学作品俯拾皆是，宋代的牡丹热潮无论在范围上还是程度上都是远远超出唐朝，在牡丹审美观念的开创上更有着前无古人的独特贡献。杜安世一句“直须共赏莫轻孤，回首万金何处买”（《玉楼春》）透露了宋人对牡丹的几多怜惜、几许狂热。宋人延续着大唐盛世的那份激情并将其推向一个新的高峰。牡丹的花王至尊地位也在这一时期正式确立，成为此后人们的共识。如今牡丹审美文化的基本意象元素都是在北宋一代确立的，北宋牡丹观赏不仅成了一种有组织、有理念、有品牌的大型娱乐活动，更形成了一种深入人心的审美文化。至此牡丹才以一个承载厚重文化底蕴的内外兼修的完美形象征服了所有人。因此可以说牡丹审美文化真正的繁荣是在两宋，尤其是北宋时期。

图 001 唯有牡丹真国色。马海摄于故宫洛阳牡丹展。

因此宋代是我们讨论的重点，不仅“中华文明造极于赵宋”，牡丹审美文化也造极、成熟于这一时期。两宋时期的牡丹无论是在客观种植、栽培规模的扩展与养护、栽接技术的进步上，还是在主观审美文化的发展上都是中国古代任何一个朝代无可匹敌的。虽然人们常常将富贵雍容的牡丹与辉煌壮丽的大唐盛世联系在一起，但是牡丹真正的普遍的繁荣却是在北宋，牡丹审美文化的精魂也主要形成于这一时期。

唐宋对于牡丹审美文化，既是一个开端，更是一个极高的起点。元明清人持续了唐宋人对于牡丹的热情，并将牡丹文化进一步世俗化、符号化，也取得了极为丰硕的成果。到了清朝“图必有意，意必吉祥”的集大成时代，牡丹更是一度由官方认证，晋级为“国花”，成为中华民族传统文化精神凝结而成的经典文化符号。元人的瓷器牡丹纹样的主流地位，明清盛行的文人牡丹画、牡丹题材戏曲及民间各种器用纹样包括织绣、建筑、雕刻、玉器、金银器等等纹饰上无处不在的牡丹花，都是这一时期牡丹审美繁荣的表现。遍布明清两朝的这些强势占据着时代装饰花纹主席的牡丹纹，配合着当时大量优秀诗文戏曲作品，印证牡丹审美文化的永恒魅力。

古人对牡丹的这种能超越时代的喜好，显然绝不限于物色赏玩，更有对其精神文化内涵的高度认同。中国古代牡丹审美文化内涵是极为丰富的，其中最常见而深入人心的是周敦颐《爱莲说》所谓“牡丹，花之富贵者也”。对富贵的向往和追求集中代表着俗世芸芸众生对美好生活的向往，上至王侯将相，下至贩夫走卒，无人不向往更美好更富裕的生活，“牡丹之爱，宜乎众矣”！此外，牡丹作为中国传统文化中一个重要的符号，国花竞选中一个令群芳望而生畏的强有力的竞争者，更重要的还是在于牡丹雍容华贵的“花王”范儿代表的大国气象、太平图景；以及包裹在天香国色外表之内的劲心刚骨之王者风范，深度契合着我们泱泱大国的气象及大度雍容、刚正不屈的民族精神。

作为木本植物的牡丹在中国有三千多年的栽培历史，作为观花植物的牡丹出现在文学艺术领域也有上千年的历史。牡丹是中国传统十大名花之首，自古即有花王、国花的美名，宋人已有“牡丹，花之富贵者”

图002 总领群芳是牡丹。马海摄于故宫洛阳牡丹花展。

的共识，显然此时牡丹已经成为文化符号。牡丹无疑是中国经典文化意象之一，牡丹审美文化的形成与传统社会民俗生活等方方面面也都有着密切的关系。在中国这个诗情画意、爱花如命的国度里，想要了解传统文化神髓及其发展脉络，想要窥探古人精神、情感、日常生活画卷，绕开古人自己选出的国民之花、自己尊崇的百花之王，实在是不明智的做法。牡丹审美文化的发生与发展历程中浸透着中国传统文化种种因素，研究这一历史悠久又广泛应用的文化意象，无疑可以从一个特别的角度来审视中国传统文化发展的一个侧面。

牡丹花谱是中国古代盛行的植物类谱录文学的典范之作，其中记载的各种栽培经验包括种植养护、栽接、催花、长途保鲜等技术都可以代表时代科技所达到的高度。技术的提升保障了种植规模的普及，进而也极大丰富了古人的日常生活。各种与花相关的休闲活动从唐至清绵延不绝，展示着古人风雅生活画卷之一角：花会、花宴、赏花、戴花、画花、品花、题花、赋花等不一而足，牡丹花下产生大批优秀文学艺术精品，诸多反映时代精神与审美观念的吉光片羽闪耀其中，又形成了各个时段对牡丹审美文化内涵不同程度的开创与革新。总之，以宋人为代表的中国古人对牡丹的喜爱与因此而进行的种种活动，涉及古代社会生活的方方面面，对我们了解中国牡丹审美文化发展状况与特色，乃至古代的社会风气、文人心态、民风民俗等问题都有相当大的作用。

然而，目前学术界对牡丹审美文化的关注主要集中在唐代，研究成果也以个案式的单篇论文与文献整理式的笼统研究居多。相对于繁荣的农学、生物学、植物学相关研究，牡丹审美文化的研究力量还是有所不足的。牡丹并非大唐专有的名花，“洛阳牡丹甲天下”发生在北宋，“独立东风看牡丹”出现在南宋，牡丹亭上三生路有着由元至明的意象源流，而国花台则出现在清宫。中国牡丹审美文化是有着上千年历史，也有着丰富内涵的，实非一句大唐国色天香可以概括。我们总聚焦于明皇、杨妃、沉香亭，难免给人以只见树木不见森林之感。这种研究力量的不平衡对于整体把握牡丹文化的精神内涵及其发展变化是不利的。本书对存世的历代各种相关文献进行有机整合、论析，打破文学、史学、艺术等学科界限，多角度、多层面揭示牡丹审美文化在整个封建时代尤其是宋代的发展状况与特色，以期全面深入地了解牡丹在唐代以后漫长的历史时期中的发展脉络及其与社会传统文化诸方面的关联。从一个小的窗口窥探古代社会历史文化发展尤其是审美文化之一斑。

图 003　国色天香无物赛。丁小兵摄于洛阳。

本书分上下两编。

上编按照时段系统梳理牡丹审美文化的发生、发展历程。沿着历史轨迹探讨北宋牡丹审美文化对前代的继承与发展，分析牡丹审美文化在这一时期的发展历程及其在整个审美文化史上的价值与历史地位。

其中，第一章探讨唐前“前牡丹时代”牡丹的药用功能的被发现，山野牡丹的分布等状况；第二章研究大唐牡丹由山野走入人工园林，进入人工栽培的路径，探讨牡丹文化象征的萌芽与初步发展历程；第三章分析北宋时期牡丹的人工种植规模与技术高度繁荣发展，牡丹审美文化象征的发展成熟；第四章论述南宋时期牡丹种植观赏的持续繁荣及牡丹审美文化的定型；第五章总结元明清时期牡丹种植观赏在唐宋基础上的继续稳定发展及这一时期牡丹审美文化在宋代高潮之后的延续。

本编系统概括牡丹审美文化萌芽、发展、繁荣、成熟的全过程，站在历史的高度上纵观整个古代牡丹审美文化的发展。从大唐的萌芽说起，讨论牡丹审美文化在这一时期起源与发展实况，考察唐代审美文化中的几个关键的问题，如“木芍药”“沉香亭”“佳名唤作百花王”等。重点梳理和阐发牡丹审美文化巅峰时期——北宋时期的相关种植观赏状况与文学文化审美活动发展状况等，一方面以诸多文献材料佐证宋代牡丹审美文化繁荣鼎盛发展，另一方面结合宋代思想文化，从意识形态领域探讨牡丹审美认识在这一时期的升华及其象征意蕴的形成的过程与因由。

下编主要研究构成牡丹审美文化的诸多元素，如文学、艺术、园林、风俗、民俗观念等，探讨牡丹审美文化的产生发展与各个时段的审美风尚、民俗观念以及中国传统民族精神的内部渊源。

其中，第一章主要讨论牡丹题材文学的发展状况。文学的繁荣是文化繁荣最直接，也是最高级的表现。历代牡丹题材诗词、文赋之繁盛及在创作数量与质量、主题内容等方面的特色及其所取得的成就，都可见牡丹题材文学创作活动之活跃，也代表着牡丹审美文化所达到的高度。牡丹题材文学的发展是牡丹审美文化中的第一关键。第二章论述古代牡丹园艺事业的发展与进步。主要从牡丹种植规模、栽培技术与观念的发展及其相关理论、经验总结这三个方面来研究牡丹审美文化发展过程中与古典园林、园艺发展的关联，及牡丹审美文化对时代园林园艺事业发展的意义。第三章主要探讨古代牡丹题材艺术发展状况。牡丹画是晚唐花鸟画科独立以来第一批出现并成熟的绘画题材，自此以后始终是传统花卉画的重要题材之一。宋代是花鸟画的鼎盛发展时期，也是牡丹题材绘画的繁荣时期。这一时期牡丹画无论是其表现艺术上还是立意构思上都体现出了鲜明的时代特色，取得了丰硕的成果。明清时期的牡丹题材艺术也极为繁荣，出现了诸如徐渭、唐寅、沈周、郎世宁、恽寿平、邹一桂等牡丹画家与精品牡丹作品。牡丹题材在工艺美术方面获得了更为广泛而普及的应用。工艺美术方面，历代民俗器具装饰纹样中，最为普遍的就是花卉纹，牡丹纹又是花卉纹中最重要而普遍的纹样。牡丹纹在民俗艺术与绘画领域的发展丰富了北宋牡丹审美艺术，具有无可替代的艺术价值与历史意义。第四章探讨牡丹与中国审美文化观念演进的关联，包括唐人审美文化与牡丹审美观念的萌发的关联，宋人内敛、理性甚至老成的审美取向对牡丹审美文化的精细化做出的贡献以及“牡丹亭”意象体现的元明清审美趣味的世俗化、平民化。第五章论述牡丹审美文化在中国传统民俗文化精神中汲取的养料。由“牡丹花下死”这一俗语的溯源论述中国传统民俗文化中的牡丹情结，感悟蔓延千年的牡丹风潮中体现的古人对美的追求，对时光、青春的感悟。通过论述牡丹审美文化中最为常见的在比较与品评中确立牡丹地位的观赏模式所体现的民俗观念，研究花王花相、品第列次的审美模式中渗透的等级烙印、宗法社会人伦关系。同时，论述牡丹富贵说盛行的民俗背景，诸如以颜色崇拜、皇权崇拜为表现形式的封建等级意识、宗法人伦关系意识投影，比德传统中对花木人格化的比附与塑造等观念。

附录论述洛阳牡丹的形成及其文化意义。洛阳牡丹甲天下，牡丹自宋之后千年仍被视为洛阳花、洛花，洛阳牡丹的渊源发展可谓是牡丹审美发展中最为经典的一个案例。洛阳对牡丹审美文化的意义极为重要，讨论洛阳与牡丹的渊源及洛阳牡丹在北宋时期的发展概况、洛阳牡丹的成名与特色、兴衰轨迹与历史原因及其文化意义，就能直接从一个小而关键的窗口窥见整个牡丹审美文化发展史之一斑。

上　编　中国牡丹审美文化发展史

第一章　唐前“前牡丹时代”：牡丹起源新考

第一节　牡丹起源考与“木芍药”辨

牡丹是中国本土木本植物，明确有史料记载的年代距今也有两千年了，是当之无愧的十大名花之首。在相传是上古时期神农氏所著的《神农本草经》即有关于牡丹的记载云：“牡丹味辛寒，一名鹿韭，一名鼠姑，生山谷。”《神农本草经》作为最早的中药理论专著，约成书于东汉时期，也是目前最早的关于牡丹的文字记载，从年代上它可以与出土的汉简相印证，说明野生牡丹实用价值的被发现，有近两千年历史。

《神农本草经》是现存最早的中药学著作，虽署名神农氏，实际当于东汉时期集结成书。原本早已亡佚，现存文字皆是从相关医书中辑录而出。这本书名最早见于西晋皇甫谧《针灸甲乙经》序言（伊尹以亚圣之才，撰用《神农本草》，以为汤液）[①]，张华《博物志》简称《神农经》，可见至迟在两晋本书已广为流传。《汉书·游侠传》等汉代典籍中已有“诵医经、本草、方术数十万言”等记载，可证汉代已有《本草》专著。《淮南子·修务训》曰，“世俗之人，多尊古而贱今，故为道者，必托于神农、黄帝，而后始人说”[②]，又可知两汉有托古之风，

① ［西晋］皇甫谧《针灸甲乙经》序，人民卫生出版社 2009 年版，第 13 页。

② 张双棣《淮南子校释》，北京大学 1997 年版，第 8 页。

是以本书成书年代基本可推至东汉。

中医理论中草药药性上可分为温热寒凉四气，药效应用上又分甘苦酸咸辛五味。辛是五味之一，有发散、行气、行血之用，一般辛味的药物都可以用来治疗气血阻滞等症状；寒是四气之一，寒性的药大多用来清热解毒、泻火，治疗热性病。牡丹味辛辣，可以清热，可以通气血，这与《本草纲目》卷十二下所载“滋阴降火，解斑毒，利咽喉，通小便血滞”相符。可见至迟在东汉时期，古人已经发现了牡丹的生物特性及其精确药效，牡丹确定无疑于此时已经进入人类生活。

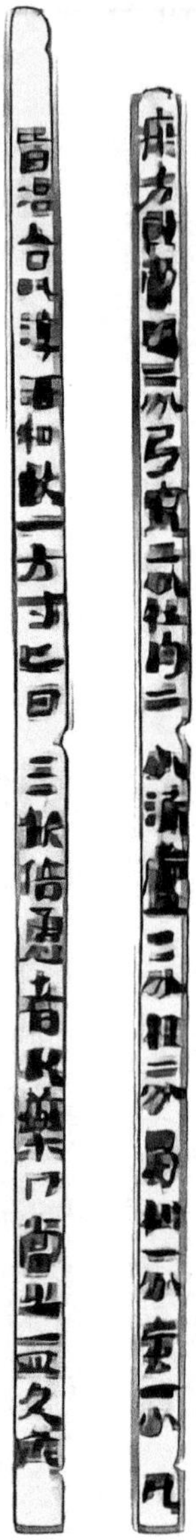

图 004　武威汉代医简，甘肃武威出土。

这条资料在当时和以后的史书、医书中辗转引用，并没有更多的旁证，然出土文献“武威医简”却进一步佐证了这一结论。武威医简即 1972 年甘肃武威出土的东汉早期医简，其中第 11 ～ 12 简“瘀方”（图 004）即出现用牡丹治病的记载。这是目前最早关于牡丹的出土文物资料，确认了牡丹至少在两千年前已经进入人工栽培的实用阶段，人们已经发现其药用价值。这张“瘀方”的记载说明，早在东汉早期牡丹的药用效果就被中医学所掌握和利用。这些医简的发现，也可证明我国牡丹种植的年代至迟在东汉早期：

瘀方：干当归二分、芎藭二分、牡丹二分、漏芦二分、桂二分、蜀椒一分、虻一分。[1]

所谓“瘀方”，即治疗血液凝滞类病痛的药方。此药方中，当归的干燥根具有补血活血、调经止痛、润肠通便之功效。常用于血虚萎黄、眩晕心悸、风湿痹痛、跌扑损伤等症状；芎藭根茎皆可入药，有调经、活血、润燥、止痛等疗效；漏芦根及根状茎入药，有清热、解毒、消肿等功效；桂，当为樟科植物肉桂的干燥树皮。可散寒止痛，活血通经，用于腰膝冷痛、肾虚作喘等症；蜀椒；虻即飞虻。《本草纲目》载，“虻食血而治血，因其性而为用也……乃肝经血分药也”，都是有通经活血药效，与牡丹有着相通、近似的效用。这药方所揭示的医理，至今仍通用在中药中，如今诸多类似功能的中成药中仍多有它们的身影。

值得注意的是，这批药简中还出现了“芍药”，将我们的视线从被唐宋“木芍药”之称误导而认为上古时期牡丹、芍药同名的迷思中引入正途：牡丹和芍药早已各有其名、各有其用。中医学早已掌握了它们各自的药用性能，将它们应用于不同的临床药方中。

武威古称凉州，是西北重镇，历史悠久，这里的牡丹文化自上古以降，代代流传。唐弘化公主墓葬中已有牡丹纹，宋金时期这里是西夏治下，牡丹纹也大量出现在西夏出土的各种瓷器、金银器上。这里文献可见唐代宋时期武威是我国牡丹早期产地之一。达尔文《动植物在家养情况下的变异》（1868）一书中说：牡丹在中国已经栽培了1400年。倒推一下牡丹种植时间就是公元5世纪，即南北朝初年，可知在发现实用价值之后，牡丹也渐渐进入人类视野与生活，为其审美价值、物色之美的发现提供了可能。

---

① 张延昌《武威汉代医简注解》，中医研究院中医古籍出版社2006年版，第7页。

这些材料都可以说明牡丹有自己的历史脉络和轨迹，唐人所谓“牡丹初无名，故依芍药以为名”（《通志略》）的说法，至少在唐前是不准确的。我们不必为了抬高牡丹的身价，而非要将《诗经》里的“赠之以芍药”附会为牡丹审美文化源头。这一点在芍药的相关记载中也是可以得到印证的，无论是芍药之“芍”字从草，还是战国时期的《山海经》所谓“其草多芍药”，还有后来汉代诸多医典的记载，都明确表明了芍药草本的属性。在儒家重正名的传统和汉代严谨的经学精神下，木本的牡丹是不可能混迹在草本芍药名下的。

木芍药的说法最早出于中唐，正是牡丹大受欢迎之时，与沉香亭诸故事出现在同一时期，《通志略》的记载中还有“芍药著于三代之际，风雅所流咏也”，而“牡丹初无名”之说。而汉代已有牡丹之名，至唐牡丹药用价值也有普及应用，显然“无名”并非事实，作者的本意或许是指牡丹无如芍药之“要离”赠别之意等文化层面上的美名。这种明显的“罔顾事实”和唐人对李白《清平调》三章中“名花”的言之凿凿的论断及“武则天贬牡丹”故事、沉香亭故事的反复渲染，都有着异曲同工之妙。细究这些故事，虽然过程细节各有不同，但是其效果却无一不是抬高了牡丹这一“新贵”的身价，让这一个“新花”与出身经典、“百花之中，其名最古”（王禹偁《芍药诗并序》）的名花芍药“联了宗”，牡丹自然也有了深厚的文化底蕴。而沉香亭故事中的唐明皇、杨贵妃、李白都是名扬千古的风流人物，他们和武则天一样，都是一种文化符号，代表了普罗大众对权势富贵、人物风流、太平繁华的向往。牡丹配上这些故事，就如同配上了孟浩然“气蒸云梦泽”的岳阳楼一般，被赋予了历史情感、人物风流，更有作为名胜的文化内涵。有了这些贵人作“代言”，牡丹身价百倍，让千百年来中国人为之疯狂也是自然而然的事。

因此，我们不难得出这样的结论：所谓“木芍药”的前牡丹审美文化时代，是一个伪命题。这其实只是唐代牡丹审美文化的一个经典现象，也是牡丹审美文化发展中的一个重要过程：造神运动。将牡丹神化或曰创造牡丹神话，让这一个时尚新贵披上历史传统的外衣，更为风雅人士所接受。这种心理在传统社会中极为普遍，如印度传来的佛教靠“老子化佛”在中国本土扎根；又如有着鲜卑血统的李氏皇族积极与中原李氏大族攀亲，甚至以此信奉以传说姓李的老子为尊的道教等。

当然，我们的分析和结论最终还是要回到文本。首先是沉香亭故事，“沉香亭”最早出现在诗仙李白名作《清平调三章》中：

云想衣裳花想容，春风拂槛露华浓。

若非群玉山头见，会向瑶台月下逢。

一枝红艳露凝香，云雨巫山枉断肠。

借问汉宫谁得似，可怜飞燕倚新妆。

名花倾国两相欢，长得君王带笑看。

解释春风无限恨，沉香亭北倚阑干。[①]

此诗见于宋人郭茂倩的《乐府诗集》中，从李白生平足迹可以推断作于李白供奉翰林时，是天宝中所制供奉新曲。这首曲子是李白人生巅峰状态下所作，场景也极其特殊——与历史上优秀而风流的帝王唐明皇和美貌聪慧的后妃杨贵妃相聚在一般文人无法踏足的皇宫禁地，赏名花、作新曲，太有时代意义，太能代表盛世的风貌，以至于很快

① 詹锳《李白全集校注汇释集评》，百花文艺出版社 1996 年版，第 765 页。

引起了中晚唐渴望中兴、重现大唐繁荣风流的文人们的重视。一时间对这一诗歌创作场景，当时各人心态的揣测而编成的故事层出不穷。唐人李濬《松窗杂录》言之凿凿地表示，这首诗的本事是这样的：当时唐玄宗、杨贵妃正在御花园内沉香亭畔赏牡丹，命人宣李白进新词助兴。李白醉中写下此诗，帝王妃子都非常满意，皇帝还用玉笛吹奏这一新调[①]。这个故事中的唐明皇不仅是帝王，还是精通各种乐器且颇有音乐造诣的梨园之祖；杨贵妃是尊贵美人，亦精通音律，擅歌舞琵琶；李白更是才华横溢的诗中仙。盛世里至尊君王、雍容妃子、风流诗仙与花王牡丹共谱的一曲折子戏，尽显富贵风流品格。这个故事是国泰民安、富庶太平的大唐缩影，这才是其如此脍炙人口，如此被历代文人怀念的根本原因，也是牡丹富贵太平之说的最大背景之一。

---

① ［唐］李濬《松窗杂录》：开元中，禁中初重木芍药，即今牡丹也。《开元天宝》花呼木芍药，本记云禁中为牡丹花。得四本，红、紫、浅红、通白者，上因移植于兴庆池东沉香亭前。会花方繁开，上乘月夜召太真妃以步辇从。诏特选梨园子弟中尤者，得乐十六色。李龟年以歌擅一时之名，手捧檀板，押众乐前欲歌之。上曰："赏名花，对妃子，焉用旧乐词为。"遂命龟年持金花笺宣赐翰林学士李白，进《清平调》词三章。白欣承诏旨，犹苦宿酲未解，因援笔赋之：云想衣裳花想容，春风拂槛露华浓。若非群玉山头见，会向瑶台月下逢；一枝红艳露凝香，云雨巫山枉断肠。借问汉宫谁得似，可怜飞燕倚新妆。名花倾国两相欢，长得君王带笑看。解释春风无限恨，沉香亭北倚阑干。龟年遽以词进，上命梨园子弟约略调抚丝竹，遂促龟年以歌。太真妃持颇黎七宝杯，酌西凉州蒲萄酒，笑领，意甚厚。上因调玉笛以倚曲，每曲遍将换，则迟其声以媚之。太真饮罢，饰绣巾重拜上意。龟年常话于五王，独忆以歌得自胜者无出于此，抑亦一时之极致耳。上自是顾李翰林尤异于他学士。会高力士终以脱乌皮六缝为深耻，异日太真妃重吟前词，力士戏曰："始谓妃子怨李白深入骨髓，何拳拳如是？"太真妃因惊曰："何翰林学士能辱人如斯？"力士曰："以飞燕指妃子，是贱之甚矣。"太真颇深然之。上尝欲命李白官，卒为宫中所捍而止。《唐五代笔记小说大观》，上海古籍出版社 2000，第 1213 页。

图 005 一枝红艳露凝香。

这个故事太过典型地体现了大唐的富庶繁华、人物风流，以至于后人多全盘接受，辗转相抄录，遂成为无人质疑的“既成事实”。然而，这个故事却是经不起推敲的。首先李白是天宝中才入翰林供奉的，其次没有任何材料可以旁证这个沉香亭边的“名花”就是“木芍药”也即牡丹。它可以是牡丹，但重要的是，也可以不是，我们如此推断的理由有二：一者，中国是个爱花的国度，名花实在太多，出身诗经的芍药、桃花、萱草花，孔子钟爱的兰花等，在此前漫长的历史时期中都是“名花”。

从李白的言辞中，我们也根本无法断定他所言名花的品种，云想衣裳花想容之轻盈柔美，是多数名花之所共有；一枝红艳露凝香，红艳且香的也不独牡丹，若说是红莲、红杏、红桃，似乎也可以成立。尤其是白居易《长恨歌》中提到“太液芙蓉未央柳，芙蓉如面柳如眉”，恐怕这里是芙蓉的可能还更大些。白居易也写过《牡丹芳》，他深知牡丹在时人心目中的地位，若明皇沉香亭畔就真有如此名花了，他焉能不叙写在自己精心结撰的美文之中。恐怕他是知道牡丹作为“新贵”当时未必就得种在沉香亭边供君王妃子欢赏；再者，牡丹大量见诸诗文是在中唐以后，前面所论及的舒元舆《牡丹赋》、李德裕《牡丹赋》、刘禹锡等人的牡丹诗歌等都集中在这一时期，可是世人好尚确实是有着相当的偶然性、爆发性与时效性的，此时的“名花”彼时恐怕还是山野中的薪柴，人们关注的还是它的根皮之药用价值；而彼时的名花已经确乎成为此时的盘中餐（昔日出身诗经风雅，以椿萱并茂传达古人对父母的祝福祈祷的萱草花，如今已仅以餐桌上偶然出现的黄花菜为人所知了）[①]，我们以后代的当然去推断前代的或然，实在是需要更多的实证，因此更要小心谨慎的。

其次是“百花王”来历。这里以脍炙人口的一首牡丹诗为例，分析我们在层累的构成的历史中的“知见障”及其对我们认识牡丹审美文化史的影响：

落尽残红始吐芳，佳名唤作百花王。竞夸天下无双艳，独立人间第一香。（皮日休《牡丹》）[②]

这首诗应该是歌咏牡丹的诗歌中最热情、直接的名篇，因而深受喜爱，广为引用。这首诗对于牡丹审美文化的地位影响非常大，对唐

① 参看笔者相关论文《论古代文学中的萱草意象》，《阅江学刊》2012年第1期。

② ［明］彭大翼《山堂肆考》卷一九七“花品”，《影印文渊阁四库全书本》。

图 006　已推天下无双艳，更占人间第一香。丁小兵摄。

朝牡丹史的考察也是意义非凡。其中坦荡、直接地提出了牡丹“百花王”的地位，确实可以作为唐代牡丹审美地位很高、“唐人爱牡丹”的最为直接而明确的资料。现在的相关研究成果中都充分肯定了这首诗的重要性，如《中国历代牡丹诗词选注》《国花牡丹档案》《中国牡丹全书》《宋词鉴赏大辞典》《中国历代诗歌名篇鉴赏辞典》等相关研究资料与大量通行的文学类工具书都对其全文录用，并标明为唐皮日休所作。以李树桐《唐人爱牡丹考》为例：

皮日休在他作的《牡丹》（《全唐诗》第九函第九册）里，更直接明朗地夸为“竞夸天下无双艳，独立人间第一香”，足可奠定牡丹为百花王的地位。[①]

① 黄约瑟编《港台学者隋唐史论文精选》，三秦出版社 1990 年版，第 145 页。

然而，查《四部荟要》第439册所存的影印《御定全唐诗》第九册并没有这首诗的存在。不仅这个版本没有，现在通行的中华书局版本里也没有，甚至这首诗的历史至多能追溯到明中后期。

清人编订堪称“大全”的《四库全书》中出现这首诗仅有三处：一、明彭大翼《山堂肆考》卷一九七“花品”所云“唐皮日休诗……”二、清吴宝芝《花木鸟兽集类》卷上；三、张英《渊鉴类函》卷四百五花部。二、三所记与《山堂肆考》相同，当是抄录。多录前贤名句的花谱如《全芳备祖》《广群芳谱》都未收此诗。也就是说，这首诗第一次出现是在明朝万历年间（《山堂肆考》发行的时段）。则这首诗在此之前，甚至在此之后，在整个封建文坛上除了上述两条外几乎没有任何回响，目前可见的明清众多野史笔记也完全没有对这一条内容的转引评论。我们几乎可以确定这首牡丹诗与皮日休甚至唐人无关了，恐怕是《山堂肆考》作者彭大翼或者他的友人所作，误收其中或直接要借皮日休“托名以传”。从内容上，这首诗又神似北宋诗人韩琦的《牡丹》二首其二：

青帝恩偏压众芳，独将奇色宠花王。

已推天下无双绝，更占人间第一香。

欲比世终难类取，待开心始觉春长。

不教四季呈妖丽，造化如何是主张。[1]

“皮日休”的“竞夸天下无双艳，独立人间第一香”与韩琦此诗颈联“已推天下无双艳，更占人间第一香”遣词立意莫不雷同，说是化出其中，绝不夸张。而“佳名唤作百花王”与“独将奇色宠花王”，在“花王”的称呼上也是有所呼应。而撇开这首伪诗的“花王”“天

① 北京大学古文献研究所《全宋诗》，北京大学出版社1991年版，第6册，第4011页。

下无双”“人间第一”等对牡丹的极力夸耀所透露的唐人风尚相关历史讯号，单从诗歌艺术的角度上讲，它是逊色于韩琦的《牡丹》诗的，“竞夸”与“独立”的对仗，远不如“已推”和“更占”自然顺畅；“佳名唤作”又嫌俚俗，不如“东君恩偏”“宠”花王来得生动有奇趣；韩诗结句“造化如何是主张”的嗔怪更将对“花王”的珍惜宠爱表露无遗，相对伪作而言，可归于王国维推崇的“有我之境”，可谓情境俱佳。因此，笔者在此大胆推测，这首被视为皮日休所作的牡丹诗，是后人总结前人经验，对前人佳作“夺胎换骨”而创作的新作。

类似的广为后人传诵，出处却十分可疑的故事还有很多，诸如武则天贬牡丹、隋炀帝海山记、顾恺之画牡丹之类，这些故事在当朝毫无痕迹，在后代也别无旁证，且都集中在唐宋时期涌现，学术界公认是唐宋人杜撰。宋人为何要杜撰牡丹故事，附会贵族名臣？这就要从古人的作伪历史讲起。

古人造假的历史可以追溯到东汉时期，当时经历秦朝书祸，很多古书都散佚无存，为了“弥补”遗憾，出现了大量伪古书，后来代代不绝至今古书真伪参半难以辨识。造假的动机很复杂，王元军《文人作伪》一书将其总结为如下几点：崇古；名利驱使；掠美；私人恩怨；好奇。就本则材料而言，作者造假的目的有二：一是崇古，一是好奇。崇古，在于为牡丹造与皇家贵族、名流高士有关的历史，抬高牡丹地位。同时借这些风流谈资，提高自己以及本人作品的关注度。直接冒古人名作假的则还有“托名以传”的用意，即借助古人的名气，扩散自己作品的影响；好奇，在于想解释为何牡丹如此国色天香却沉默千年，定是史料失载，不惜编造来满足猎奇心理。同时也在于对已经风流云散的前贤的追慕遥想，唐皇、杨妃、诗仙已逝，但他们可以继续活在后人编写的故事里任人瞻仰。无论出于这两种动机的哪一种，将牡丹附会于前代宫廷贵族、前贤名流的故事中，糅合捏造出新的故事，这种现象产生的背景都是编造者所处的时代中牡丹观赏活动的繁荣普及、爱花之风的昌隆所致，因此材料虽虚假，所反映的作者的时代中牡丹审美文化活动繁荣的现状，却十分真实。

牡丹被附会与皇权富贵、风流名士关系甚密，被尊崇被神化，正是它备受追捧的具体体现，也是牡丹审美文化得以萌芽发展的契机和源头。在这些故事里，牡丹身处深宫禁苑、雕梁画栋，流连花下的人既富且贵，牡丹的“富贵”意象在此已初露端倪；且牡丹“拒绝”了代表皇权的武则天，征服了代表天下美艳之冠的杨妃，让代表天下文人风雅轻狂巅峰的诗仙李白为之倾倒，它的骄傲、美艳与风流，傲视群伦的王者风范，也初露苗头。

在如上这些材料里，牡丹盛唐已经开始受到重视，唐明皇等都为之疯狂，中晚唐时期文化地位已经很高，有了皮日休亲奉的百花王的桂冠，因此传统研究中一致认为牡丹文化在大唐就已极盛，宋代不过是推波助澜。而事实并非如此。虽然中唐以后唐代确实出现了一个牡丹热潮，权门豪贵“三街九衢看牡丹”“争赏街西紫牡丹”，并“以不耽玩为耻”，但更多材料告诉我们唐代牡丹的文化地位远不如宋代高，虽然唐人赞其国色，却并未推举它到花王的位置。皮日休《牡丹》如上所论多半是伪作，且全唐诗中“花王”一词只出现了一次，即白居易的《山石榴花十二韵》之六尾联云“好差青鸟使，封作百花王”，被封王的并不是牡丹。虽然《全唐诗续拾》卷五六据南宋刘克庄的《分门纂类唐宋时贤千家诗选》卷九“百花门”之“牡丹十七首”补了一首阙名的《白牡丹》[1]，诗云："既全国色与天香，底用家人紫共黄。却喜骚人称第一，至今唤作百花王。"[2]这又明明是宋人郑刚中的《牡丹》诗误入。与作者时代相近的《全芳备祖》前集卷二、《事类备要》别集卷二三、《锦绣万花谷》后集卷三六都标明出自郑刚中《北山集》，显然是刘克庄误将其视为唐诗（原文此诗夹在"开元明公"《紫牡丹》与"咸阳郭氏"《白牡丹》两首唐诗中间），而后人因袭当作唐诗误收。则牡丹花王之说，可以确定是宋人提出的。虽然唐人已称其为国艳、国色，牡丹王位的获得确乎是在宋代尤其是北宋时期。我们应当拨开历史的迷雾，去看清牡丹在大唐的真实发展脉络及其文化影响，以及牡丹审美文化在唐朝发展的实际面貌。

第二节　牡丹进入人工栽培历程脉络考

虽然现代学者多根据唐宋人的记载，将牡丹进入人工栽培的时间推到魏晋甚至诗经芍药时代，但是若我们严格以文献学的眼光来看，这些材料多是靠不住的。上文所引的唐明皇、杨贵妃沉香亭故事、李白《清平调》故事，包括录于宋人笔记小说的《隋炀帝海山记》所谓"易州进牡丹二十箱"、楼台牡丹等材料都是经不起推敲的孤证。牡丹从山野药物、薪柴转身为国民之花，独揽万千宠爱，艳冠群芳的历程，需要更清晰的线索，实际上也确实有更确定的脉络。中唐宰相舒元舆所作的历史上第一篇《牡丹赋》前小序对这一过程就有所发明：

---

① ［宋］刘克庄《分门纂类唐宋时贤千家诗选》卷九，江苏古籍出版社1988年版，第157页。

② 《全宋诗》第30册，第31042页。

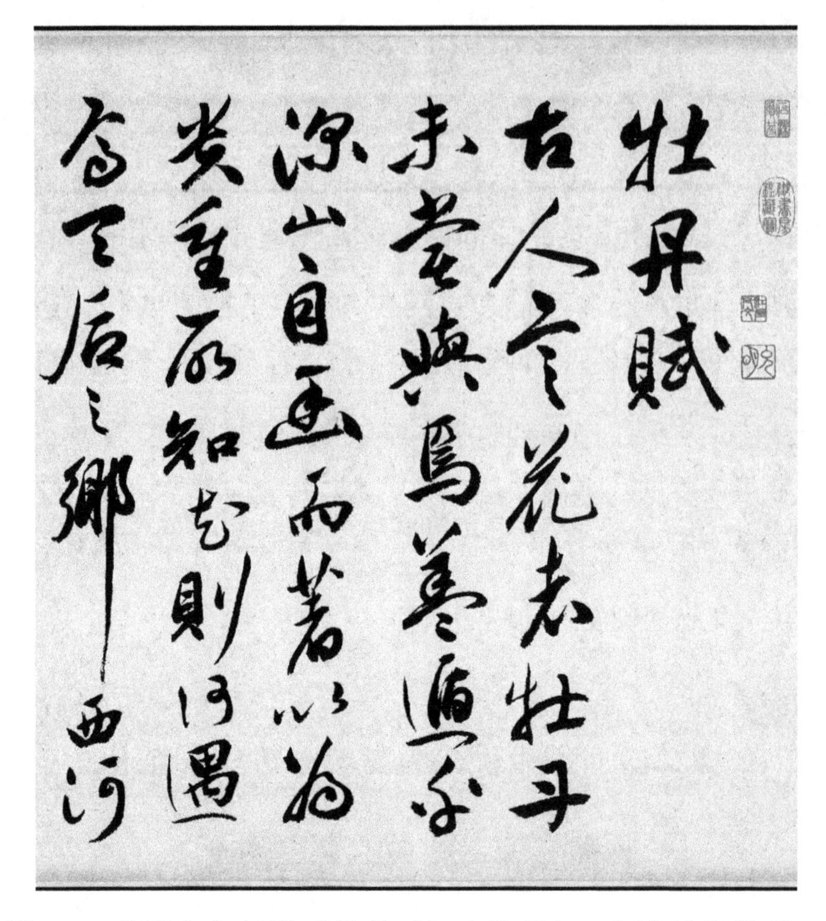

图 007 ［明］文征明《牡丹赋》（局部），上海博物馆藏。文征明与唐寅等并称“吴门四才子”，书法有明朝第一的美誉。这篇行楷内容是舒元舆的《牡丹赋》。温润秀泽的笔墨，将舒赋中“焕乎美乎，后土之产物也”的牡丹颂歌挥洒而出，更添思古幽情，与原作并传不朽。与他齐名的祝允明也有草书《牡丹赋》，可见舒元舆此作不仅“时称其工”，也是能跨越时代的文学精品。

古人言花者，牡丹未尝与焉，盖遁乎深山。自幽而著，以为贵重所知，花则何遇焉？天后之乡，西河也。有众香精舍，下有牡丹，其花特异。天后叹上苑之有阙，因命移植焉。

由此京国牡丹，日月寖盛。今则自禁闼洎官署，外延士庶之家，弥漫如四渎之流，不知其止息之地。每暮春之月，遨游之士如狂焉。[①]

这篇序言明确指出了中唐以前古人歌咏百花并未涉及牡丹，因为此前牡丹隐身在山野之中。牡丹的自幽微而发迹，成为时尚新宠，是有它的一番奇遇的。女王武则天的家乡山西并州的一座寺庙里有一株牡丹花，美丽异常，女王感慨如此名花宫苑中人都不得观赏，就下令移植到位于洛阳京城内苑。从此以后，洛阳、长安两都的牡丹日益繁荣鼎盛。到了舒元舆所处的唐文宗年间，牡丹已经"泛滥"如江河决堤，上至宫廷内苑，下至士大夫阶层乃至庶民百姓之家都为牡丹而倾倒，"一国如狂不惜金"。

这里作者指出唐代宫廷牡丹起源于山西并州一带，是符合牡丹畏湿热喜高寒的自然秉性，也在历代医书、史料记载的"丹皮"产地范围之内。而舒元舆这篇赋文在当时各种史料中都是可以得到印证的。

舒元舆（791-835），唐元和八年（813）进士，唐文宗时宰相，死于甘露事变。这篇《牡丹赋》是舒元舆代表作。唐人笔记《杜阳杂编》卷中载："（大和九年）上于内殿前看牡丹，翘足凭栏，忽吟舒元舆《牡丹赋》云：'俯者如愁，仰者如语，含者如咽。'吟罢，方省元舆词，不觉叹息良久，泣下沾臆。"[②]《杜阳杂编》作者苏鄂是唐僖宗光启年间（885-888）进士，书中杂记有相当史料价值，时代与舒又相近。《新唐书·舒元舆传》也载"元舆为《牡丹赋》一篇，时称其工。死后，

---

① [清]董诰《全唐文》卷七二七，中华书局1983年版，第7485页。

② 《唐五代笔记小说大观》，第1387页。

帝观牡丹，凭殿阑诵赋，为泣下”[①]，也当引用此材料，这是关于牡丹比较确切可靠的资料。

欧阳修《洛阳牡丹记》说“自唐则天以后，洛阳牡丹始盛”，《通志》也说“牡丹晚出，唐始有闻”。《龙城录》卷下“宋单父种牡丹”条载开元时洛阳有个叫宋单父的善于种花，应唐玄宗李隆基之召，到骊山种了一万多本，颜色各不相同[②]。说明牡丹在这一时期已经有大量种植，供人们观赏。全唐诗咏牡丹的共185首，其中宪宗前30首（其中如李白《清平乐》，李正封“国色天香”句等，是否咏唱牡丹尚存疑），宪宗后148首，占81%。《独异志》又有裴度与牡丹故事，据陈寅恪《元白笺证稿》考证事出唐文宗开成四年三月，这与舒元舆此赋及李德裕《牡丹赋》“有百岁之芳丛”原注“今京师精舍甲第，犹有天宝中牡丹在”相近，亦与约成于文中大和时李肇《唐国史补》所谓“京师贵游赏牡丹三十余年矣”相近。陈寅恪考证说：“自大和上溯三十余年，适在德宗贞元朝，此足与元白二公集歌咏牡丹之多相证发也。白公此诗之时代性极为显著，洵唐代社会风俗史之珍贵材料，故特为标出之如此。”[③]

可知牡丹观赏盛于中唐，晚唐已经盛极至于泛滥，“花开花落二十日，一城之人皆若狂”（白居易《牡丹芳》）、“三条九陌花时节，万马千车看牡丹”（徐凝《寄白司马》），真是“家家习为俗，人人迷不悟”（白居易《买花》）。如此风尚影响下，牡丹种植已经如《西

---

① ［宋］欧阳修《新唐书》卷一七九，中华书局1975年版。

② 《唐五代笔记小说大观》，第151页。

③ 陈寅恪《元白诗笺证稿》，三联书店2001年版，第242页。

阳杂俎》所云："元和初犹少，今与戎葵角多少矣。"[①]

与牡丹种植的广泛以至于泛滥互为表里的是唐人对牡丹的热情颂歌：

> 庭前芍药妖无格，池上芙蕖净少情。唯有牡丹真国色，花开时节动京城。（刘禹锡《赏牡丹》）[②]

至迟在晚唐时期，牡丹已经被奉为艳压群芳的花界至尊、"真国色"。古人极尽赞美牡丹的天下无双之娇艳明丽，人间不二的芬芳馥郁。唐人李正封名句"国色朝酣酒，天香也染衣"，虽不知所咏何物，但自宋人开始历代文献中都坚定认为唯有牡丹才当得起国色天香的美誉，从此历代文学中出现无数名篇，国色天香也成了牡丹的专属语汇。《唐国史补》生动描绘了唐人为牡丹而狂的情状："京城贵游尚牡丹，三十余年矣。每春暮，车马若狂，以不耽玩为耻。执金吾铺官围外寺观种以求利，一本有直数万者。"[③]

《唐国史补》是唐人李肇创作的一本追述唐开元至长庆一百多年间社会风俗人情、历史文学事迹的笔记体杂著。这段文字描述了中唐时期人们热衷牡丹、赏花成狂的民俗情状。牡丹花在唐前漫长的历史中始终隐于芍药名下，而此时俨然已是时尚宠物，到了人人喜爱，以不狂热为耻的地步。不难想象暮春牡丹花开之际，长安贵人车马连骈、竞相游赏，热闹非凡的情景。中下层官僚如京城警卫执金吾铺官等都从中看到了"商机"，圈寺观土地种花来谋取利益，一株牡丹价钱能高达数万钱。结合《通典·食货七》记唐代各种日常生活必需品的价

---

① ［唐］段成式《酉阳杂俎》前集卷一九，中华书局 1981 年版，第 185 页。
② 中华书局编辑部《全唐诗》，中华书局 1999 年版，第 21 册，第 4119 页。
③ ［唐］李肇《唐国史补》，上海古籍出版社，1979 年版，第 45 页。

格所云：开元十三年“米斗至十三文，青、齐谷斗至五文。自后天下无贵物。两京米斗不至二十文，面三十二文，绢一匹二百一十文”，数万钱一株的确是昂贵的奢侈品。难怪白居易《牡丹芳》中感慨：“一丛深色花，十户中人赋。”一株大红大紫牡丹花的价值能抵十户中等人家的赋税，牡丹之“富贵”可以想见。清高的韩令要求下人铲除庭中牡丹花，不愿随波逐流，正反衬了这一浪潮在唐人生活中影响之广泛深入。

如上这些故事与观念，正是顺应着牡丹种植进入人工观赏阶段，深受时人追捧而产生的。牡丹的广泛种植除了在唐人诗文中的尽有体现外，其他典籍中相关记载也是俯拾皆是，从中还隐约可见由山野走入人工园囿的脉络足迹，如北宋中期宰相苏颂《本草图经》牡丹条载：

> 今丹、延、青、越、滁、和州山中皆有，但花有黄、紫、红、白数色。此当是山牡丹，其茎梗枯燥，黑白色。二月于梗上生苗叶，三月开花。其花叶与人家所种者相似，但花瓣止五、六叶尔。五月结子黑色，如鸡头子大。根黄白色，可长五、七寸，大如笔管。近世人多贵重，欲其花之诡异，皆秋冬移接，培以壤土，至春盛开，其状百变。故其根性殊失本真，药中不可用此，绝无力也。[①]

苏颂（1020-1101），字子容，泉州府（今福建厦门）人。北宋中期宰相，杰出的天文学家、机械制造家、药物学家。作为科学家，他对牡丹之类植物的记载是相当有参考价值的。这里的丹州、延州都属今陕西延安一带，青州即山东，越州即江浙，滁、和二州皆属安徽，

① ［宋］苏颂《本草图经》草部中品之下卷第七，《影印文渊阁四库全书》本。

基本描述出了北宋以前，野生牡丹（即山牡丹）的分布状况。山野牡丹与时尚流行的观赏牡丹的区别所在：野生牡丹花瓣只有五六瓣，是属瓣型，色调也比较单一，与唐宋人诗句中那姹紫嫣红、姿态妖娆的庭院牡丹是大不相同。那些为京城贵族所贵重的牡丹花，已经在人为的精心养护下在花朵的形态、色与香上都大异山野牡丹。工人们也在长期的养护中总结出了经验、技巧，他们为了让它的花朵更绚丽新奇，都在秋冬时候移植栽接到园林之中。等到春天盛开的时候，牡丹花朵形状色泽就千变万化，越出越奇了。庭院牡丹自身较之只为药用的山野牡丹，也在不断进化，适应人工选择，在花瓣大小、数量、色泽、香味等观赏性性状不断发展。

图 008　白花冷淡无人爱，马海摄于故宫洛阳牡丹花展。

在牡丹走入人工观赏范畴的历程中，山野牡丹植株根皮（即丹皮）的药用价值渐渐退化。园林观赏牡丹已不可入药，药效不济。从此，园林观赏牡丹和山野牡丹渐分道扬镳。《本草图经》这段文字比较清晰地勾勒出了牡丹由山野走入园林人工培植，以及随着栽培技术的发展，牡丹不断适应人工选择向观赏方面进化，药用功能逐渐退化的过程。这一过程与牡丹走入文化审美，融入唐宋人日常生活，形成观赏风潮甚至文化现象的历程是重合的。发现牡丹可以入药，不足以作为牡丹审美文化的开始，唯有人们的眼光突破实用，注意到它的花蕊叶瓣、色香神韵等，牡丹观赏文化才有了真正的开始。至于人们对于牡丹品种的性状、习性、种植技术等有了精确认识，到上下求索为其追名逐誉，吹捧揄扬，牡丹文化才逐渐成型。

由《本草图经》的描述，不难理解为何野生牡丹在中国存在近千年才被人们发掘其审美价值：山野牡丹色泽单调（以白色为主，多为纯色浅色），花形单一不足观（只五六瓣）。这与人工观赏牡丹花瓣动辄千叶（重楼叠起，花瓣无数），花面常常“径尺”“大如盘”，色彩上千变万化，是完全不能相提并论的。这样的牡丹自然是称不上百花王的。而经过宋人栽培技术上的积极应用与探索，发现并掌握了嫁接、堆肥等促进牡丹花朵进化的技术，用嫁接不断增强牡丹的适应性、丰富牡丹的基因、加速其变异进化，以至“其状百变”“百般颜色百般香”，牡丹才彻底进入人工栽培领域，以其国色天香又变异多端征服古人好奇的审美，成为花中魁首乃至民族文化符号。

这一过程在欧阳修那里有更加细致而深入的表达，他的《洛阳牡丹记 · 花释名》称“牡丹出丹州、延州，东出青州，南亦出越州。而出洛阳者，今为天下第一”，这里的丹州至清朝仍是野生牡丹的盛产地方。丹州即今延安市宜川县，据清乾隆十八年刊本《宜川县志》记载："县东三十里兴集镇之东山名牡丹原，昔时盛产牡丹，夏秋乃多开花于野，其花满山，香闻数十里。惜无人培植，土人采以为薪。"[①]李时珍的《本草纲目》第14卷中也说："牡丹……唯山中单叶花红者根皮药尤佳，丹州牡丹根皮入药尤妙。"[②]丹州是天然野生牡丹生长基地，这里盛产丹皮，是野生牡丹的起源地之一。延州即延安，《洛阳牡丹记》所载千叶红花，后为是洛阳牡丹名品的"延州红"即从此地引种。青州，古九州之一，今山东中部一带。这里也是早期的牡丹栽培基地之一，成名在一直繁盛到明清的菏泽（即曹州）牡丹之前，洛阳牡丹名品"青州红"就是从此地引种。越州：即古会稽、今绍兴，是宋代两浙路首府，管江浙两地各州县。据北宋僧仲休《越中牡丹花品》所载，这里也有着极为繁盛的牡丹种植、观赏现象，"越之好尚，惟牡丹。其绝丽者三十二种。豪家名族、梵宇道宫、池台水榭，植之无间"[③]，可见这里是洛阳牡丹盛行之前的牡丹观赏基地之一。而与苏轼同时的沈太守《牡丹记》、明代史正志的《浙花谱》等则都表明江浙有着漫长的牡丹观赏栽培史。

《洛阳牡丹记》里中所描绘的各地牡丹流入洛阳的路线，也是符合牡丹从山野走入人工种植的路线的。《全唐诗》中所载诸牡丹诗中有张祜《杭州开元寺牡丹》、罗隐《虚白堂前牡丹相传云太傅来移植古钱塘》，杭州、钱塘，即越州地界。可见越州非但是野生牡丹发源

① [清]吴炳《宜川县志》，《中国方志丛书》影印本，成文出版社1970年版，第84页。

② [明]李时珍《本草纲目》，《影印文渊阁四库全书》本。

③ [宋]陈振孙《直斋书录解题》卷一〇农家类，上海古籍出版社1987年版，第297页。

地之一，也是唐代牡丹种植观赏基地之一。虽然白居易《看浑家牡丹戏赠李二十》“人人散后君须看，归到江南无此花”，张祜《京城寓怀》“三十年挥一钓竿，偶随书荐入长安。由来不是为名者，唯待春风看牡丹”，都明言只有长安有牡丹，南方尚且少见，但唐诗中还是透露出了更多讯息，例如齐已有《题南平后花园牡丹》，南平即荆南，五代十国之一，湖北荆州一带，此地已有牡丹观赏；前蜀夫人《宫词》也有“槛开初绽牡丹红”，可见五代十国间，湖北四川一带已有牡丹观赏，牡丹人工种植已由北及南，从黄河至长江流域扩散蔓延。

牡丹的生长习性“宜冷畏热，喜燥恶湿”（《花镜》），原产在西北山林之中。野生牡丹在唐代进入人工观赏栽培之前，广泛分布在西北、东北、山东甚至南方江浙的山林之中。野生牡丹的功用主要是“伐以为薪”或根皮入药。这一时期的古牡丹接近于现代山林中仍能发现的野生杨山牡丹，花纯白色，单瓣（似图008而花面更小），与欧阳修《洛阳牡丹记》中所载姚黄、魏紫诸名品的重楼叠起、色彩绚烂有着巨大的差别（如图001、002、003、007、009等）。可知这些地区的牡丹向洛阳的流动，也是牡丹从山野进入人工栽培，从自然生长、适应山野自然环境到刻意适应人类审美，配合优选优培基因不断重组、持续革故鼎新的过程。

欧阳修《洛阳牡丹记》有：“春初时，洛人与寿安山中坎小栽子卖，城中谓之山篦子，人家治地为畦塍种之，至秋乃接。”花后魏紫便是“樵者探山于寿安山中见之，坎以卖魏氏”，后经魏氏驯化培植而成；细叶、粗叶寿安也都出自锦屏山中；金系腰出嵠氏山中、玉千叶“景祐中开于范尚书宅山篦中”[1]。这些后来都成为名动一时的新花，可见山野引种驯化是宋人一项熟练精通且行之有效的技术，为牡丹品种家族的壮大多有贡献。

如上这些材料虽然出于宋人之手，但是后代的材料、经验总是前代延续，以政治视野的朝代更迭来区分审美文化的变化，显然是粗线条、概括性的。况《洛阳牡丹记》之类谱录，本来就是历代经验总结性质的作品，欧阳修诸人又是以史学家自居，学术态度相当严谨客观，他们整理出来的文献中关于牡丹的描写是最为科学可信的。从中我们不难摸索出牡丹由山野进入园林的基本脉络：经历了漫长的战争、混乱之后，中国终于迎来了一个伟大的盛世——大唐，开明、热情、活泼，散发着热腾腾的生活气息，他们急需一种不同于前代的大气热烈的物象来弘扬这种空前的时代自豪感与自信心。

雍容大气、国色天香的牡丹应运走入人们尤其是贵族的视野，使得唐人找到了精神寄托。具体或是在中唐时期，山西并州僧人上山采药，得遇天香，无比惊艳，移植在僧院前，这一“奇花”渐渐成为僧院一景，吸引众多香客流连忘返。一日贵客慕名而来，即女皇武则天，她慧眼相中名花气势非凡，下令移植到洛阳宫苑中。僧人的举动启发了众人，纷纷效仿去山中寻访名花，请回家园；而武皇的赏爱更催动了豪门大族跟风浪潮，一时之间，牡丹流遍天下，人人喜爱，至于“以不耽误玩为耻”。宫廷一举一动牵动天下，贵人的喜好更是天下好尚之旨归，于是各地人民都踊跃从山野中引种野生牡丹下山，逐渐形成了以陕西、山西、山东、江浙为主的几个牡丹种植基地。

---

① ［宋］陆游《天彭牡丹谱》，《欧阳修全集》，中华书局2001年版，第1101页。

这些野生牡丹走出山野，走进人工园林，在精心养护、丰厚肥料土壤之中迸发了植物自身长久累积因山野环境粗糙贫瘠，蓄而难发的生命热情，日新月异不断进化，配合人们的喜好选择而不断变异，千奇百怪、姹紫嫣红，满足了人们对于花卉终极的幻想与期待：美艳、芬芳且绝不单调乏味（唐代千叶罕见，欧阳修记中千叶仅十余品，周师厚记中已有二十四品，而在以高濂为代表的明清人《牡丹谱》中，千叶已经是非常寻常的。高谱载牡丹名品 109 种，全是千叶，可知牡丹的品种进化之速）。

小　结

牡丹在中国的栽培历史有两千多年，但是观赏历史却只能推到盛中唐之间。只是在牡丹成为“花王”的时候，大家不能接受它只是没有根基历史的“新贵”，纷纷替它编造历史。历史是集体记忆，史书是一种创作（无论多客观），因此历史总是被不断地被改写，这正是顾颉刚所谓的“层累地造成的中国古史”（《致钱玄同先生论古史书》）[①]。正史尚且如此，流传于诗文、笔记、野史中民间传说故事当然有着写故事的作者自身的理想化推测。宋人在唐人和本朝编造出众多故事仍然坚持着清醒警觉，宋人罗大经《鹤林玉露》云：

《书》曰：“若作和羹，尔惟盐梅。”《诗》曰：“摽有梅，其实七兮。”又曰：“终南何有？有条有梅。”毛氏曰：“梅，楠也”，陆玑曰：“似杏而实酸”。盖但取其实与材而已，

① 《读书杂志》，1923 年 5 月 6 日。

未尝及其花也。至六朝时，乃略有咏之者，及唐而吟咏滋多。至本朝，则诗与歌词，连篇累牍，推为群芳之首，至恨《离骚》集众香草而不应遗梅。余观三百五篇，如桃、李、芍药、棠棣、兰之类，无不歌咏，如梅之清香玉色，敻出桃李之上，岂独取其材与实而遗其花哉！或者古之梅花，其色香之奇，未必如后世，亦未可知也。盖天地之气，腾降变易、不常其所，而物亦随之。故或昔有而今无，或昔无而今有，或昔庸凡而今瑰异，或昔瑰异而今庸凡，要皆难以一定言。且如古人之祭，炳萧酌郁鬯，取其香也。而今之萧与郁金，何尝有香？盖《离骚》已指萧艾为恶草矣。又如牡丹，自唐以前未有闻，至武后时，樵夫探山乃得之。国色天香，高掩群花。于是舒元舆为之赋，李太白为之诗，固已奇矣。至本朝，紫黄丹白，标目尤盛。至于近时，则翻腾百种、愈出愈奇。又如荔枝，明皇时所谓"一骑红尘妃子笑"者，谓泸戎产也，故杜子美有"忆向泸戎摘荔枝"之句。是时闽品绝未有闻，至今则闽品奇妙香味皆可仆视泸戎。蔡君谟作谱，为品已多。而自后奇名异品，又有出于君谟所谱之外者。他如木犀、山矾、素馨、茉莉，其香之清婉，皆不出兰芷下，而自唐以前，墨客槧人，曾未有一语及之者，何也？游成之曰："一气埏埴，孰测端倪，乌知古所无者，今不新出，而昔常见者，后不变灭哉！人生须臾，即以耳目之常者，拘议造物，亦已陋矣。"[①]

这段话并非针对牡丹而发，反而更加客观因而有参考价值。梅的

---

① ［宋］罗大经《鹤林玉露》丙编卷四"物产不常"条，中华书局 1983 年版，第 299 页。

图010 ［明］唐寅《题牡丹图》，苏州市吴江县博物馆藏。图上题诗云：『最是好花多并蒂，每常飏带织同心。画堂红烛清明近，一刻春宵值万金。吴门唐寅为商霖契旧画』，《式古堂书画考》称其为并蒂芍药，然芍药花时在夏初，离清明实远，当是折枝牡丹。水墨清逸，不落俗套。

历史比牡丹还长，可是对梅花的歌咏也是从六朝开始，至于唐宋才开始盛行。宋人实在无法理解梅花疏影横斜、暗香浮动，气质卓绝，为什么《诗经》《楚辞》杂花香草都歌咏遍及，却对梅花视而不见。这就像牡丹，也是至迟汉代就有种植了，为什么人们就是没发现它的艳冠群芳，为什么到唐代才被发现被重视？这种质疑的背景是爱花的唐宋人设身处地地为对牡丹、梅花长久沉沦下僚的不甘，对古人颇有质疑甚至怨望。罗大经也不免替古人开脱“余观《三百五篇》，如桃李芍药棠棣兰之类，无不歌咏，如梅之清香玉色，敻（xiòng，远）出桃李之上，岂独取其材与实而遗其花哉！或者古之梅花，其色香之奇，未必如后世，亦未可知也”，意思是可能古代的梅花没有近代这样超拔的色与香，要不然古人不可能忽视掉梅花的。这话以今度古，确有想当然之嫌。因为时代在变革，人的审美观念也在不断变革，不说古人不见得认为梅花出桃李之上，就是唐人都不见得能认同梅花高于桃李，北宋还有人错认梅花作杏花的呢。况且在上古“羊大为美”的实用主义时代，桃李这种“宜室宜家”能结子的，既满足日常食用需要，又满足多子的生殖崇拜之精神需求，确乎比梅花“美”。再将牡丹与梅花的历史比照，这种审美差异导致的花文化升沉就更明显了，只这一句“群芳之首”就足以让唐和北宋人群起而攻之了，因为在唐人和北宋人甚至后世大部分人眼里，群芳之首显然是国色天香的牡丹。

综上材料分析可知，时至南宋，梅花应时成为魁首，人们才愿意客观分析、对待牡丹的来历。罗大经所谓牡丹“自唐以前未有闻，至武后时，樵夫探山乃得之”，与现代研究牡丹审美文化发展时间是一致的，然而这种“物产不常”的说法仍未能解释一时之花兴盛的缘故。毕竟樵夫探山自古而然，人类的爱美之心也是自来有之，如何千百年间人们都上山采丹皮入药却对牡丹花熟视无睹，偏偏在唐朝发现它的美？可见牡丹文化的起源说到底还是一个时代审美风尚的问题：在物质资源匮乏、人类认识有限的实用主义、图腾崇拜时代，桃之“宜室宜家”、有果可食就是最美；在大唐和北宋物阜民丰、开明自信的年代，雍容华丽、新异无比的，看似无用，却深契时代精神的牡丹即是天骄；而在南宋时期偏安一隅，人心思退的年代，清雅高洁、淡泊自守的梅花又成为时人挚爱。这也可以解释为何大凡在繁盛富庶的时代，如盛唐、如北宋、如明清盛时，对富贵牡丹的喜爱总是“宜乎众矣”。这更说明了牡丹审美文化是适应古代文明高度发展，物质丰富，人们生活安定和谐的大环境而产生的。牡丹由山野进入人工栽培、观赏领域具体情形虽不可考，然而却不难在这一时期的各种历史背景与相关记载中得知这一过程的必然性。

第二章　大唐：牡丹的兴起与文化象征的萌芽

牡丹雍容富贵的象征意义虽是在北宋确立，但其形成却与大唐的盛世繁华之间有着不解之缘，至今人们还认为雍容端庄的牡丹是大气恢宏的大唐盛世完美象征。

牡丹是在中唐时期进入审美观赏领域，牡丹审美文化也是在这一时期源起并初步发展成形的。作为审美文化精华与代表的牡丹题材文学在大唐时期以极高的起点登上文坛，取得了卓著的成绩。在唐人近两百首牡丹专题诗歌中，不乏情韵俱佳的优秀作品，如李白《清平调三章》、刘禹锡《牡丹》等佳作；如“国色朝酣酒，天香夜染衣”（《摭异记》载李正封名句）等名句更成了脍炙人口的传世经典；文赋方面，舒元舆《牡丹赋》工整华美、婉转流利，是难以超越的典范之作。在牡丹审美文化的初创期，这些作品以如此高的姿态将牡丹推向人们的审美视野，对后世的影响是不言而喻的。

牡丹审美文化在大唐尤其是盛中唐的发展为北宋时期牡丹审美文化的高度成熟与繁荣发展奠定了坚实的基础。纵观整个大唐时期的牡丹审美文化发展，大致可以分为如下几个阶段：

第一节 牡丹审美文化的起源：中唐时期

对于牡丹文化的起源问题，历来学者都有着不同回答，主要有如下两种看法：有人认为自牡丹种植开始的先秦时期就以芍药为名开始进入审美文化领域，其代表是李保光《牡丹文化》[1]；有人认为隋唐时期牡丹进入宫廷以及文人视野才是牡丹审美文化的起点。这两种观点笔者更赞成后者。

且不说在史料缺失的情况下尚难以断定先秦时期芍药牡丹是否同名，纵然牡丹确实曾以芍药为名在审美文化领域流传，也只能说明芍药文化笼罩下牡丹文化起源时期的特点。毕竟牡丹还在芍药名下，连正式独立的名字都没有，何况是独立的审美文化形象与意蕴。因此，认为牡丹文化起源于先秦时期的说法实在缺乏说服力。此外，任何精神文化都是在物质基础充分发展的基础上形成的。牡丹审美文化只有萌芽于牡丹种植渐渐广泛并逐步以独立的形象进入古人审美视野的历程中才是符合客观规律的。而有史料记载的牡丹进入人工种植观赏领域至早也只能推到初唐时期。关于隋朝牡丹已进入宫苑的隋炀帝洛阳西苑牡丹说实则无确凿的根据，这一点郭绍林《关于洛阳牡丹来历的两则错误说法》中已有详细考证，在此不加赘叙[2]。因而笔者认为牡丹种植观赏已经初步成为人们自觉行为，并开始反映在文学艺术领域中的初盛唐方是牡丹审美文化的起点。

牡丹人工栽培观赏最早出现在中晚唐，可在文献有关记载中寻端倪：

---

① 李保光《牡丹文化》，《济宁师专学报》1994 年第 4 期。

② 详见郭绍林《关于洛阳牡丹来历的两则错误说法》，《洛阳大学学报》1997 第 1 期。

古人言花者，牡丹未尝与焉。盖遁于深山，自幽而芳，不为贵者所知，花则何遇焉。天后之乡，西河也，有众香精舍，下有牡丹，其花特异，天后叹上苑之有阙，因命移植焉。由此京国牡丹日月寖盛。[1]

成式检隋朝《种植法》七十卷中，初不记说牡丹，则知隋朝花药中所无也。开元末，裴士淹为郎官，奉使幽冀。回至汾州众香寺，得白牡丹一棵。植于长安私第，天宝中为都下奇赏。[2]

这两则材料差异不大，一称西河众香精舍，一称汾州众香寺，而据《旧唐书》卷三九地理志二汾州载："天宝元年，改为西河郡。乾元元年，复为汾州。"可见两人记载应为同一地、同一寺，两则材料共同反映了牡丹人工栽培的起源时间大约在高宗武后之时。对此，陈寅恪《元白诗笺证稿》之《牡丹芳》在列举唐宋笔记相关记载后亦有按语作如下论断：

据上引唐代牡丹故实，知此花（牡丹）于高宗武后之时，始自汾晋移植于京师。当开元天宝之世，犹为珍品。至贞元、元和之际，遂成都下之盛玩。此后乃弥漫于士庶之家矣。李肇《国史补》之作成，约在文宗大和时，其所谓"京师贵游尚牡丹三十余年矣"云者，自大和上溯三十余年，适在德宗贞元朝。此足与元白二公集中歌咏牡丹之多相证发也……[3]

---

① ［唐］舒元舆《牡丹赋》，肖鲁阳《中国牡丹谱》，农业出版社 1989 年版，第 180 页。

② 《酉阳杂俎》前集卷一九，广动植物类四，《唐五代笔记小说大观》，第 701 页。

③ 陈寅恪《陈寅恪文集》之六，上海古籍出版社 1978，第 235 页。

显然陈氏也认为牡丹观赏兴起于高宗武后时期，他还根据史料初步勾勒出了这一时期牡丹审美观赏的基本发展轨迹。我们认为牡丹审美文化也同样是以此时为起点，并随着观赏活动的兴盛而发展的。

图 011 洛阳关林牡丹。

高宗武后时期经过初唐几代君主长期的休养生息与励精图治，社会已全面恢复了繁荣稳定，开始从贞观之治向开元盛世过渡。社会文明已经发展到相当的高度，大唐文明也逐渐成形。人们的眼光开始投向那些能够体现自已审美观念与审美理想的东西上，于是富贵天成的牡丹开始引起了热爱繁华绚烂的唐人的注目，并成为皇家贵族争相追捧的时尚新宠。牡丹从山野走向了皇宫内苑、贵族家园，开始了人工栽培与观赏的历程，牡丹审美文化也就此起步。这一时期牡丹栽培逐渐由山野转入人工种植栽培领域，走进皇宫贵族家苑，走进审美观赏园地。如上文所引材料提到的武后与牡丹的情缘（纠葛）成为牡丹文化中一个津津乐道的话题，士大夫名流裴士淹的爱赏也引起了众多文人的讽诵，这些都标志着这一时期牡丹审美文化在起步中的茁壮成长。

进入人工栽培是观赏的前提，而广泛深入的人工栽培则又是应观赏规模扩大的需求而出现的。这两者之间开始互动则共同推进了牡丹种植栽培的发挥与牡丹审美文化的萌芽与初步发展，也为盛唐时期牡丹种植观赏活动进一步扩展提供了条件，因而也就必然带来牡丹审美文化的进一步发展。

上述材料，尤其是舒元舆的《牡丹赋》，可谓牡丹审美文化萌发历程上的一个里程碑式的作品，它的意义绝不在于小序简述了牡丹的起源或用华丽的辞藻歌颂了牡丹的美艳与繁华。我们要了解舒元舆作为宰相文人为花作赋的意图，就必须了解赋的功用，以及这篇赋出现的具体历史背景。

袁枚在《历代赋话序》中论赋这种文体："欲叙风土物产之美，山则某某、水则某某、草木鸟兽虫鱼则某某，必加穷搜博访，精心致思之功。是以三年乃成、十年乃成。而一成之后，传播远弥，至于纸贵洛阳，盖不徒震其才藻之华，且藏之巾笥，作志书、类书读故也。"① 汉大赋如子虚上林等的洛阳纸贵并非仅仅在于其言辞华丽繁缛，更在于这种对当时名物的极尽广博穷尽乃至于可以藏之当博物类书、名物辞典之用的夸示背后所展现出的文人时代的自信心与自豪感，这种皇宫内苑之豪华奢靡，就是时代之太平繁华的缩影，就是文人对于"盛世"的自觉颂歌。而结合本文产生的历史背景，大唐盛世日渐衰落，当时

① ［清］浦铣《历代赋话校正》序言，上海古籍出版社 2007 年版，第 1 页。

人似乎并未意识到他们所处的是怎样伟大的时代，是后人如何渴望重新寻回的一个辉煌盛大的梦想。

渴望中兴的中晚唐文人必须依靠对并不久远的过去辉煌的颂歌，来消除对风雨欲来的忐忑与凄恻，重塑人们对于时代的信心与希望。大唐的宰相，一言一行流布天下，他们的文字要展示的不仅仅是自己的才华，还有自己对时代的担当与期待。这篇赋里能读到舒元舆对时代的自信心与自豪感，此赋也正是作于舒“志得意满”[①]之时，他文末通过牡丹名花倾城却长期未得到充分肯定，到大唐才真的得到应有的关注，这说的显然不仅仅是牡丹这一植物的得失。

我们有理由推测，牡丹在舒元舆的心目中就是那个盛世梦想的代言：由女主武则天引入宫苑，从此流布天下的牡丹花兼具国色天香、“拔类迈伦”，犹如由李氏开创的远迈古今、辉煌壮阔的开元盛世。“何前代寂寞而不闻，今则昌然而大来。曷草木之命，亦有时而塞，亦有时而开。”大唐盛世让牡丹不再寂寞，昌然大来。盛世就是牡丹的命与时。那么“淑美难久、徂芳不留”“有百岁之芳丛，无昔日之通侯”（李德裕《牡丹赋》），虽然极盛极美，却无法长盛不衰之感慨，是否是针对盛世难再，繁华水流的时世有感而发呢。既然花的荣谢与人生起落、世道盛衰殊途同归，对牡丹的荣极、盛极、美极的歌颂是否就是对盛世的歌颂与追念呢。如此说来，后人从历代牡丹诗文，包括本篇作品中抽绎出牡丹与时代盛衰的对照，赋予她“太平花”的美名，其实并非空穴来风。

无论如何，这首赋对牡丹审美文化的意义是极为重大的，它为牡

---

① 参看路成文《咏物文学与时代精神之关系研究——以唐宋牡丹审美文化与文学为个案》，暨南大学出版社 2001 年版。

丹走入宫苑，流布天下设置了一个华丽的开场。我们都深知这是一个漫长且具备偶然性、突发性因而根本无法确认的开场，历来各有其说。舒元舆却选择了武则天引种入宫之说，这一选择起码有两个动机：一是契合牡丹原产地在西北山野中的地域性事实。不管是山野牡丹由谁最初引入宫廷内苑、权贵之门，牡丹确实是从西北山野中引种下山的。这一说法是基本符合各种文献记载及现代科学研究成果的。二是门阀大族衰落背景下新贵士子对皇权的依赖与身份认同意识发展的时代思想影响下，抬高牡丹身价的策略。

舒元舆有意割裂了牡丹与出身古老诗经中高门大族芍药的关联（“羞死芍药”将芍药完全贬斥在牡丹之下，显然舒元舆并不认同当时盛行的“木芍药”的攀附沾光之说），而反复强调牡丹作为新贵的特异之处。从舒作唯存此赋，“时称其工”（《新唐书》本传），可知这种特质显然更能得到当时大批科举晋升上位的文人士大夫内心的情感共鸣：我们足够优秀，不需祖辈的功勋业绩来炫耀维护自己的尊严，因而甚至比高门大族如芍药之属更高贵卓越。以舒元舆为代表的中晚唐文人这种对自身阶层的维护与自信，对牡丹这种无传统根基的“新贵”在社会的风行乃至泛滥，显然是有着极为重要的意义的。我们和你们不同，我们的所爱也与你们不同，我们相信我们能够开创一个更好的时代，就如同我们可以将一种前所未有的新花推上至尊宝座。虽前途未卜，但我们相信胜利必将属于我们，未来的时代也必将属于我们。后来大宋平民阶层的崛起、文官政治的繁荣、牡丹文化的昌盛，都可以视为这篇赋文作者舒元舆所期待的理想时代的实现。

综上所述，我认为以马积高《赋史》为代表的历代学者低估了这篇《牡丹赋》的文化价值，认为其“思想并无特出之处”[1]是不公平的。舒元舆选择牡丹这一意象来寄托他内心对于时代与自身阶层的焦虑与期待，并得到了当时及后人的认同，是有道理的。而这篇牡丹赋的广为流传讽咏，又奠定了牡丹出身贫贱（生于山野，初为薪柴）而终受皇恩（武则天叹其有大美而不显，移植宫苑），终于以其高标的美艳芬芳夺得天下人心，成为时尚贵宠的基本审美形象。此后人们日益认识到牡丹的新奇美艳，并在对皇家贵族生活方式背后所象征的富贵荣华的艳羡、追捧与效仿中，将牡丹真正推上了晚唐以后公认的国色天香、第一名花的尊位。牡丹审美文化的萌发肇启，这篇文章功不可没。

第二节　牡丹审美文化的初步发展：晚唐时期

晚唐时期即代宗大历（766）以后，此时大唐经过长期积累达到的繁华富庶已经挥霍将尽，壮丽恢宏的盛世图景已经摇摇欲坠。牡丹延续着中唐的繁荣，继续发展。种植观赏的面积与热度进一步扩展，已经突破了皇宫内苑、公侯富贵之家，遍布士庶，流于市井。牡丹作为尊贵、豪华的象征进入宫廷与豪门，成为贵人们争相追捧攀比的奢侈品。开始出现更多的以皇家贵族为主角的逸闻趣事与诗文作品，文人也开始参与到这一审美观赏与创作活动中，更直接推动了牡丹审美文化的发展。

此时，人们对牡丹之美是如痴如狂、难以抵挡。各种史料上对这一时期牡丹种植观赏热潮的记载可谓连篇累牍，相关文学艺术作品更

① 马积高《赋史》，上海古籍出版社 1987 年版，第 335 页。

图 012　别有玉杯承露冷。马海摄于故宫洛阳牡丹花展。

是大量出现。李肇《唐国史补》所言“京城贵游尚牡丹三十余年，每暮春车马如狂，以不耽玩为耻”、白居易《牡丹芳》所谓“花开花落二十日，一城之人皆若狂”等都是这一时期牡丹审美文化进一步发展的明证。牡丹审美文化中的一些重要观念如富贵太平等在这一时期都初露端倪，这一时期在牡丹审美文化发展定型之初有着十分重要的价值与深刻的意义。与舒元舆同时而略晚的卢纶有一首《白牡丹》较能体现这一风气：

长安豪贵惜春残，争赏先开紫牡丹。

别有玉杯承露冷，无人起就月中看。[1]

① 《全唐诗》，第 9 册，第 3188 页。

裴潾，生年不详，卒于唐文宗开成三年（838），河东闻喜（今属山西）人，以门荫入仕，史称其为人“以道义自处，事上尽心，尤嫉朋党，故不为权幸所知”。始终“无人起就月中看”的白牡丹在凄冷寒露中孤独盛放，显然是有寄寓，与之对峙的紫牡丹富贵繁华豪贵，无不争相玩赏自然也有所指涉。唐人杜佑《通典》卷五七载唐制“五品以上通服朱紫”，所谓“满城朱紫贵”，紫色即豪奢富贵的象征，无怪乎人们趋之若鹜；而《汉书》颜师古注言“白衣，给官府趋走贱人，若今诸司亭长掌固之属”，白衣是平民的代称。陆龟蒙隐居不仕有“正被绕篱荒菊笑，日斜还有白衣来”，柳永无功名也自称“白衣卿相”，自称白衣的文人隐然以白衣自傲，则白衣与东篱菊一样，有种超脱凡俗的傲骨高洁。这番紫牡丹与白牡丹的对峙，自然凸显了作者的品格。世人皆追逐功名利禄，喜奔竞而不慕高洁品性，以道义自处、君子自期的诗人自然不免孤芳自赏，有志难酬。《南部新书》载：“大和中，敬宗自夹城出芙蓉园，路幸此寺，见所题诗（即此白牡丹诗），吟玩久之，因令宫嫔讽念，及暮，此诗满六宫矣。”[①]南宋胡仔《苕溪渔隐丛话》前集卷三二亦说：“裴璘《咏白牡丹诗》……时称绝唱。”[②]这首诗的艺术感染力可以想见，无怪时人传为绝唱。

这首诗歌值得关注的除了其文学艺术性之外，更重要的是它所传达出的文化信号：牡丹意象的丰富与文化内涵的分化。从这里我们就已经能看出，将牡丹简单总结为“富贵花”并不准确。它姹紫嫣红、千变万化，文化内涵也复杂多样，可雍容华丽、贵气逼人，亦可冷艳高贵、冰清玉洁而遗世独立。豪门贵族赏其富贵豪华、气象雍容；文

① ［宋］钱益《南部新书》丁卷，中华书局 2002 年版，第 49 页。

② ［宋］胡仔《苕溪渔隐丛话》，人民文学出版社 1962 年版，第 220 页。

人墨客爱其清新雅致、绰约超群，牡丹成为雅俗共赏的国民之花也是自然而然之事了。

晚唐时期牡丹种植观赏不仅从宫廷贵族之门逐步扩展到一般士大夫之家，更进入市井巷陌，与普通百姓结缘，开拓其在民俗领域的文化意蕴。此时的牡丹审美观赏活动在都城盛极一时，数量更众、身份更复杂的人群参与到牡丹审美观赏热潮中来，牡丹审美文化得到了极大的发展，各个方面的特色也开始逐步呈现。白居易的《牡丹芳》可为例证：

牡丹芳，牡丹芳，黄金蕊绽红玉房。千片赤英霞烂烂，百枝绛点灯煌煌。照地初开锦绣段，当风不结兰麝囊。仙人琪树白无色，王母桃花小不香。宿露轻盈泛紫艳，朝阳照耀生红光。红紫二色间深浅，向背万态随低昂。映叶多情隐羞面，卧丛无力含醉妆。低娇笑容疑掩口，凝思怨人如断肠。浓姿贵彩信奇绝，杂卉乱花无比方。石竹金钱何细碎，芙蓉芍药苦寻常。遂使王公与卿士，游花冠盖日相望。庳车软舆贵公主，香衫细马豪家郎。卫公宅静闭东院，西明寺深开北廊。戏蝶双舞看人久，残莺一声春日长。共愁日照芳难驻，仍张帷幕垂阴凉。花开花落二十日，一城之人皆若狂。三代以还文胜质，人心重华不重实。重华直至牡丹芳，其来有渐非今日。元和天子忧农桑，恤下动天天降祥。去岁嘉禾生九穗，田中寂寞无人至。今年瑞麦分两岐，君心独喜无人知。无人知，可叹息。我愿暂求造化力，减却牡丹妖艳色。少回卿士爱花心，同似吾君忧稼穑。[1]

白居易《新乐府五十首》是其讽谕诗的代表作，其中无不是反映当时盛行的社会弊端，关心民生疾苦之作。《牡丹芳》跻身其中，就可证当时观赏风气之盛。“花开花落二十日，一城之人皆若狂”，卿士们的爱花心已经痴迷失控到需要有志之士大声疾呼的程度。而我们细读这首诗却品出了与《卖炭翁》等讽刺之作不一样的风味，“千片赤英霞烂烂，百枝绛点灯煌煌”“浓姿贵彩信奇绝，杂卉乱花无比方。石竹金钱何细碎，芙蓉芍药苦寻常”，极尽夸耀之能事，将百花都排挤在外。全诗一共二十四句，一路夸到十六句，很有汉大赋“劝百讽一”的风情。白居易这种心态在他的其他诗文中是可以找到根由的，如《惜牡丹二首》其一：“惆怅阶前红牡丹，晚来唯有两枝残。明朝风起应吹尽，夜惜衰红把火看。”[2]原来他自己也“共愁日照芳难驻，仍张帷幕垂阴凉”的“花痴”，无怪这首讽谕诗竟是比那些夸耀牡丹之作更能让人体会到时代牡丹观赏风气的繁盛。

这一时期关于牡丹的传说也多了起来，流传至今多数牡丹传说。都是这一文人“创作”出来的，最有代表性的是唐玄宗杨贵妃的赏花事件：

开元中，禁中初重木芍药，即今牡丹也（《开元天宝》花呼木芍药，本记云禁中为牡丹花）。得四本，红、紫、浅红、通白者。上因移植于兴庆池东沉香亭前，会花方繁开，上乘月夜召太真妃以步辇从。诏特选梨园弟子中尤者，得乐十六色。李龟年以歌擅一时之名，手捧檀板，押众乐前欲歌之。上曰：“赏

① ［唐］白居易，顾学颉校点《白居易集》，中华书局 1999 年版，第 77 页。
② 《白居易集》，第 279 页。

名花，对妃子，焉用旧乐词为？”遂命龟年持金花笺宣赐翰林学士李白，进《清平调》词三章。白欣承诏旨，犹苦宿酲未解，因援笔赋之……龟年遽以词进，上命梨园弟子约略调抚丝竹，遂促龟年以歌。太真妃持颇黎（案：此处当为玻璃异体）七宝杯，酌西凉州蒲萄酒，笑领，意甚厚。上因调玉笛以倚曲，每曲遍将换，则迟其声以媚之。太真饮罢，饰绣巾重拜上意。龟年常话于五王，独忆以歌得自胜者无出于此，抑亦一时之极致尔。[①]

开元是个有代表性的时代；沉香亭也是一个有着非凡意义的地点；唐明皇与杨贵妃是帝王妃子的代表；李白、李龟年也都是有着时代意义的文化名人，这天时地利人和为牡丹的华丽出场赚足了面子。然而，这则材料的可靠性是要打上问号的。这一点前文已有论述，这里不赘，只需重复强调一点，即文人作伪的心态与文人真实创作的心态同样真实可贵。它甚至比真实的创作更能体现作者的用意，晚唐文人迫不及待为牡丹杜撰风流富贵的故事，尽力将牡丹与前代皇权富贵、风流明贤扯上关系，让牡丹得以在上至皇家贵族、下至文人庶民心中真正获得不可动摇的巅峰地位。而历代牡丹题材诗词创作中最惯常用的典故就是“沉香亭”，仅粗略统计宋人诗词中直接用“沉香亭”的就有44首。明清以后也有广泛应用。可见这一故事影响之深广，精通经史的宋人及明清人未必不知实情，只是在信奉天人合一的古人眼里万物有灵，名花自然不会没有任何因缘际遇。

牡丹的名扬天下很大程度上得力于这次传说中意义非凡的赏花活

① ［唐］《松窗杂录》，《唐五代笔记小说大观》，第1213页。

动，它在后人的文学创作中屡有体现，成为牡丹文学中一个百谈不厌的话题。若说李杨二人代表着宫廷贵族群体对牡丹的赏爱，直接扩展了牡丹种植观赏视野，是牡丹审美文化发展的先锋与强大后盾；李白以中国古代诗歌浪漫主义巅峰代表的诗仙地位创作了第一组牡丹诗也给了牡丹题材文学一个极高极辉煌的起点；而李龟年作为唐代音乐的崇高代表为之制作新乐也可谓牡丹题材音乐的一大盛事。

图 13　解释春风无限恨，沉香亭北倚阑干。

由此可见，牡丹审美文化的发展与牡丹的进入审美观赏视野一样具有传奇性，而这个传奇的起点就是上面所引的这个事件。仿佛一夜之间牡丹盛开在人们审美观赏视野，以极高的姿态进入诗歌、音乐领域，进入审美文化领域。从此几乎长盛不衰了一千年，地位由名花进而国色天香再而花王至尊，声名显赫至极。

图014 ［五代］徐熙《玉堂富贵图》，台北故宫博物院藏。图画由牡丹、海棠、玉兰组成，已经有了象征意味。花中之王牡丹作为富贵的象征，同时也是历代画家用来表现吉祥、富贵、美好的题材。徐熙的这幅画，将牡丹和玉兰、海棠（玉堂）相配，因此得名《玉堂富贵图》。

第三节　牡丹审美文化的继续发展：五代时期

五代时期是牡丹审美文化的进一步发展时期，牡丹种植观赏在京都富庶之地继续保持着盛极一时的势头，仍然是花开时节"车马如狂、以不耽玩为耻"的盛况，且开始向周边发达的城市扩展，洛阳牡丹开始崛起。牡丹种植栽培经验得到了发展，牡丹作为素材开始广泛进入绘画与工艺美术领域。牡丹题材文学也得到了很大的发展，牡丹审美文化进一步发展，相关故事轶闻开始增多，文学作品也多起来，一些基本意象意蕴开始明确。这一时期随着社会的衰落动荡，牡丹种植观赏开始没落，然而牡丹观赏活动却并未中断、牡丹审美文化也仍在缓慢发展，虽然基本是因袭前一时期发展成果。

五代时期百年战乱是大唐人民的劫难，也是牡丹种植观赏及牡丹审美文化的浩劫。战火烧毁了都城似锦繁华的牡丹，也浇灭了人们对牡丹的狂热。牡丹种植地域由唐时的都城为主随着割据政权林立的局面进一步扩展到各地如蜀孟昶宫中的牡丹，虽是星星之火，却为这一地区北宋时期的牡丹种植观赏成燎原之势提供了无限可能。这一时期文学艺术领域的牡丹审美活动发展极其消沉缓慢。但由于它是基于唐世长期艺术积累上的继续发展，还是取得了一定的成绩，对唐宋牡丹文化的转型有着不可小觑的功勋。

首先，是在文学方面。晚唐牡丹题材文学不仅在观赏歌咏上更加用心，还开始为牡丹作史。比较有代表性的有二。一是李绰的《尚书故实》所谓："世言牡丹花近有，盖以国朝文士集中无牡丹歌诗。张公尝言，杨子华有画牡丹处极分明。子华北齐人，则知牡丹花亦已久矣。"

图015 ［清］沈铨《玉堂富贵图》。这是对自五代以来的吉祥寓意构图方式的继承。与图014徐熙图《玉堂富贵图》创作寓意一致，而画风上却大有不同。徐熙图明显有铺垫花的格局，繁华满眼，『没骨法』更显雍容华丽。而沈铨图结构相对疏朗，有留白，色调也相对淡雅。苍劲枝干中又透出庄严典雅的气息，比徐熙画似更有皇家威严，这幅图正是远师黄荃之『黄家富贵』，与《徐家野逸》有所不同。

同时而稍后的韦绚《刘宾客嘉话录》所记与此全同，当是抄录此书，此书宋人即已发现其错谬，作者的生平资料也有限，当时也并无其他资料可以佐证，真实性是值得质疑的。二是段成式《酉阳杂俎》所云："牡丹，前史中无说处，惟《谢康乐集》亦言，言竹间水际多牡丹。"段成式，唐代著名志怪小说家，约生于唐德宗贞元十九年（803），卒于懿宗咸通四年（863），与李商隐、温庭筠齐名。这部作品"多诡怪不经之谈，荒谬无稽之物，而遗文秘籍，亦往往错出其中，故论者虽病其浮夸，而不能不相征引"（《四库全书总目》），虽然不免浮夸失实，却符合当时人的心态与社会背景。四库这段话用来评价段关于牡丹的这个说法也是比较恰当的。这里的材料作为孤证很难成立，但其所透露的唐人对牡丹"前史"的强烈好奇心，及这种好奇心的背景：唐人对牡丹"一国如狂不惜金"的热爱都很真实。上述材料所体现的背景是符合实际的，因此这两则材料被宋人以及后人引为信史，将牡丹审美文化的起源事件向前推了几百年。

其次，五代时期对牡丹审美文化发展的又一大功绩，是将牡丹作为一个独立的绘画题材确立下来。以黄荃、徐熙为代表的一批杰出花鸟画家创作了大量牡丹题材绘画，皆为形神俱佳的绝品，他们的创作及经验几乎笼罩了宋初近百年的画坛，对牡丹审美文化发展的贡献实是功不可没。

以五代南唐画家徐熙为例。徐熙，金陵（今江苏南京）人，一作钟陵（今江西进贤）人。擅画江湖间汀花、野竹等，与后蜀黄荃的花鸟画为五代两大流派。他独创"落墨"法，粗笔浓墨，略施杂彩，在南唐至北宋享受盛名。其代表作就是现藏于台北博物馆的《玉堂富贵图》（图 014），这不仅是现存最早的牡丹画，更是艺术高妙的稀世珍宝，代表五代牡丹文化的最高成就。这幅图画也表明牡丹作为“富贵”符号已经基本成形。

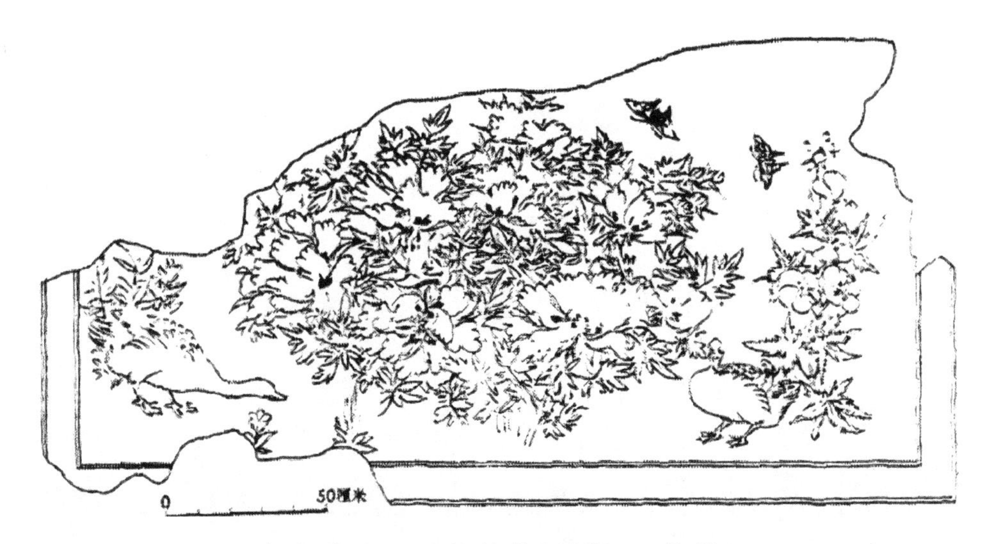

图 016　八里庄唐墓壁画《牡丹芦雁图》（线描）

自此以后，历代花卉画家基本都有对牡丹题材的描绘，仅北宋人《宣和画谱》中所载已有16家146幅，其中牡丹与太湖石组合寓意富贵太平，与雄鸡组合寓意富贵功名，与猫和蝴蝶组合寓意富贵耄耋，与白头翁组合寓意富贵白头等，无不取其富贵之象，具体画风上从现存的传世画作中也可以看出是偏于富贵繁华的。这一艺术风格与题材模式的影响至于北宋后期牡丹画不绝，对整个封建历史时期的花鸟画整体艺术风格的影响也是极大的。类似“玉堂富贵”这样的组合模式直接成为历代花鸟画一个惯常题材，现存五代以后历代传世名家画作《玉堂富贵图》，如清沈铨《玉堂富贵图》（图 015）、胡湄《玉堂富贵图》（图 021）、明陈嘉选《玉堂富贵图》（图 082）、虞沅《玉堂富贵图》（图 083）等不胜枚举。

再次，由于牡丹之富贵繁华的基本文化内涵由上至下扩展蔓延至

图 017　五代王直方墓北壁《牡丹湖石图》

于民间，此时的牡丹审美文化在民间工艺美术方面也取得了相当大的进步。这一点最鲜明地体现在晚唐五代的墓葬壁画艺术上。据中央美术学院郑以墨 2009 年博士论文《五代墓葬美术研究》[①]研究，牡丹图案大量出现在五代的墓葬壁画之中。如浙江发现的后晋天福四年（939）的五代吴越国康陵墓门和后侧门上都有朱红色的缠枝牡丹花图，两边耳室的三面墙壁上各绘高达一米的红色牡丹一株，左壁一株高 1.73 米，宽 1.1 米，有花 26 朵；右壁一株高 1.8 米，宽 1.1 米，有花 28 朵，左右壁及后壁上部雕刻并彩绘上下两层宽约 50 厘米的带状牡丹纹；后晋天福六年（941）钱元瓘墓及后周广顺二年（952）吴汉月墓等都是

① 以下相关数据及图 016 线描画均转引自中央美术学院郑以墨 2009 年博士论文《五代墓葬美术研究》。

四壁上沿刻着带状牡丹花图案，皆是红色花瓣，金色花蕊，绿色叶子。可见五代墓室中使用牡丹纹样是极为普遍的。

其中最有代表性的是1991年9月在北京海淀区八里庄发现的唐开成三年（838）的墓主为幽州节度判官兼殿中侍御史王公淑及其夫人吴氏的墓葬，以下简称五代王处直墓。此墓壁画着大幅牡丹图，棺床上有牡丹砖雕，志石盖上也铺满线刻折枝牡丹纹，其中最经典、最完整的是北壁留存的一幅现藏北京海淀博物馆的通壁大画《牡丹芦雁图》（图016）。这幅壁画虽然边角有所剥落，但主体画面基本保存完好。一株枝繁叶茂的盛放的牡丹占据墙壁的中央，共开花九朵，花头直径最小12厘米，最大达42厘米，各花多相背俯仰间尽显自然灵动之美。花丛东西两侧各有昂首挺立的芦雁一只，花丛右上方还有两只翩翩飞舞的蝴蝶。画面下方两角，还出现了作为补景的其他花卉[①]。

此外，河北曲阳黄山镇西、燕川西坟山发掘的五代早期的壁画墓后室北壁也完整地保存了一幅《牡丹湖石图》（图017）[②]。画面亦为通幅大画，构图方式与王处直墓极似，也是牡丹花丛居中，前画有嶙峋的湖石，左下画鲜活生动的野禽，两侧也对称地画了单株花草作为补充。可见这类通壁牡丹大画在当时的墓葬中使用是比较普遍的。

两幅壁画中都是繁花盛开的牡丹花丛，枝株也是折枝，前后错落构成了生机蓬勃的牡丹花丛，既忠实于自然，又见出画家的匠心。《五代墓葬美术研究》认为此种样式应是徐熙“装堂花”的雏形，并指出“装堂花”是晚唐五代出现的绘画艺术新样式。唐人康骈的《剧谈录》卷下“刘

---

① 本段所引数据及下图线描画均转引自中央美术学院郑以墨2009年博士论文《五代墓葬美术研究》。

② 河北文物研究所《五代王处直墓》附录，彩版27，文物出版社1998年版。

图 018　唯有牡丹真国色。

相国宅”条有：“通义坊刘相国宅，本文宗朝朔方节度使李进贤旧第，属牡丹盛开，因以赏花为名，及期而往。厅事备陈饮撰，宴席之间，已非寻常。举杯数巡，复引众宾归内，室宇华丽，楹柱皆设锦绣。列筵甚广，器用悉是黄金。阶前有花数丛，覆以锦幔。”[①]白居易《伤宅》中也有：“谁家起甲第，朱门大道边。丰屋中栉比，高墙外回环。累累六七堂，栋宇相连延。一堂费百万，郁郁起青烟。洞房温且清，寒暑不能干。高堂虚且迴，坐卧见南山。绕廊紫藤架，夹砌红药栏。攀枝摘樱桃，带花移牡丹。主人此中坐，十载为大官。”[②]可知牡丹在晚唐家居环境营造，唐人日常生活中的地位。晚唐五代以徐熙为代表的画家创作华丽的装堂花，显然是从日常生活中获取的题材与灵感，

① 《唐五代笔记小说大观》，第 478 页。
② 《白居易集》，第 32 页。

它们的出现与晚唐人纷纷将牡丹带入墓室，在墓室中模仿生前生活场景，企图延续戛然而止的生命，也试图在另一个世界仍与牡丹为伴，共同证实牡丹审美在五代时期的持续繁荣发展。

小　结

据陈寅恪考证，牡丹“当开元天宝之世，犹为珍品。至贞元、元和之际，遂成都下之盛玩。此后乃弥漫于士庶之家矣”。唐人赞牡丹“唯有牡丹真国色，花开时节动京城”“花开花落二十日，一城之人皆若狂”，自中唐至晚唐，人们保持了对于牡丹持续的观赏热情。天下翕然共赏，牡丹于是大量进入文学作品。作为中国文学中最重要的花卉意象之一，中唐以降皇家贵族的狂热与文人的竞赏，奠定了牡丹国色天香、艳压群芳的物色巅峰地位；北宋文豪欧阳修《洛阳牡丹记》及邵雍众多文人的歌咏又巩固了牡丹的花王地位、富贵繁华意象；且肇启了牡丹与治世太平气象、雍容精致的士大夫心态以及牡丹精神与理学观物之理之间的对应关系。

图 019　［唐］周昉，《簪花仕女图》，辽宁省博物馆藏。

从中唐至北宋，文学作品中牡丹的审美内涵逐渐丰富。唐朝人着

图 020 《簪花仕女图》（局部 2）。图 015 中最后一位贵妇头顶上这朵硕大雍容的牡丹花与扇面上的牡丹图 015 交相辉映，衬托出了贵族妇女端庄娴雅的姿态，亦足见牡丹在大唐贵妇生活中的地位。虽然沈从文等学者坚持认为簪花为后世所添，但从目前诸多出土文物、绘画资料，尤其是五代各种墓葬壁画实例来看，这种推断未必确凿。

力表现牡丹的“国色天香”之美，牡丹往往和皇家豪贵的富贵奢华生活相映生辉。如图（图 019）五代周昉的《簪花仕女图》，贵族妇女闲游庭园之中，轻衣绶带透出肌肤丰腴、意态娴雅的贵族意态。庭中信步的双鹤，嬉戏的珍宠，都点出了场景的富贵繁华。

第四位仕女头上硕大雍容的牡丹花（图 020）与执扇侍女手中纨扇扇面牡丹（图 021）辉映成趣，更辅助了贵族富贵生活与情趣的表达。作为全民新宠，“一丛深色花，十户中人赋”，牡丹是名副其实的富贵花，得天下人狂热追逐。唐人对牡丹之美标榜至极，“万万花中第一流”，沉香亭故事是牡丹文学中常用典故，典型代表着牡丹与富贵荣华之间的关系。《清平调》三章不仅是文学与音乐的完美结合，亦是君臣相得的盛世景象。

图 021　《簪花仕女图》（局部 1）。纨扇上绘出大朵牡丹，技法形似唐玄宗之兄李宪墓墓室东壁一贵妇所持团扇上的“折枝花”。亦可证牡丹可能本有，未必后人所添。

此后对于牡丹富贵的咏唱世代不绝。北宋人则着力表现“牡丹得体能从容”的“雍容”之美、“尽日王盘堆秀色，满城秀毂走香风”的太平之象及其“独殿群芳占晚春”的王者傲骨、理学推崇的“衰荣存主意，深浅尽天真”之“物理”表率。“富贵”“国色”“太平”三者有机构成了中国文学中牡丹的审美内容。唐宋人各有偏重地体现着各自的时代文化特征，同时又保持了整体审美观念的一致性，体现着牡丹审美文化的成熟定型。以唐宋为代表的中国文人在吟咏牡丹之时，还往往寄托着自己的情怀以及理想。宋代以后，牡丹更成为“富贵太平”的人生、社会理想之完美象征。

第三章　北宋：牡丹兴盛与审美文化象征的发展成熟

第一节　北宋前期：对前代的沿袭与开创

北宋前期即太祖至仁宗前期是牡丹审美文化的复苏与持续发展时期。以宋初的僧仲休花谱《越中牡丹花品》，宋白、徐铉等人的诗歌创作作为起步的标志，到仁宗嘉祐年间洛阳成为牡丹种植观赏中心，牡丹审美观赏开始成为风习在全国流传开来，出现总结性的完备的花谱《洛阳牡丹记》。大量文学艺术作品涌现，整个社会逐渐出现一种牡丹审美热潮，突破了前代藩篱，呈现了自己的特色，牡丹审美文化走向真正的繁荣成熟为终点。在这几十年间，牡丹审美文化在吸收唐五代经验教训的基础上逐步复兴，牡丹题材文学与艺术创作都有了初步发展并体现出鲜明的过渡特色。

北宋初期百废待兴，随着社会政治秩序的重建，文化秩序也得到恢复。这一时期牡丹种植观赏中心还未形成，但是各地的种植观赏活动已发展起来并且初具规模。随着这些活动的扩展，审美意识也逐步明确，重要标志即牡丹题材文学的兴起，以及其承继唐五代中逐渐开创本朝特色的过渡色彩。现存北宋前期牡丹审美文化史料在数量上较中后期极度繁荣景象十分有限，然而相对于唐五代却已得到了不小的进步。这进步自然离不开社会经济文化的复苏，更离不开宋代文人时代意识的明确。他们开始以不同于唐人的眼光审视牡丹，不是将其作为盛世遗物反思悼念，更是在审美观念和趣味上吸收前代经验继而超越之、成就自己独特品位与时代特色。

宋人一开始便表现出了与唐人关注眼光的迥异。唐人崇尚牡丹仅百年，也曾为牡丹如痴如狂，然其对牡丹的认识却始终停在国色天香的物色品赏上，即使是对物色之美也不曾细加品评分类，“一丛深色花，十户中人赋”，我们能够推知的只有唐人崇尚大气宏阔、浓烈繁华的品位，却无法明了这丛“深色花”究竟是如何模样又贵在何处。而宋人一开始就突破了这一点，他们特别注重品第分类、鉴别。如《清异录》卷上载：

> 南汉地狭力贫，不自揣度，有欺四方、傲中国之志。每见北人，盛夸岭海之强。世宗遣使入岭，馆接者遗茉莉，文其名曰：“小南强。”及本朝伥主面缚伪臣到阙，见洛阳牡丹大骇叹，有缙绅谓曰：“此名大北胜。”[①]

宋初人就已用牡丹来象征一种恢宏壮观的气势。那用来弹压割据势力南汉之“小南强”茉莉而标举“大北胜”之洛阳牡丹，典型体现着宋人在牡丹身上倾注的大国雍容气象与尊贵优越气势。

僧仲休《越中牡丹花品》中一幅京城重地之外牡丹逐渐盛行的民俗风情画卷已然有声有色地铺展开来，宋人重品评议论风气俨然已露端倪：

> 越之好尚惟牡丹，其绝丽者三十二种。豪家名族、梵宇

① ［宋］陶穀《清异录》，《宋元笔记小说大观》，上海古籍出版社 2001 年版，第 37 页。

道宫、池台水榭，植之无间。赏花者不问亲疏，谓之“看花局”。泽国此月多有轻雨微云，谓之“养花天”。俚语曰：“弹琴种花、陪酒陪歌。”丙午岁八月十五移花自序，丙午雍熙三年也。[①]

这种独一无二的好尚、植之无间的热情、不问亲疏高下的盛况在大唐是罕见的。这是宋代门阀势力进一步衰落、庶族士大夫与帝王共治天下的结果，也是其鲜明的体现。而弹琴种花这种风雅闲情也迥异于唐人百宝妆栏、一掷千金的奢华豪侈。可以说唐人牡丹之热是一场竞尚繁华、追新逐异的“斗花”盛会；而宋人牡丹之爱才是一场风流清雅、蕴藉丰厚的赏花盛宴。将牡丹真正当作具有审美意味的花来观赏涵咏，并深入探讨其外在物色之美与内在精神之美以及两者之间的关联，这是宋人的开创。

宋白、徐铉等人的牡丹诗是这一时期牡丹审美文化发展所取得的成绩的鲜明代表，这些文学作品中不仅已初步显露出宋人注重细部描写、体察入微的特色，更体现出了宋人在因袭前代中的不断开创进取精神。徐铉的《姚黄并序》所反映的宋初洛阳牡丹种植观赏热闹非凡的全景就明确表现出了洛阳牡丹经过唐五代百年积累已经到了繁荣成熟之境地，名动天下已是指日可待。花开之日“姚家门巷车马填，墙上墙下人擦肩”可见其观赏规模之大。北宋太祖时期培育出的佳品姚黄已进入文学领域，被诗人采撷入诗，更可见宋人对牡丹品种的自觉关注意识。这种观念在前代是不曾出现过的，因而也代表着宋人的开辟之功。直接以牡丹品种名目入诗的文学作品是宋代出现而且运用频繁的一种文学表现形式，它出现在一个由五代入宋的文人手中正体现

① ［宋］陈振孙《直斋书录解题》卷一〇，第297页。

着宋初人在积极继承唐人文化遗产的基础上不甘蹈袭、大胆创新的魄力。这一创举在牡丹审美文化史上也有着相当的影响。

值得注意的是这一时期关于牡丹种植观赏的种种记载早已不限于皇城重地而是流布各地。唐人自陈“归到江南无此花”“此花南地知难种”的牡丹不仅在南方枝繁叶茂，且成了南人处处种植、爱赏不已的时尚新宠；唐时总与帝王妃子、权门豪贵相依的牡丹此时已走出皇宫贵胄之门，走向“梵宇道宫、池台水榭”，走入文人士子、贩夫走卒的日常生活中。牡丹审美文化至此才日益走向丰富多彩、气象万千。

然而，真正打开局面、全面深入地实现这一盛况却是在北宋中期。在一些名流聚集地如京城、洛阳、成都等地牡丹种植观赏渐具规模、逐渐成风成俗，并且直接影响到文学艺术创作。典型代表是洛阳权门钱惟演幕府文人的赏花活动。据欧阳修《洛阳牡丹记》载，钱氏钟情牡丹，曾细细考察牡丹名目，在私第坐后立小屏细书牡丹名九十余种，有意作花谱。他还以文人修养富贵气度为牡丹品第命名，所谓牡丹花王，姚黄为王、魏花为后之说也最早出自他口。欧阳修花谱之作可以说直接受他影响与启发。可见宋初不仅为盛宋牡丹审美文化提供了诸多可能，并且也直接奠定了其各方面的基础，为这一时期牡丹审美文化的全面繁荣做好了一切准备。

总之，宋初几十年间牡丹种植观赏不仅恢复到唐时，并且在规模与地域上都有了很大的突破，出现了很多唐五代不曾出现过的新的特征。各种牡丹审美文化形式如文学、艺术、民俗等都以蓬勃之势迅速铺展开来，预示了一个牡丹审美文化新纪元的到来。这一时期的牡丹审美文化虽处于积累与起步时期，总体特色是延续前朝，但在继承中已经出现了诸多新因素，开启了北宋牡丹审美文化的诸多特色，并透露出了宋型文化的诸多端倪。这就为下一个时期牡丹审美文化的高度繁荣与走向成熟奠定了基础，也打开了无数路径。

第二节　北宋中后期：牡丹审美文化的鼎盛发展时期

仁宗中期到神宗中期，牡丹审美文化高度成熟并达到成熟的巅峰时期，整个社会上牡丹种植观赏成风成习，人人爱花若狂、处处繁花似锦。由于宋初长期的发展与积累，到了仁宗时期社会因长期稳定发展而高度繁荣，经济文化全面发展、灿烂恢宏。虽不及大唐之波澜壮阔、横绝百代，却也人才辈出、彬彬之盛。整个社会沉浸在一种浓郁典雅的文化氛围之中，各种文学艺术形式都得到了进一步发展，形成了大宋自己的成熟风格，也取得了骄人的成绩。

可以说，在文化的昌隆鼎盛方面大宋较之大唐是有过之而无不及的。在整个崇文风气高度发展的背景下，审美文化高度发展，士人生活进一步艺术化审美化，琴棋书画诗酒花成为日常生活必需品，相关审美文化也迅速发展成熟。牡丹种植观赏活动也在此基础上在全社会范围内大规模地铺展开来，参与人群空前扩张，同时牡丹审美文化自身经过长期积累也达到了一个高度成熟的临界点，出现了全面繁荣的局面。

这一时期审美文化各种牡丹题材文学艺术活动迅速发展、高度成熟并取得骄人成就的时期，其起点是仁宗嘉祐年间欧阳修的《洛阳牡丹记》及洛阳名流的相关唱和，终点是神宗熙宁年间苏轼的《惜花》等牡丹题材诗歌。这一时期在历史上被称作盛宋，是北宋经济文化的高峰时期，也是牡丹审美文化的繁荣鼎盛时期。这一时期的牡丹种植观赏不仅遍及大江南北、规模急剧扩张，栽培育种技术日新月异、新品层出不穷。不仅出现了洛阳、杭州、成都、陈州等几个大规模的种植观赏基地，还以之为中心，通过发达的水陆交通与精湛的传播育种技术四面播衍，连成一片，形成一个全社会各阶层全面参与的盛大壮观的牡丹审美文化热潮。而真正将这场盛会推向了历史的巅峰、为之留下了不朽的印记的，是这一时

图022 ［清］胡湄《玉堂富贵图》，绢本设色，天津博物馆藏。

期的硕果累累的文学、艺术创作活动。

历数那些在牡丹审美文化史上功不可没的文化名人，那些同时也对宋代牡丹文学乃至整个宋代文学史上有着举足轻重的作用的文人，如范仲淹、韩琦、欧阳修、梅尧臣、宋祁、邵雍、司马光、苏轼、蔡襄等，都主要活动在这一时期。一些大型的牡丹审美观赏活动，如洛阳的万花大花、成都的牡丹花会，也都在这一时期。其中，都城、杭州、扬州等地的赏花活动也都在这一时期发展得最为繁盛。在前代的花卉种植、栽接、保鲜、长途运输技艺的进一步发展的条件下，各地之间的牡丹运输活动也发展起来。文人之间的寄赠、下级的进献、各地的有无流通、商业中心与种植基地间的沟通，一骑红尘，国色天香来到，缓解了那些远离中心而渴慕牡丹之盛的游宦士子心中的愁苦。自此牡丹花开之时驿路传花往来不绝，极大地扩展了牡丹的影响力，丰富了牡丹审美文化的内容，进一步推动了牡丹审美文化的全面繁荣与成熟。

图 023　北宋耀州窑青釉刻花牡丹纹罐，故宫博物院藏。

这一时期牡丹题材文学艺术创作不仅在数量的激增，较之前代更有了质的飞跃。在数量上，这一时期的牡丹题材文学作品在整个北宋牡丹文学中有着绝对优势，现存七篇牡丹赋中有五篇作于此时；二十余篇牡丹谱也有一半以上是作于这一时期的；牡丹诗词更是这一诗词创作的黄金时期一个重要题材，占整个北宋牡丹题材文学的一半以上。这一时期牡丹文学的繁荣不仅仅表现为数量的增加，更表现在其题材内容之扩展、名作的出现、价值与影响之巨大。上文提到的那些牡丹文化名人无不对牡丹文学创作有着浓厚的兴趣，也留下了不少传世佳作，如杜安世《玉楼春·三月牡丹呈艳态》、欧阳修的《洛阳牡丹记》《洛阳牡丹图》、梅尧臣的《韩钦圣问西洛牡丹之盛》《牡丹初芽为鸦所啄有感而作》、邵雍的《洛阳春吟》《牡丹吟》、司马光的《看花四绝句》《其日雨中看姚黄》、苏轼的《吉祥寺看牡丹》《惜花》、李之仪的《鹧鸪天·浓丽妖艳不是妆》等，无不以其形神俱佳、情韵兼胜，达到了可与唐代牡丹题材诗歌比肩的高度，在思想与艺术上都有相当成就的名作。其中牡丹词更是异军突起、成绩斐然。

由于这一时期是北宋文学的成熟时期，各种文学观念与艺术手法都走向了成熟，这对牡丹题材文学自然也不乏影响。这一时期的牡丹题材文学体现出了鲜明的时代特色，如作品中体现出的理性色彩、议论倾向；邵雍作品中体现出的理学家的观物情怀与乐生意识；苏轼作品中体现出的智者、达者的超脱思想与文人的敏感心态。在题材上这些作品的触角也伸到了北宋人生活的方方面面，无论是牡丹种植观赏活动的种种细节与观念、意识，还是整个社会的观赏风俗习惯以及种种审美活动方式，无不体现其中。这些作品几乎代表了整个北宋时期牡丹题材文学各个方面的最高成就，北宋牡丹题材文学佳作绝大多数也都出现在这一时期，正是这些作品的积淀形成了牡丹题材文学的繁荣，也铸就了这一时期牡丹审美文化的辉煌。

图 024　北宋磁州窑白地黑花牡丹纹罐，故宫博物院藏。

工艺艺术方面，这一时期牡丹题材艺术也达到了高度成熟，民间工艺美术如漆器、木器、玉器、陶瓷、纺织等方面的应用都空前广泛，形式也更丰富多彩，雕塑、篆刻、印染等工艺手法都被应用于牡丹审美文化之中，相关文献中还出现了牡丹题材在艺术中应用的理论指导，不仅进一步推动了牡丹题材应用的扩展，更体现了牡丹题材在艺术领域中的发展与成熟。较有代表性的是作为宋代建筑工艺总结的《营造法式》卷一四中“彩画作制度五彩遍装条”所记之“牡丹花……宜于梁、额、橑、檐枋、椽、柱、斗拱、材、昂、拱眼壁……皆可用之”[①]，表现出牡丹花在建筑中应用之广泛。

作为纹样的牡丹之应用在艺术审美领域的运用远不止于此，事实上它已广泛深入到北宋艺术各个领域，成为艺术家们最喜闻乐见因而最常用的艺术符号共同参与了构筑精雅辉煌的大宋文化宝塔的伟大工程之中。现存的那些北宋时期的传世艺术精品中牡丹纹成了一尊，代替了唐代那种特征模糊的宝相花，在装饰艺术中盛极一时。2006 年陕西蓝田县三里镇乡五里头村的北宋名臣吕氏家族（吕大忠、吕大防、吕大均和吕大临）墓群出土的精美的北宋耀州窑青釉刻花牡丹纹吐鲁瓶，故宫博物院所藏朴素精雅的北宋耀州窑青釉刻花牡丹纹罐（图 023）、北宋磁州窑白地黑花牡丹纹罐（图 024），浙江博物馆藏的越瓷精品北宋青釉刻花牡丹粉盒（图 038）等都是例证。《洛阳市志·牡丹志》所载北宋时期洛阳文物上的牡丹纹饰之多、应用之广，更是达到了空前绝后的境地。其中建筑雕刻、墓室壁画、石雕木刻图案、器物花纹可判定年代的均以这一时期为多，更佐证了牡丹审美文化在这一时期的全面繁荣[②]。

总之，北宋中期不仅是北宋社会经济文化高度发展的鼎盛时期，也是牡丹审美文化全面繁荣的时期，这一时期的牡丹题材文学走向成熟，留下了许多内容丰富、艺术精妙的精品；牡丹题材艺术也得到了极大的发展，建筑雕塑陶瓷纺织诸多方面的应用都高度成熟、硕果累累；其他各种形式的牡丹审美文化活动也都在这一时期得到了丰富与

---

① 梁思成《营造法式注释》，中国建筑工业出版社 1983 年版，第 253 页。

② 《洛阳市志》第八章牡丹艺术，第一节：文物上的牡丹纹饰，第 176-181 页。

图 025　五代耀州窑青釉刻花牡丹纹倒流壶，陕西历史博物馆藏。刻花线条流畅舒展、釉色光洁清新。壶内倒流工艺设计更是鬼斧神工，是国宝级工艺精品。此壶上的牡丹纹也是牡丹在唐代审美文化萌芽的标志之一。

发展，各个方面相互勾连，共同构成了一个结构完整、内容博大深厚、灿烂辉煌的牡丹审美文化图卷。这一锦绣图卷又与这一时期其他文化景象相结构，构筑了陈寅恪所言“华夏民族之文化，历数千载之演进，造极于赵宋之世”的立足于中国封建社会巅峰的盛宋文化盛景，也是封建社会文化胜景。

第三节 北宋末及南渡时期：牡丹题材文学的衰落与转变时期

神宗末期到南渡时期，是北宋社会逐步走向衰落、败亡的时期。这一时期社会长期积淀的各种矛盾诸如内部官僚机构的腐败堕落、奢侈淫靡，社会经济凋敝、民不聊生、哀鸿遍野；外部民族矛盾的全面升级，北宋王朝在强悍的金朝铁骑威逼之下节节败退，王朝统治岌岌可危；政治经济的剧烈动荡导致了文化的停滞，然而在这衰落中却也酝酿着新因素，预示着新时代的到来。这一时期牡丹主要的种植基地所在的中原地区战乱频仍、山河破碎，牡丹在战火摧残中已不成规模，整体上呈现出南移的趋势。牡丹审美文化的发展也出现了转变，这种转变主要体现在文学与艺术两个方面。文学方面，牡丹题材文学创作数量锐减，名家名作数量也有限，然而却随着时代变化而出现了新的思想主题内容，展现出了鲜明的过渡色彩，为南宋时期牡丹题材文学的继续发展提供了方向与可能。这一时期也是一个历史的转折点，从此封建社会就江河日下。牡丹茁壮生长的黄金时代已经过去，然而其所昭示的盛世太平、昌盛繁华之象已深入人心。时移世易、繁华不再，文人再也无心赏会。然偶一相遇，必当睹物伤怀、感慨万千。

总之，社会的衰亡、牡丹的衰落使得这一时期牡丹题材文学数量剧减；但是遭逢流落憔悴的太平花所触发的故国之思、黍离之悲也使得这一时期的牡丹题材文学有了新的思想情韵。因此，牡丹题材文学虽然走向了衰落却也孕育着新的因素。那些经历过繁华、见识过牡丹之绝代芳华的文人耆老们面对昔日太平遗物，伤感今日乱离，行文中思想之丰厚深沉、笔致之深沉顿挫、情韵之深婉愤激，都迥异于前期，也导南宋牡丹题材文学先路。

北宋后期苏黄等文坛主将相继谢世，江西末流成为文坛主流，到了南渡时期陈与义、吕本中、李弥逊、叶梦得等人异军突起，成为这一时期文学成就的代表。"自从丧乱减风情，两年不识花枝好"（李纲《黟歙道中士人献牡丹千叶面有盈尺者为赋此诗》）的感时伤事、"回首洛阳花世界，烟渺黍离之地。更不复，新亭坠泪"（文及翁《贺新郎·西湖》）的深沉痛切、"牡丹花在逢寒食，群玉山如望洛阳"（吕本中《郡会赏牡丹分韵得裳字》）[①]的今昔之感……这里牡丹不仅仅是那繁华富贵、太平昌盛的信物，是盛世的象征、繁华的见证，更承载了乱世生灵的心灵愿景，倾诉亡国失路之悲的重要媒介。这一主题延续甚为久远，不仅是南宋百余年的牡丹题材文学的重要传统之一，也深深撼动着以后每一个衰落败亡之世的文人的心灵，这是牡丹审美文化的一大转变与深化。这一转变与深化对牡丹审美文化的进一步升华也有着深刻的影响与重大的意义。因而这一时期的牡丹题材文学虽然数量有限，却有着不可忽视的历史意义与价值。以陈与义《牡丹》最有代表性：

一自胡尘入汉关，十年伊洛路漫漫。

青墩溪畔龙钟客，独立东风看牡丹。[②]

陈与义（1090-1138），字去非，号简斋，河南洛阳人。两宋之交

---

① 《全宋诗》第27册、第28册，第17664、18224页。

② ［宋］陈与义《陈与义集》，中华书局1982年版，第479页。

杰出诗人，他的诗题材广泛、感时伤事，往往寄托遥深、沉郁悲壮、雄阔慷慨，是宋代学习杜甫最有成就的诗人之一，也是经历北宋覆灭，南渡颠沛这一段历史的见证者。这里的伊水、洛水是流经洛阳的两条河流，因此诗以伊洛代指洛阳。陈与义的这首牡丹诗是南渡诗人中的精品，典型体现着这一时期故土沦陷、流落江南的中原文人内心共有的洛阳情结。天下兴亡看洛阳，洛阳盛衰看牡丹，而十年归路漫漫，中原陆沉、繁华不再，这种感伤在以陈与义为代表的背井离乡的北宋遗民面对极盛于洛阳的牡丹时集中迸发，感人至深。

“洛阳牡丹甲天下”，牡丹被宋人称作洛阳花。而洛阳作为北宋的西都，是名副其实的北宋文化中心。欧阳修、梅尧臣在这里完成了北宋诗文革新运动，司马光在这里完成了他的《资治通鉴》，范仲淹辞世之后也不按照当时习俗归葬故土，而是选择了洛阳为终老之地，洛阳确实是宋世繁华、文物风流的表征[①]。洛阳是北宋繁华的见证，牡丹又是洛阳繁盛的表征。洛阳牡丹自然是北宋文物风流、太平繁华的集中代表，洛花在南宋人眼里自然不仅代表陷落的中原故土，也是昔日繁华太平的象征（详参附录洛阳牡丹的文化意义）。当年“洛中全盛日，见说大如盘”（卫宗武《三月晦日剪牡丹》）、“牡丹花发酒增价钱，夜半游人犹未归”（邵雍《洛阳春吟》），一片太平和乐的景象，而如今“西洛名园堕劫灰”（陈与义《记牡丹事》其二）、“国色天香消息断”（葛立方《避地伤春六绝句》其二），而遗民心心念念的“周汉故都亦岂远，安得尺箠驱群胡”（陆游《赏山园牡丹》）也因为统治者的私心与苟且偷安国策而无望实现，怎不令青墩溪畔的

① 详参附录《洛阳牡丹的文化意义》，已发表于《阅江学刊》，2011 年第 6 期，第 91-99 页。

龙钟老者双泪落花前呢？这种感慨不独让南宋一代向往中原盛日的文人惆怅叹息不已，此后各代遗民对此诗无不黯然神伤、心有戚戚。

此诗可谓遗民诗甚至整个诗歌史中的杰作。楼钥《简斋诗笺叙》赞其“用事深隐处，读者抚卷茫然，不暇究素”即是此意。此诗作于作者晚年，这正是葛胜仲《陈去非诗集序》所谓“赋味尤工”之作。

艺术方面这一时期虽然走入低沉，但仍是有所创获的。这与宋徽宗对所有奢靡之物的迷恋是有关的，当然也离不开宋徽宗对艺术不遗余力的推崇。无论是对画院的鼎力支持，对牡丹专题绘画发展事业的巨大意义，还是他对花木珍奇的搜刮对于牡丹题材艺术精进的推动作用，或是他的雅好文学对于牡丹题材文学发展的鼓励与支持，都说明他是这一时期对于牡丹审美文化有着特殊意义的人。

宋徽宗赵佶在传统儒家范畴中是一个不称职的皇帝，可他却是一位相当有艺术品位与天分的艺术家，在书法和绘画上都有相当造诣，有众多书画传世如《芙蓉锦鸡图》等，深受现代艺术研究者的重视和好评。他不仅直接以皇家权威推动了花鸟题材工笔艺术及书法的发展，还开创了极具个人风格的“瘦金体”，院体画的创作水平也相当高超，现存故宫博物院的芙蓉锦鸡图等传世名画都出自他的手笔，可以代表宋代绘画尤其是院体花鸟画艺术的高度。同时，他本人对牡丹审美文化的贡献也是不容忽视的，他的《牡丹蜂蝶图》为历代画家所临摹，也是极有造诣的绘画精品，这幅现藏台北故宫博物院《书牡丹诗》（图026）书法上属于宋徽宗自创的轻灵飘逸、独树一帜的瘦金体经典之作。

释文：牡丹一本同干二花，其红深浅不同，名品实两种也，一曰叠罗红，一曰胜云红，艳丽尊荣，皆冠一时之妙，造化密移如此，褒赏之馀因成口占：

异品殊葩共翠柯，嫩红拂拂醉金荷。

春罗几叠敷丹陛，云缕重萦浴绛河。

玉鉴和鸣鸾凤舞，宝枝连理锦成巢。

东君造化胜前岁，吟绕清香故琢磨。

图 026 ［宋］赵佶《书牡丹诗》，台北故宫博物院藏。

宋徽宗这篇书画作品上的文字，在文学上诚然算不上上乘之作，毕竟是“口占”即兴之作，然书法与文学结合的艺术方式的艺术价值也毋庸置疑。我们这里要注意的是这篇作品所传达出来的鲜明而有时代特色的牡丹审美文化信息，至少有二：

其一，北宋时期的牡丹观赏方式较之唐代已经大为精细而高明了。目前没有可靠的资料可证唐人对牡丹有品种概念，无非是“争赏街西紫牡丹”与“何似后堂冰玉洁”的对峙，是颜色上粗犷的区分。而宋代，

图 027　[宋]佚名《人物图》，台北故宫博物院藏。

从欧阳修的《洛阳牡丹记》记载名品 24 品，到整个北宋时期层出不穷的十多种牡丹花品中，共出现了不下两百个牡丹品名，还出现了姚黄、魏紫之类号称“花王”“花后”的“至尊”“名牌”。这种分类意识并非如我们今天的植物学科学分类般仅供研究，而是一种审美方式的示范、审美情趣的表达。

作者不仅欣赏牡丹物色之国色天香极致美感，还将其赋予相得益彰的美名，留下文人墨客反复讽咏不倦的饶有余味的雅号，供人谈笑品评。古人信奉天人合一，将一切美好事物视为天地灵秀之气所钟，即所谓“东君造化”，他们对名花的品评与对名士的品评一样，都是一种从魏晋《世说新语》等而来的名士“藻鉴”风气的延续，是文人审美化精雅生活的体现。如上面这幅宋代佚名所作《人物图》（图027）即是文人这种日常生活的生动展现。图中文士闲坐榻上，侍儿在侧点茶，面前大几上花盂中插满牡丹，深浅相间，屏风上有画，正是《梦粱录》所载“烧香、点茶、挂画、插花，四般闲事”，即后人总结的宋人四艺：插花、赏画、烹茶、熏香，是士大夫风雅生活的写照。而牡丹在宋代文人日常生活中的地位于此也可见一斑。

宋代文人的赏花不再限于对红紫颜色的辨别、对花瓣大小的咏叹，而精确到花卉生物学层面的性状、变异情况的准确反应，并将这种区分与传统文化中的命名美学结合起来，让牡丹审美突破了单纯的物色层面的玩味，而进入观物甚至是格物的理学层面和深层美感的体悟。宋徽宗这篇作品里精确记录了当时宫苑之中盛开的一株牡丹花的性状：一株上并开深浅两朵花，品貌艳丽尊荣，是当时名品之冠。深色的叫叠罗红，浅色的叫胜云红。红字说明两枝皆是红花，而重叠的罗衣不仅能形容深红花之深，还栩栩如生地比况出了牡丹花瓣轻盈叠起的情状，而又在字面上能引发观者对于穿着重叠罗衣的美人的无限遐想。将视觉实景与联想中的虚景打通，韵味无穷。胜云红亦是如此，一个胜字形容她颜色之美艳，一个云字又状尽其轻柔曼妙。这种审美模式的演进，显然对牡丹育种培新技术提出了更高的要求，从而也刺激了牡丹种植栽培技术的进一步发展。更重要的是将牡丹审美文化朝着更精细雅致的方向推进了一大步。

其二，“玉鉴和鸣鸾凤舞，宝枝连理锦成巢”，宝玉鸾凤，又是君王倾心赏爱，牡丹确实当得起“艳丽尊荣”这个形容。而尊荣，和我们说的平常泛泛而谈的“富贵”是大异其趣的。《孟子·尽心上》说“君子居是国也，其君用之，则安富尊荣”，尊荣是尊贵与荣耀，一般用来形容王侯将相、名门望族，并非投机乍富的暴发户。这里用尊荣而非富贵即可知牡丹这一花王，在经历了中唐至于北宋两百多年的荣宠之后，终于摆脱了根基尚浅的暴发户嫌疑，有了真正的贵族身份。在皇宫内苑之中盛放的牡丹已经不再是艳极无双的美好点缀，而成了尊荣生活的有机组成部分，和锦鸡闲庭信步一样，代表着极高的权势与尊荣安逸的生活。后人称牡丹为“太平花”，认为它点染盛世，不无道理。当然，我们这么说是有根据的。

如图（图028）现藏于耀州窑博物馆的宋代耀州窑青釉“大观”铭牡丹纹碗，是北宋徽宗大观年间耀州窑所制贡瓷，是耀州窑珍贵的代表作之一。美如碧玉，是北宋北方青瓷的经典代表，可谓传世国宝。

这件国宝级的艺术精品在徽宗时期出现自然并非偶然。这一时期的牡丹题材绘画的发展在整个牡丹绘画史上有着十分重要的意义，宫廷院画与文人墨戏都有所发展，其成果在徽宗主持编纂的《宣和画谱》中有着鲜明的体现，其中收录唐五代到北宋牡丹画共146轴，其中北宋64轴，置于花鸟画之首，它所反映的审美文化观念深深左右这一时期的牡丹题材绘画创作，对南宋的牡丹绘画也有着深刻的影响。

这里需要重点探讨的是“大观”这个年号，大观是徽宗年号（1107-1110），徽宗一共用过六个年号：建中靖国、崇宁、大观、政和、重和、宣和，其中靖是平和、安定，宁是安定平静，后面三个和不言而喻，都是平和康泰，这些年号都体现了风雨飘摇的北宋末世皇帝宋徽宗对

图 028　北宋耀州窑青釉大观铭牡丹纹碗，耀州窑博物馆藏。

太平安定的渴望和向往，大观自然也是有此意，盛大壮观、洋洋大观，用在年号上当然都是对国家太平安定繁荣的美好祈愿。此名出于易经，《易·观》云：“大观在上，顺而巽，中正以观天下。”意为圣人以中正的德性，展示于天下，以求天下大治。无独有偶，中国古代最为优秀的长篇小说《红楼梦》中就有一个“天上人间诸景备，芳名应赐大观名”的大观园，这个身为大观是皇妃元春所赐名，自然有颂圣之意，大观当然也有炫示“盛世无饥馁”的太平图景之意。因此，上图这件国宝在缠枝牡丹花蕊之中刻入“大观”二字，自然是和富贵牡丹相得益彰共同表达太平盛世之愿望的寓意，毕竟纵观历代存世国宝，除了通宝正面篆刻年号外，基本都是刻在底部边缘等不显眼之处，像这个画龙点睛的铭文，是比较少见的，因而这种组合显然是有其寓意的。

工艺美术中，此时牡丹的应用也更加广泛，部分精品直接代表着古代手工技术巅峰水平，如现藏辽宁省博物馆《缂丝牡丹图》（图029）。这幅丝织精品的作者朱克柔，是华亭县（今上海松江）人，生活在宋宣和、绍兴年间，是宋徽宗至高宗时期名扬天下的织造缂丝[1]专家。朱克柔的缂丝作品题材广泛，人物、花鸟等皆有，风格清淡古雅，形象生动，为一时之绝技。收藏家将其作品视如名画，是中国缂丝技术的高峰。

此图缂工精细，风格高雅，形神生动，为南宋缂丝之精品。刻画之精细，图案之优美，与名画无异，堪称“丝中之圣”。观图中牡丹花瓣繁复中有变化，花叶向背中有匠心，其精细雅丽处不减工笔画作，令人叹为观止。朱启钤《丝绣笔记》称赞朱克柔缂丝作品“精巧疑鬼工，品价高一时”，并引清代安仪周《墨像汇观·名画》赞其“运丝如运笔，是绝技，非今人所得梦见也，宜宝之”[2]。

综上可知，北宋末到南渡时期是牡丹审美文化的转型时期，在衰落中酝酿着新变，在低谷中缓慢发展。在文学上牡丹题材作品数量与质量都有一定程度的低落，然而在思想内容与情思韵味上却出现了一些新因素，酝酿着新发展；艺术上在前代的积累中更是取得了不小的成绩，无论是牡丹题材工艺美术还是牡丹题材绘画的发展都得到了一定程度的发展。在审美模式的开拓与审美意蕴的发展上，都有了新的收获。牡丹观赏更加精细化，牡丹审美内涵也在富贵之上有了更进一

① 缂丝是丝绸织造工艺中最为精细华丽的一种，被古人称作“丝中之圣”，享有“一寸缂丝一寸金”之美誉。图案细腻鲜活如工笔画，纤毫毕现且正反两面一样，富有立体感，柔韧耐磨。历代传世的缂丝都较少，基本都藏在宫廷供皇家专用。

② [民国]朱启钤《丝绣笔记》，《美术丛书》四集第2辑，第352页。

步的发展，向着尊荣太平迈进。这一时期是北宋牡丹审美文化的终结，同时也开启了南宋牡丹审美文化的发展，在整个中国古代牡丹审美文化史上也是很有意义与价值的一环。

图029 ［宋］朱克柔《缂丝牡丹图》，辽宁省博物馆藏。

小 结

在整个牡丹审美文化史中，两宋是一个十分关键又意义非凡的时期。它继承并融合了唐代牡丹审美文化的精华部分，并在发扬优秀传统的基础上进一步发展创新，创造了十分灿烂辉煌的牡丹审美文化，奠定了其后千年的牡丹审美文化基本象征内涵与基本艺术思维走向。以后千年的牡丹审美活动都笼罩在宋人的阴影中，少有新因素出现。传统牡丹审美文化观念中的各种意象都是成熟于这一时期，因此说两宋时期是牡丹审美文化发展的巅峰是毫不夸张的。

宋人以过人的才气与智慧创造了中国古代史上无可匹敌的文化盛景，构筑了一个精美的花卉审美文化世界，其中牡丹以王者至尊的地位稳居群芳之首、领尽风骚。此后再没有任何一种花能够挑战牡丹花王的地位，也没有任何人再怀疑牡丹富贵太平、繁荣昌盛之美好象征。牡丹在中国古代审美文化史乃至于民族精神中都稳固地占据着一片不小的领地，至今大多数人仍在热切呼吁以牡丹为国花，象征繁荣昌盛、繁华太平的国家，代表我国不畏强暴、坚强不屈的民族精神及其雍容优雅、温良谦恭的民族气质。这一观念在北宋时期就已形成并且深入人心，可见作为牡丹审美文化高峰时期的北宋时期在整个中国古代牡丹审美文化史上无可比拟的崇高地位及其深远影响。

第四章　南宋：牡丹审美文化的定型

南宋时期是梅花的盛世，梅花地位不断飙升，至于与牡丹比肩，甚至隐然有超越之势。这一现象是广为学术界认可，甚至有学者直接以梅花为宋代之象征与大唐牡丹对峙，诠释两个朝代的文化特质。这种叙述从大体上看似乎没什么问题，但细审之，却不免有以偏概全之失。且不说大唐精神可否以牡丹概括之，两宋就有着截然不同的文化偏向。北宋时期如上一章所叙，无疑是牡丹的时代，这一时期文人热情赞颂牡丹的雍容华贵、天香国色，牡丹审美甚嚣尘上。此时歌咏梅花也限于“北人殊未识”（徐积《和吕秘校观梅二首》），林逋“暗香浮动”之句也并未引起时人关注，反而“洛阳牡丹甲天下”“国色天香无物赛”之类牡丹颂歌传唱不绝。

形成这一差异的原因有二，其一是北宋经济文化中心在黄河流域，而这里正是牡丹之乡。繁华富庶地，温柔富贵花也是相得益彰。文人徜徉其中，歌咏欢赏也是自然而然。且梅花虽以“傲雪凌霜”著名，却是十足的南方物种。北方“地寒难得见梅花”，北方人甚至“手指梅花作杏花”（汪元量《醉歌》其九）[1]，对不熟悉的花卉确实很难生出诗情。随着宋室南渡，大批士大夫背井离乡进入南方，中原路远，中原物产也成为回忆，是以南方的风物得到了极大的关注和开发，北

① ［宋］汪元量《醉歌》其九，《增订湖山类稿》卷一，《影印文渊阁四库全书》本。

方来的文人们认识了梅花，惊艳于它的寒素清雅。而江南地区优越的梅花资源正是南宋梅花审美文化得以大行其道的物质基础；其二，南北宋的文化精神底色也是大相径庭的。虽然南宋在历史上被视为北宋的延续，但是两宋的生存环境和士大夫心态有着巨大的差异，这种差异导致他们审美趣味迥异于彼此。北宋皇家与士大夫共治天下背景下文人地位的优越，澶渊之盟下百年承平中社会物质文明的高度繁荣，文人生活氛围优裕宽松，园林文化大兴，花卉种植观赏成风；思想上对本朝结束百年乱世，一统五代乱局的时代自豪感、自信心；科举普及下平民阶层步入权力中枢唤起的强烈的责任感与忧患意识等思潮汇集而成的心怀天下、经世济民的积极入世思想等都相对更接近大唐。他们的所爱自然也是带着大唐盛世余韵的雍容富贵的牡丹。

而南宋半壁江山，偏安一隅，放眼已无古之名山大川，旧日辽阔山河尽属他人。历经丧乱的南宋人每念北方旧地不免忧愤交加，即使相对太平的“中兴”时代也只能是向北方政权称臣进贡，再也没有天朝上国的自信气势，走向内敛也是势在必然。所以，纵然南宋牡丹种植观赏仍延续着北宋的热度，出现了“小洛阳”“万花川谷”等胜景，也仍有众多牡丹花诗词文赋，却掺杂了太多复杂的意味。这一时期的牡丹题材文学在花卉题材中仍是热门，然而细细品味，字里行间已经渐渐偏离了牡丹的物色之美甚至精神之美，成了思乡怀土，故国情怀的一个符号。陈与义“独立东风看牡丹”看的已经不是艳极无双的名花，而是中原对收复故土无望的伤痛无奈之感。牡丹带给时人的已经是感怀多于欢愉。它让位于切合南宋文人寒素内敛的审美趣味，淡泊清雅的梅花，也是自然而然且不可避免的了。

然而值得注意的是梅花与牡丹的审美地位的嬗替并非一蹴而就，

也非全社会性的。梅花的审美受众其实不如牡丹，虽然现存南宋梅花题材文学压倒性超越了牡丹题材。但是我们知道文学是掌握在文人手中，而文人，哪怕在北宋这个文官社会，也只是社会成分构成中虽然影响无可替代，比率却十分一般的群体。日益崛起的市民阶层已经渐渐形成自己的审美文化，也有自己的品位趣味。他们的审美情趣占领着文学之外工艺美术诸多层面，渗透到最广泛的社会生活之方方面面。

若从现存的各种文物、考古发现等诸多成果来看，遍布南宋人生活器具边边角角的纹样中首屈一指的就是牡丹纹。瓷器、砖雕、壁画、服饰，乃至各种体现南宋人日常生活场景的人物画中，牡丹仍是主角。即使是文人为主的高雅艺术中，牡丹仍占据极为重要的一席之地。

因此虽然南宋梅花已登上王座，但是牡丹仍在咫尺之间与之遥相呼应，说南宋时期牡丹审美文化衰落恐怕有武断之嫌，南宋朱翌《题山谷姚黄梅花》诗所谓“姚黄富贵江梅妙，俱是花中第一流”[①]，是持正之论。

南宋是牡丹审美文化的定型时期，一方面，随着“洛阳花”的符号化，牡丹的富贵寓意又附着了时代兴衰的经验总结带来太平繁华之意、故乡故国之思，牡丹作为一个富贵繁华的民族符号开始定型。这一定型既表现在文人在牡丹题材文学的反复歌咏中，也表达在南宋艺术，尤其是工艺美术领域竭尽全力地向北宋靠拢上，祈愿中兴，因而对牡丹的极为广泛的应用上；另一方面，随着南宋园林文化的进一步发展，文人心态的进一步收敛，牡丹审美文化中由晚唐发展而来的“孤傲”气质也被开发了，这一发展在艺术上直接开了明清水墨牡丹一脉，

① 《全宋诗》第33册，第20809页。

在文学上也将牡丹审美文化中的比德思想进一步完善、定型。

此外，在民间审美文化中，随着牡丹纹样的不断普及与广泛应用，也将牡丹富贵的观念真正融入传统文化神髓血脉之中，成为表达平民阶层向往丰裕美好生活的一个固定符号，为牡丹富贵真正奠定了最为广泛的群众基础。此后直至今日，国境之内不论童叟妇孺无人不知牡丹富贵，与牡丹各种有吉祥寓意的意象如凤凰、雄鸡、湖石、玉兰、海棠的搭配在这一时期也都固定下来。

图 030　南宋缠枝牡丹纹玉梳，南京博物馆藏。

上图牡丹纹玉梳（图 030），是 2004 年南京市江宁区建中村宋墓地出土的珍贵文物，《国宝档案》2011 年 10 月 14 日对它做了专门的介绍。这把梳子用上等和田玉制成，厚度仅 3 厘米，而仅 1 厘米宽的梳背上就用透雕工艺，雕刻出了三朵盛开的牡丹花和两朵含苞待放的花蕾，中间以缠枝相连。最小的缝隙只有 2 ～ 3 毫米，显示出工匠高超的技艺。如此雕刻精美，材质上乘的玉器在南宋属贵族用品。牡丹的富贵与玉器的温润融为一体，更体现贵族审美的高雅清逸、生活的奢华雅致。这种梳子一般用来做头饰，炫耀主人的富贵品格，辛弃疾《鹧鸪天》“香喷瑞兽金三尺，人插云梳玉一弯”描绘的就是当时女性插玉梳当头饰的风尚。而建中南宋墓出土的两把牡丹纹玉梳则可证，牡丹纹在妇女头饰中也是占据了比较重要的地位。

第一节　独立东风看牡丹：南宋文人群体记忆

南宋时期诗文最重要的两大主题，一是收复中原，一是渴望中兴。这两大主题中收复中原主题尤为重要，精品也多。这种状况的出现，首先是因为整个南宋时期多处于动荡不安之中，北方少数民族不断的威胁，划江而治、无险可守的危机感，贯穿始终的“和战”主题，种种因素都导致故国、中原是南宋文学中一个历久弥新而无可回避的话题。纵观南宋文人传世名作，多以忧国忧民、慷慨激昂或感慨深沉、痛心疾首著称。这些作品出于有良心有担当的文人士大夫对国家过去、未来的感慨与忧虑。南渡至南宋中期的辛弃疾、陆游、朱敦儒、张孝祥等，南宋中后期的刘克庄、吴文英、周密、王沂孙等，数代文人都是在这种内心的焦灼与忧愤中以诗词文为酒杯，浇胸中块垒。其次还是因为南宋时期鼎盛的咏物风气。正如龙榆生《中国韵文史》（南宋咏物词之特盛）所言：“南宋词人，湖山燕衍。又往往有达官豪户，如范成大、张镃之流，资以声色之娱，务为文酒之会。于是以填词为点缀，而技术益精。其初不过文人阶级，聊以遣兴娱宾，相习成风，促进咏物词之发展。其极则家国兴亡之感，亦以咏物出之，有合于诗人比兴之义。未可以玩物丧志同类而非笑之也。”[①]这种咏物之风的兴盛，及在咏物之中寄托兴亡之感的艺术手法的发展，都大大刺激了牡丹题材文学的创作。而整个南宋尤其是中兴时期，修筑园林与诗文集会之风特盛，大量牡丹题材诗文就出现在歌筵酒席、觥筹交错之间。

南宋文人还特别喜欢结社酬唱，集会结社创作诗词的风气不亚于北宋之时。而文人结社往往因时因景而起，多以赏花为名。这种风气自然催生了大量咏物词。细翻南宋文人诗词作品，几乎无人不作咏物诗词，甚至咏物在他们的创作中还占据了相当大的比重，无论是南渡诗人、中兴诗人还是遗民诗人等莫不如此。他们所咏之物极为广泛，自然、人文、社会生活种种物象无不涉足。而其中最为重要的题材之一即是咏牡丹。而在南宋牡丹题材诗词中，最为突出而成果丰硕的是南宋的牡丹词。据许伯卿《宋词题材研究》统计，宋代咏物词计3011首，其中咏花词2189首，占咏物词总量的80.34%，所咏花达58种，数量上牡丹词排名第五，共128首，在梅花（1041）、桂花（187）、荷花（147）、海棠（136）之后[②]。这一数据可知梅花无疑是南宋文人新宠，而牡丹在群芳之中的分量依然是相当靠前的。细查这128首牡丹词中北宋只有7首，其余全部是南宋作品。并且其中不乏脍炙人口的名作，如刘克庄的《昭君怨·牡丹》（曾看洛阳旧谱），吴文英《念奴娇·咏牡丹》（洛阳地脉）、《汉宫春》（花姥来时），陈著《水龙吟·牡丹有感》（好花天也多悭）等。

其中最能代表南宋时期牡丹词的艺术成就的，当属辛派词人刘克庄。他的牡丹词《昭君怨·牡丹》（曾看洛阳旧谱）和《六州歌头·客

---

① 龙榆生《中国韵文史》，上海古籍出版社2002年版，第106页。
② 许伯卿《宋词题材研究》，中华书局2007年版，第120-122页。

赠牡丹》（维摩病起），都是借牡丹抒发怀古幽思，寄寓深沉的历史兴亡之感。如《昭君怨 · 牡丹》：

曾看洛阳旧谱，只许姚黄独步。若比广陵花，太亏他。

旧日王侯园圃，今日荆榛狐兔。君莫说中州，怕花愁。[①]

牡丹是花王，姚黄是牡丹之王，这是“旧谱”即欧阳修《洛阳牡丹记》所载。广陵是扬州，扬州芍药在北宋也是“名牌”。若拿扬州芍药来比况洛阳牡丹之盛，就太羞辱洛阳牡丹了。《墨庄漫录》记载北宋末年扬州太守效仿洛阳作万花大会，惹得百姓怨声载道，也是画虎不成，反劳民伤财[②]。扬州芍药比不得洛阳牡丹的根本原因，是支撑洛阳牡丹繁盛时豪奢华丽的万花大会的盛宋已渐衰，洛阳牡丹所代表的繁华富庶，扬州芍药望尘莫及。然而当年的王侯园圃，如“独有牡丹数十万株”的“天王院花园子”（李格非《洛阳名园记》）等，如今却早已经是“荆榛栉比塞池塘，狐兔骄痴缘树木”（元稹《连昌宫词》），荒草塞道，狐兔出没。请你不要当着牡丹的面提起什么故土、什么中原了，我怕它伤感悲哀。当然感伤的并不是花，是多情易感的看花人。花是太平花，是故园花，而如今太平如梦，故园路赊，对此名花，焉能不感慨系之，悲伤难禁。“荆榛狐兔”句用元稹感伤安史之乱的诗典，引发读者古今一慨的联想，使得作者的乱离兴亡之感更加深沉醇厚。俞平伯《唐宋词选释》卷下论此词云：“名为惜花，

① 唐圭璋编《全宋词》第4册，中华书局1965年版，第2612页。

② ［宋］张邦基《墨庄漫录》卷九：“扬州产芍药，其妙者不减于姚黄魏紫。蔡元长知淮扬日，亦效洛阳亦作万花会。其后岁岁循习，而为人颇病之。元祐七年，东坡来知扬州。正遇花时，吏白旧例，公判罢之，人皆鼓舞欣悦。作书报王定国云：花会检旧案用花千万多，吏缘为奸，乃扬州大害，已罢之矣。虽杀风景，免造业也。公为政之惠利于民率皆类此，民到于今称之。”

实惜中州，旧国旧都的哀怨，借对扬花、洛花的褒贬抑扬表现出来。”[1]再如其《六州歌头·客赠牡丹》：

> 维摩病起，兀坐等枯株。清晨里，谁来问？是文殊，遣名姝，夺尽群花色。浴才出、酲初解，千万态。娇无力、困相扶。绝代佳人，不入金张室，却访吾庐。对茶铛禅榻，笑杀此翁。珠髻金壶，始消渠。
>
> 忆承平日，繁华事，修成谱、写成图。奇绝甚，欧公记、蔡公书。古来无。一自京华隔，问姚魏，竟何如。多应是，彩云散、劫灰余。野鹿衔将花去，休回首，河洛丘墟。漫伤春吊古，梦绕汉唐都。歌罢欷歔。[2]

上阙用《维摩诘所说经·观众生品》：“时维摩诘室有一天女，见诸大人，闻所说法，便现其身，即以天华散诸菩萨大弟子上。”天女散花是为了点化诸佛弟子心中尘念，这里以天女比喻牡丹，也是清净境得正果的天女，来人间点化众生。以下几句极力摹写牡丹娇姿艳丽态，艳冠群芳。它似千娇百媚的美人杨贵妃，带着似刚出浴的娇怯不胜（春寒赐浴华清池，侍儿扶起娇无力），又似醉酒微醺的柔弱无骨（贵妃醉酒），实在是绝对无双，美不胜收。如此名花，本当入主金屋玉堂，为何却访枯对着茶铛禅榻的我于陋室之中？唯有美姬手持金壶以劝酒，才不至于辱没了如此绝艳。

下阕转入咏史，回想中州盛日，牡丹繁华之事被修成花谱（《洛阳牡丹记》），写成图（《洛阳牡丹图》）。牡丹所遇之奇，千古以来都少见，宰辅兼文坛盟主欧阳公为之作记，名臣兼书法大家蔡襄为

---

① 俞平伯《唐宋词选释》，人民文学出版社 1979 年版，第 247 页。

② 《全宋词》第 4 册，第 2591 页。

之抄录。自从南渡以后，京华山水相隔，如何还能知道姚黄、魏紫，今当如何？恐怕多半似彩云已散，如劫灰零余。野鹿将象征国家气运的牡丹花衔走了，带来了祸乱的根源，再别回头去看繁华地了，早已成为废墟一片。如今唯有对花伤春怀古，在梦中重回旧日繁华帝都。一曲歌尽，不胜唏嘘。词中“野鹿衔花”的故事出自宋人刘斧《青琐高议》“骊山记”条：“宫中牡丹最上品者为御衣黄，色若御服。次曰甘草黄，其色重于御衣。次曰建安黄，次皆红紫，各有佳名，终不出三花之上。他日，近侍又贡一尺黄，乃山下民王文仲所接也。花面几一尺，高数寸，只开一朵，鲜艳清香。绛帷笼日，最爱护之。一日，宫妃奏帝云：‘花已为鹿衔去，逐出宫墙不见。’帝甚惊讶，谓：‘宫墙甚高，鹿何由入？’‘为墙下水窦，因雨窦浸，野鹿是以得入也。’宫中亦颇疑异，帝深为不祥……殊不知禄山游深宫，此其应也。”[①]《青琐高议》是北宋著名的文言小说集，里面记录了很多灵怪、谶应、仙释、艳情诸多类型的故事，“骊山记”就属于谶应类的典型代表。

故事中提及的上品牡丹“御衣黄”（图 031、032）等，显然并非唐人观赏牡丹的方式表达。首先，唐代一百多篇牡丹诗中只涉及红、紫、白三色，各种史料中记载唐人重视的也是红、紫二色。唐代官服三品以上为紫，四品、五品为朱，满朝朱紫贵就是此意。

虽然宋代王楙所撰的《野客丛书》记载“唐高祖武德初，用隋制，天子常服黄袍，遂禁士庶不得服，而服黄有禁自此始”[②]，五代刘昫《旧

---

① ［宋］刘斧《青琐高议》，前集卷六“骊山记”，上海古籍出版社 1983 年版，第 59 页。

② ［宋］王楙《野客丛书》卷八“禁用黄”条，上海古籍出版社 1991 年版，第 109 页。

唐书》也载（唐高宗）总章元年（668）始“一切不许着黄”[1]，都表明黄色在唐朝已经是禁色，但黄色牡丹在唐代诗文中毫无踪迹，至少证明当时人们的兴趣确实不在黄色上。且黄色真正成为皇权象征，还是宋太祖黄袍加身之后开始的，黄色尊贵这种观念也是在北宋时期才真正深入人心，姚黄成为花王，御衣黄更明确表示黄是皇家色。

图 031　故宫乾清门琉璃影壁局部。大面积的黄色琉璃与红墙绿瓦交相辉映，衬托出宫廷的尊崇威严。这与古人所赋予“御衣黄”的寓意是一致的。

另一方面，牡丹审美发展至有明确的品种分类意识也始于北宋，所以这个故事是宋人虚构以表达对大唐盛衰的看法，野鹿之鹿就是安

① ［五代］刘昫《旧唐书》卷四五，志第二五，《影印文渊阁四库全书》本。

禄山之“禄”，而牡丹就是大唐繁华的代表，野鹿带走了牡丹，就预兆着大唐盛世会被安禄山终结。唐玄宗当然不会有此感慨，这种谶应之说，只是后人的马后炮。这就是野鹿衔花典故所蕴含的名花开落与人间治乱的对应关系。刘克庄用大唐衰败的谶纬故事的酒杯，装的是自己对北宋衰亡的感伤，这种感伤附着在牡丹上，让牡丹作为治乱的见证者，本身也附着了富贵繁华的意味。牡丹作为太平象征，距离国家气运的象征已在一步之遥。

这类例子在南宋牡丹题材诗词中比比皆是，如王沂孙《水龙吟·牡丹》中“自真妃舞罢，谪仙赋后，繁华梦、如流水”①，繁华梦就是太平梦、故园梦，牡丹若有灵，最感慨痛楚的应该繁华如梦，因为它经历这一切。清人《论词随笔》言道：“咏物之作，在借物以寓性情，凡身世之感、君国之忧，隐然蕴于其内。斯寄托遥深，非沾沾焉咏一物矣。”②这些咏牡丹词里往往寄寓着深切的家国兴亡感慨，如陈著《水龙吟·牡丹有感》的“日西斜，烟草凄凄，望断洛阳何处”③、《念奴娇·咏牡丹》的“洛阳地脉，是谁人，缩到海角天涯”④，洛阳，牡丹，在南宋人看来就是故国，旧日繁华的标志。这就是南宋牡丹题材文学中最为重要的主题之一。

故国之思、兴亡之感在南宋牡丹词中的表现得比较集中，其他诗、文、笔记杂著、小说野史等材料中，也处处都有呼应，如陆游《赏山园牡丹有感》：

---

① 《全宋词》第4册，第3354页。

② ［清］沈祥龙《论词随笔》，《影印文渊阁四库全书》本。

③ 《全宋词》第4册，第3037页。

④ 《全宋词》第4册，第3038页。

洛阳牡丹面径尺，鄜畤牡丹高丈余。

世间尤物有如此，恨我总角东吴居。

俗人用意苦局促，目所未见辄谓无。

周汉故都亦岂远，安得尺箠驱群胡。[1]

鄜畤是秦文公入关后建立的用来祭祀的重要场所，旧址在陕西。陕西长安是大唐的大本营，洛阳是大唐和北宋的文化大本营，这两个地方既是牡丹的发源、发迹、繁荣之地，也是盛唐和盛宋时繁华富庶的经济文化中心地带，那里的牡丹花惊艳天下。可恨国破山河裂，成长在半壁江山中的诗人无比遗憾无法见到如此奇观。世俗人群总是见识短浅，没见过的东西如当年丈余高的牡丹植株，直径过尺的牡丹花朵，万朵牡丹装点的万花会及当时的盛世，他们就会认为并不存在。既然如此，何不提兵攻入中原，周汉故都、中原旧地又不远，一举收复不就能让大家重建太平重见奇花了！在作者的心目中，洛阳牡丹所代表的自然就是中原旧日的繁华富庶。在这种歌咏中，牡丹与富庶繁华的对照就更加清晰了，牡丹审美文化中由北宋发展起来的太平繁荣象征，至此已经成熟而至于符号化了。

范成大《次韵朱严州从李徽州乞牡丹三首》其一："佳人绝世堕空谷，破恨解颜春亦来。莫对溪山话京洛，碧云西北涨黄埃"[2]亦是如此，京洛当初的繁华，如今的战火荆棘的对比是通过牡丹这个绝世佳人由金屋玉堂到空山野谷的沦落体现的。陈傅良《牡丹和潘养大韵》："看花喜极翻愁人，京洛久矣为胡尘。还知姚魏辈何在，但有欧蔡名不泯。"[3]

---

① ［宋］陆游《陆游集》，上海古籍出版社 2005 年版，第 4395 页。

② 《全宋诗》第 41 册，第 25798 页。

③ 《全宋诗》第 47 册，第 29218 页。

图 032　发行于 1964 年 8 月 5 日的特种邮票《牡丹》，列著名花鸟画家田世光等人的工笔牡丹画中的十二乔等名贵品种十五种。从左上到右下，依次是：胜丹炉、昆山夜光、赵粉、姚黄、冰罩红石、墨撒金、朱砂紫、蓝田玉、御衣黄、胡红、豆绿、魏紫、醉仙桃。从中可以看到有数百年历史的传统名品如北宋出现的姚黄、魏紫、御衣黄，也有后起如新秀昆山夜光等。这些牡丹花都有着共同的特色：一是重楼叠起、柔葩万千、雍容华贵；二是各有特异新奇之处，如姚黄花上有花的“楼子”之异，又如二乔的一枝双色如双姝比肩、难分轩轾，而天生黄袍加身、尊贵无极的御衣黄，自北宋至今，仍是牡丹极品。

韩淲《熟食日》："清明寒食牡丹红，江右无人记洛中……谁识名花有姚魏，数枝单叶倚晴风。"[1]直到南宋灭亡之后，遗民诗人文字中仍有体现。林景熙《题陆大参秀夫广陵牡丹诗卷后》："南海英魂叫不醒，旧题重展墨香凝。当时京洛花无主，犹有春风寄广陵。"[2]……就连学术性的谱录中也处处以"洛花"为榜样，陆游《天彭牡丹谱》"风俗记"中开宗明义表示"天彭号小西京，以其俗好花，有京洛之遗风，大家至千本"[3]，彭州牡丹繁盛是效洛阳旧俗、袭其"遗风"，效仿的本意也并非仅仅是爱花，更爱旧日繁华："嗟乎！天彭之花，要不可望洛中，而其盛已如此！使异时复两京，王公将相筑园第以相夸尚，予幸得与观焉，其动荡心目宜何如也。"洛阳牡丹甲天下不仅仅是种植面积、栽培技术天下闻名，更在于洛阳人文荟萃、富庶繁华，王公将相园林相望，富贵豪奢，存太平典型，见中原繁华，所以"动荡心目"，令陆游等南宋文人心向往之。

如上种种材料不难发现南宋人牡丹题材文学中最常见的词汇就是"京洛"，最重要的思想就是追思北方旧日繁华，渴望收复中原。而作为南宋文学最为重要的一个思想主题：对中原及曾经盛日的追思和牡丹都有着直接而紧密的关联。牡丹题材文学在南宋文学中的地位也是可想而知的，而南宋牡丹题材文学的主要时代特色与艺术精神也尽显其中。

---

① 《全宋诗》第 52 册，第 32384 页。

② 《全宋诗》第 69 册，第 43474 页。

③ [宋]陆游《天彭牡丹谱》，《中国牡丹谱》，第 197 页。

图 033 ［宋］李嵩《花篮图》，故宫博物院藏。

第二节 中兴花会、小洛阳：牡丹富贵、太平说的定型

南宋虽然偏安江南，但其社会经济、文化艺术、文学繁荣的程度都是完全可以与北宋比肩的。尤其是文学，所谓国家不幸诗家幸，内忧外患更刺激了文学的发展。南宋文学方面，名家精品辈出，门类极广，成就甚高。尤其是南宋中期，长期议和下相对安定的社会环境加速了经济的繁荣，同时经历了数百年变迁，中国的经济中心也在此时最终完全转移到南方。作为全国政治经济中心的杭州，富贵奢华的程度完全不逊于北宋两都，《东京梦华录》《梦粱录》《武林旧事》等都记载了这一时期的盛景。《武林旧事》卷二记载都城临安元宵节等

佳节景象时说“翠帘绡幕，绛烛笼纱，遍呈舞队。密拥歌姬，脆管清吭，新声交奏”[①]，社会也一时盛行奢靡之风，所谓“山外青山楼外楼，西湖歌舞几时休。暖风熏得游人醉，直把杭州作汴州”（林升《题临安邸》）[②]。同时，一大批优秀的文人如陆游、辛弃疾、杨万里等都被排挤在政治边缘，只能优游林泉之下，庭园楼阁、书斋文墨、诗酒花茶成为他们生命中重要的课题。宋代的牡丹题材文学大部分都是在文人的相互唱和中产生的。

而牡丹在南宋时期仍然是皇家、文人乃至平民上下一致的爱宠。宋高宗曾亲自制曲创词牌：“慈宁殿赏牡丹，时椒房受册，三殿极欢。上洞达音律，自制曲赐名《舞杨花》。停觞命小臣赋词，令内人歌之，以玉卮侑酒为寿，左右皆呼万岁。词云：牡丹半坼初经雨，雕槛翠幕朝阳。娇困倚东风，羞谢了群芳。洗烟凝露向清晓，步瑶台月底霓裳。轻笑淡拂宫黄，浅拟飞燕新妆。杨柳啼鸦昼永，正秋千庭馆，风絮池塘。三十六宫簪艳粉浓香。慈宁玉殿庆清赏。占东君谁比花王。良夜万烛，荧煌影里，留住年光。”[③]在王殿中秉烛夜赏牡丹花，重重宫殿中，千灯万烛下，欢赏国色天香，还有群妃环伺，新曲缭绕，真是富贵已极，恍如神仙洞府。这种赏花活动一直是宫廷尊荣富贵生活的体现，牡丹也一直是其中重要的主角之一。这一点史料多有记载相关章节中有详叙，这里不铺展论述。宫廷对牡丹的喜爱，直接催生了一批应制牡丹之作，如孝宗朝幸臣曹勋《庆清朝》“绛罗萦色”的牡丹词、《诉衷情》（宫中牡丹）“西都花市锦云同”，都是应制之作，《浣溪沙》

① ［宋］周密《武林旧事》（插图版）卷二，中华书局 2007 年版，第 49 页。
② 《全宋诗》第 50 册，第 31452 页。
③ ［宋］张端义《贵耳集》，中华书局出版社 1985 年版，第 58 页。

（春晓于飞彩仗明）题注更是直接交代了词作产生历程："西园赏牡丹，寿圣亲见双花，卧下皆未睹，折以劝酒，词亦继成。"内容上"春晓于飞彩仗明。西园嘉瑞格和鸣。花王特地献双英。并蒂轻黄宜淡淡，联芳竞秀巧盈盈。飞琼萼绿两倾城"等[①]，虽属应制之作，水平有限，且充满颂圣之意，但是它展示出一大批牡丹题材文学创作背景，也体现出牡丹在南宋朝野人士生活中的地位。宋人张端义《贵耳集》还载有"寿皇（宋孝宗尊号为至尊寿皇圣帝）使御前画工写曾海野（觌）喜容，带牡丹一枝，寿皇命徐本中作赞，云：一枝国艳，两鬓东风。寿皇大喜"[②]，可知当时士人还流行将牡丹画在自己流传后世的"喜容"（画像）中。

牡丹题材文学创作还有一个重大的场合，即是各种雅集、文会。有史料可查的南宋举行牡丹会就不在少数。其中最有代表性的当属名臣之后张镃家园中的牡丹会。张镃（1153—1211），字功父，号约斋居士。他的曾祖父就是循王张俊，与岳飞、韩世忠、刘光世并称中兴四将，其中刘光世又是他外祖父，可谓出身显赫。张镃得到父祖恩荫，生活豪奢，喜好宾客，自己也雅好文墨，诗词兼擅长，与当时著名文人陆游、尤袤、杨万里、辛弃疾、姜夔都有交游，时人竞相结交。宋代笔记史料中记载了很多他奢华而精致的生活场景与娱乐活动，其中最为重要而为众人津津乐道的就是赏花活动，而张镃自己也正是因为这一场别开生面的牡丹会而名扬天下，流芳千古，事见南宋周密《齐东野语》"张功父豪侈"条：

张功父号约斋，循忠烈王诸孙，能诗，一时名士大夫莫

① 《全宋词》第2册，第1216、1221、1229页。

② ［宋］张端义《贵耳集》，第58页。

不交游，其园池声妓服玩之丽甲天下……王简卿侍郎尝赴其牡丹会，云：“众宾既集，坐一虚堂，寂无所有。俄问左右云：‘香已发未？’答云：‘已发。’命卷帘，则异香自内出，郁然满坐。群妓以酒肴丝竹，次第而至。别有名姬十辈皆衣白，凡首饰衣领皆牡丹。首带照殿红一枝，执板奏歌侑觞，歌罢乐作乃退。复垂帘谈论自如。良久，香起，卷帘如前。别十姬，易服与花而出。大抵簪白花则衣紫，紫花则衣鹅黄，黄花则衣红，如是十杯，衣与花凡十易。所讴者皆前辈牡丹名词。酒竟，歌者、乐者无虑数百十人，列行送客。烛光香雾，歌吹杂作，客皆恍然如仙游也。”①

一次赏花欢会上，有数百名姬簪着数百品牡丹名花次第出场，美女服饰与牡丹名品全不重复。赏花过程中不但有美酒佳肴、新声乐舞，还有清谈雅谑、前贤牡丹诗词吟咏助兴，可谓奢侈之极也文雅之极。难怪参与此会的客人们“恍然如仙游”，终生念念难忘。这样的牡丹会被南宋人乃至后世人津津乐道还有一个重要的原因：它证明了南宋也曾有过繁华奢侈的“盛事”，拿石崇来比也可以无愧色的。不难想见这种自豪中，有着对于自身所处时代的维护与祈愿。值得注意的是这种赏花活动只是张氏作为“园池声妓服玩之丽甲天下”的贵族豪奢生活的一个侧面，他还有作为文士风雅的一面，这一面仍然可以通过他在家园中置酒招客赏牡丹活动体现出来。

张氏所居的南湖是当时天下闻名甚至可以号称“甲于天下”的园林，其中遍植奇花异木，主人日夜畅游其中，与客人饮酒赋诗，大量

---

① 《宋元笔记小说大观》第5册，第5683页。

的牡丹题材文学作品就产生在这种场景之中。《武林旧事》卷一〇《张约斋赏心乐事》记张镃一年十二个月的“赏心乐事”共139件，罗列他在一年十二个月中的赏心乐事，其中如“三月季春”条就有：斗春堂赏牡丹芍药、芳草亭观草、宜雨亭赏千叶海棠、花院蹴秋千、宜雨亭北观黄蔷薇、花院赏紫牡丹。只赏牡丹就有两项。赏花时作诗填词相互唱和已经成为惯例，大量牡丹题材文学就产生在这种场景之中。具体情形，从戴表元《剡源戴先生文集》卷一〇《牡丹燕集诗序》可以窥见一二：

渡江兵休久，名家文人渐修还承平阁故事，而循王孙张功父使君以好客闻天下。当是时，遇佳风日，花时月夕，功父必开玉照堂置酒乐客。其客庐陵杨廷秀，山阴陆务观、浮梁姜尧章之徒以十数。至，辄欢饮浩歌，穷昼夜忘去。明日，醉中唱酬或乐府词累累传都下，都下人门抄户诵，以为盛事。然或半旬十日不尔，则诸公嘲呀问故之书至矣。①

每逢良辰美景，花好月圆之时，张镃必定会在家中玉照堂设宴请客，当时最著名的大文人如杨万里（廷秀）、陆游（务观）、姜夔（尧章）等数诗人就是座上常客。每逢聚会，他们都痛快地饮酒作诗，通宵达旦。第二天他们前夜所作的唱和诗文和乐府新词就已经传遍都城，城中人家家传抄歌颂，认为这是难得的“盛事”。只要隔半个月没有这样的大型赏花唱和活动，大家就会觉得很奇怪，纷纷修书问明原委。且不说这样的“盛事”需要多少财力支撑，其中又能出多少风流韵事，只说在这种恍若仙境的园林之中，高朋满座，谈笑有鸿儒，往来无白丁，

① ［宋］戴表元《剡源戴先生文集》卷一〇，《影印文渊阁四库全书》本。

图 034 ［清］张熊《牡丹图》，日本大阪市立美术馆藏。

是何等风雅，跻身其中都是成名捷径。这种富贵却不失文雅的生活范式，吸引京城众多文人，形成一个大规模的赏花、唱和交际圈是十分自然的事。南宋咏牡丹词的兴盛发展，显然是受到豪门贵族、文人雅士的园林游赏、集会活动的影响。杨万里、陆游都有《谢张功父送牡丹》。可知园林游赏之外，驿路传花，歌诗唱酬赠间也产生了大量的牡丹诗词。

南宋时期文人集会是比较普遍的，其他士大夫往往亦是如此，周密《长亭怨慢》序中记其父辈的风雅旧事云：“岁丙午（1246）、丁未（1247），先君子监州太末（浙西衢州）。时刺史杨泳斋员外（杨伯岩）、别驾牟存斋（牟子才）、西安令翁浩堂（翁甫）、郡博士洪恕斋（洪梦炎），一时名流星聚，见为奇事。悴居据龟阜，下瞰万室，外环四山，先子作堂曰啸咏。撮登览要，蜿蜒入后圃。梅清竹脽，亏蔽风月，后俯官河，相望一水，则小蓬莱在焉。老柳高荷，吹凉竟日。诸公载酒论文，清弹豪吹，笔砚琴尊之乐，盖无虚日也。”[①]这种日日夜夜不间断的雅集“论文”活动，对诗文的发展显然是大有裨益的。且这些集会活动中咏唱牡丹也是最为常见的活动之一，如西湖吟社词人张炎词中“为伯寿题四花”其一即是《清平乐·牡丹》。

范成大是南宋四大家之一，晚号石湖居士。淳熙年间，他任成都府路制置使及四川制置使时，常在清明日举办牡丹会，多有诗友唱和的诗作流传。晚年退居于家乡石湖时，作有更多牡丹题材诗词。因为他在苏州石湖别苑，名花荟萃，池馆华美，园林声伎之盛可与前文所叙的豪贵张镃比肩，共驰誉苏杭。在他的园林庭院中徘徊唱酬的名士大夫也是多不胜数，其中产生了大量的唱和之作或独吟咏物诗词。在石湖众芳中，范成大特别喜欢牡丹，有许多牡丹诗词传世，如《戏题牡丹》《大黄花》《题张希贤纸本花四首》（牡丹、常春、红梅、鸡冠）等。在《园丁折花七品各赋一绝》（单叶御衣黄、水精球、寿安红、叠罗红、崇宁红、鞓红、紫中贵）中他还按照牡丹名品品目挨个歌咏：

缥缈醉魂梦物，娇娆轻素轻红。若非风细日薄，直恐云消雪融。（《水晶球》）

丰肌弱骨自喜，醉晕妆光总宜。独立风前雨里，嫣红不

① 《全宋词》第5册，第3275页。

要人持。（《寿安红》）

襞积剪裁千叠，深藏爱惜孤芳。若要韶华展尽，东风细细商量。（《叠罗红》）

匀染十分艳绝，当年欲占东风。晓起妆光沁粉，晚来醉面潮红。（《崇宁红》）[①]

由题目即可想见这些牡丹品目的特色，水晶球是如云似雪的素雅白花，寿安红是如美人微醺般的艳丽嫣红，叠罗红是如重重罗衣堆积的深红，而崇宁红则是早起点染的胭脂、晚来病酒的潮红。这四首诗透露出了数个信息，首先是南宋人对牡丹观赏的进一步精细化，再不如唐人笼统只是以红花、白花称之，也不似北宋是存之花谱的高深知识，对花品的特性的观察与描述已经成为牡丹观赏的一个普遍而常见的方式。其次，南宋人对牡丹的性状有了进一步精确的认知与表述，与范成大齐名的杨万里的《咏重台九心淡紫牡丹》只从题目看就比唐人的"争赏街西紫牡丹"或"竞夸天下无双艳"的观赏模式都要精细得多。如何艳丽？重台即楼子花，雄蕊瓣化，花上开花，如楼上起阁；九是虚数，极言花心碎蕊之多。"紫玉盘盛碎紫绡，碎绡拥出九娇娆。都将些子郁金粉，乱点中央花片梢"，硕大如紫玉盘的画面上盛满了如撕碎的紫色绫罗般的细蕊，盘面上耸起多个楼子一般的小型花。在重重叠叠的紫色花瓣花蕊之中，还有几片花瓣边缘透出点点金色，如被金粉点染。如此细致而精确的描绘，如画图般展示了当时牡丹品种进化的实况，让我们真切感受到文人面对这奇花时的震撼与油然而生的爱赏珍惜之情。再次，以范成大等为代表的南宋文人在牡丹审美理念

① ［宋］范成大《石湖集》，上海古籍出版社 1981 年版，第 329-330 页。

上体现出了理学观物、格物的精神。唐人爱牡丹国色天香，爱牡丹花下、沉香亭边的富贵豪奢，而宋人，尤其是南宋人爱牡丹则更爱牡丹的千变万化所体现出来的造化神妙之功。他们用敏锐细腻的眼光观察名花，思考月印万川，理一分殊背景下牡丹花的盛衰所体现的“天理”。

这类唱酬之作往往出于竞技、逞才，颇费文人心力，艺术上也达到相当的高度。如姜夔《虞美人·赋牡丹》：

西园曾为梅花醉。叶翦春云细。玉笙凉夜隔帘吹。卧看花梢摇动、一枝枝。

娉娉袅袅教谁惜。空压纱巾侧。沈（编者按：同“沉”）香亭北又青苔。唯有当时蝴蝶、自飞来。[1]

下阕用唐玄宗和杨贵妃沉香亭畔赏牡丹的故事，引起牡丹盛衰进而历史兴亡的感慨。牡丹仍在，爱花的君王，重花的盛世却都已不在，空留国艳“空压纱巾侧”，一个“空”字为牡丹道出无尽凄凉寂寞之感。而“沉香亭北又青苔”，昔日繁华已随风而去，而今江山多故，满目疮痍，不堪回首。只有蝴蝶不知亡国恨，仍自款款绕花飞。淡淡的笔墨中，今昔对比，兴亡无常的感伤流露无遗。牡丹不是无情物，北望中原亦悲伤，这个主题与整个时代精神产生了共振，也更明确了南宋牡丹审美文化中比较核心的一点：牡丹作为昔日太平繁华的见证，与时代共兴衰。更重要的是牡丹是一代流落南方的北方人共同的知己，他们一样失去了国（北宋），同时也失去了原在北方的家。如此心态下，牡丹在文人眼中当然不是俗物，其另一首《虞美人》也是咏牡丹：

摩挲紫盖峰头石。上瞰苍崖立。玉盘摇动半崖花。花树

---

① 《全宋词》第3册，第2171页。

扶疏，一半白云遮。

盈盈相望无由摘。惆怅归来屐。而今仙迹杳难寻。那日青楼曾见、似花人。[①]

苍劲冷峻，气势逼人的山石下有一株花树，树上开满了玉盘一般的白花。芳树疏朗，枝干摇曳，竟有一半被白云所遮。惜乎遥遥相望而不得采撷，令人惆怅。如今回想更是如偶遇仙人，踪迹难寻。高崖峻石白云掩映，如此清高的生存环境，疏离尘俗的清冷姿态，清雅素洁的色调，处处都显示出超逸绝尘的神秘气息（如图 035）。

图 035　昆山夜光，又名夜光白。中国网詹海涛摄。皎洁剔透，如仙人凌波，衣袂翩跹，卓然出尘。

① 《全宋词》第 3 册，第 2171 页。

这似乎与印象中国色天香、大红大紫，混迹豪门权贵之家的牡丹日常印象格格不入，以至于王国维讽其“虽格韵高绝，然如雾里看花，终隔一层”，其实并非这首诗中的牡丹与实际的牡丹隔了一层，而是后世的我们与前人的性灵隔了一层。牡丹审美文化从来是复杂而多线并行的，有富贵也有高洁。而姜夔这首词的意境也是源远流长的，唐人裴潾《白牡丹》“别有玉杯承露冷，无人起就月中看”，北宋苏轼《堂后白牡丹》“何似后堂冰玉洁，游蜂非意不相干”，“玉杯”“冰玉洁”都已包含姜夔所吟的白牡丹身上的出尘高洁气质。后来元明清戏曲中为吕洞宾度化的仙女也名白牡丹。若我们记得晚唐时已经流行的牡丹拒绝武后的故事，就该明白，白牡丹的高洁超逸本就是牡丹审美文化题中应有之义。

吴文英《汉宫春·夹钟商追和尹梅津赋俞园牡丹》也是一首艺术价值极高的唱和之作：

花姥来时，带天香国艳，羞掩名姝。日长半娇半困，宿酒微苏。沉香槛北，比人间、风异烟殊。春恨重，盘云坠髻，碧花翻吐琼盂。

洛苑旧移仙谱，向吴娃深馆，曾奉君娱。猩唇露红，未洗客鬓霜铺。兰词沁壁，过西园、重载双壶。休漫道，花扶人醉，醉花却要人扶。[1]

上阕虚写牡丹来历身份，是花神降临人间时，带来的国色天香，让天下名花羞愧低头。牡丹的仙姿娇态，雍容华美，都不似人间可见。花瓣重叠千万，花盘沉沉低垂似伤春美人低垂的发髻，白色花盘上层

① 《全宋词》第4册，第2924页。

图 036　洛阳国际牡丹园。洛阳至今仍延续着唐宋以来千年牡丹之爱，牡丹也是洛阳这一古城的招牌，年年春天吸引着天下四方来客。这种牡丹与亭台的组合，也可窥见宋代牡丹园遗踪一二。

层绿色瓣化的雄蕊，如同碧玉盘上盛放绿色花朵，清新可爱。下阕实写牡丹艳态。如此名花，曾入名贤欧阳修《洛阳牡丹谱》，是从洛阳引种移植到吴地的，曾得君王欢赏。奉君、红唇，客鬓、醉要人扶，都是拟人，以美人喻花，美人醺醺醉酒，娇不自胜形容牡丹雍容硕大，不堪其重的娇弱美艳情态贴切、鲜活又令人遐想。这一番虚虚实实，仙气飘飘的描述，极为妥帖地传达出了雍容硕大的牡丹花在风露中的绰约姿态。境界高妙，手法纯熟，是咏物词中的上品，也是牡丹题材文学中的佳作。此类作品还有卢祖皋的《锦园春三犯·赋牡丹》："昼长人倦。正凋红涨绿，懒莺忙燕。细雨蒙晴，放珠帘高卷，神仙笑宴，半醒醉，彩鸾飞。碧玉栏杆，青油幢幕，沉香庭院。洛阳图画旧见。向天香深处，犹认娇面。雾縠霞绡，闻绮罹裁剪。情高意远。怕容易，风吹散。一笑何妨，银台换蜡，铜壶催箭。”[①]凋红涨绿与李清照绿肥红瘦有异曲同工之妙，形容春尽夏至精妙贴切。沉香亭之典发人联想。下阕以“洛阳画图”引人忆起北宋旧日群贤共赏牡丹，写图作谱的盛世图景。结句的秉烛夜游，时不我待，怕牡丹富贵风流云散的惜花之意，就不单单是为花而发，更是为时而发。今日风流欢赏，也是难得，焉知不为来世之美谈。然而盛世如云烟，匆匆难留，唯有趁着银烛，追赶年光，方不辜负芳华。又如蒋捷的《解连环·岳园牡丹》：

妒花风恶，吹青阴涨却，乱红池阁。驻媚景、别有仙葩，遍琼甃小台，翠油疏箔。旧日天香，记曾绕、玉奴弦索。自长安路远，腻紫肥黄，但谱东洛。

天津霁虹似昨，听鹃声度月，春又寥寞。散艳魄、飞入江南，转湖渺山茫，梦境难托。万叠花愁，正困倚、钩栏斜角。待携尊、醉歌醉舞，劝花自乐。[②]

上片是对“仙葩”“旧日天香”“东洛”盛景的追思，下片是对今日物是人非的感慨。国破家亡，牡丹芳魂飞入江南，在湖山之中兜兜转转，寻觅不到旧日踪迹，家园虽在，梦中亦难寻当日繁华，怅恨难销。结语诗人杯酒劝慰花魂，且忘却国恨家仇，放任自乐，不要苦着自己。明明是诗人抚古惜今，怅恨难销，见旧日天香感慨万端，却偏偏翻进一层，猜想牡丹若有灵，芳魂不散，当也随遗民流落江南，怅恨之情，思乡怀旧之意，当不弱于人。这种手法使得诗词获得了翻倍的艺术效果，

---

① 《全宋词》第 4 册，第 2409 页。
② 《全宋词》第 5 册，第 3434 页。

在虚实之间极大扩展了艺术想象的空间，令作品更加余韵悠长，回味不尽。

如上诸多牡丹题材诗词，都是文辞兼美，余韵悠长，体现了南宋牡丹题材文学所达到的艺术和思想高度，也是南宋咏物诗词的精品，清人谢章铤《赌棋山庄词话》中盛赞“咏物南宋最盛，亦南宋最工”[①]。

第三节　两宋牡丹审美活动的繁兴

审美文化是种精神文化，它具体表现并形成于主体的审美活动与审美观念综合反映的一种时代风气之中。从某种程度而言，两宋时期牡丹园艺发展之繁荣正是适应日益增多的审美主体与日益丰富的审美活动而发展起来的，也是牡丹审美文化活动得以发展盛行的物质保障。在此基础上北宋牡丹审美文化极度繁荣，并达到了牡丹审美文化史上一个高潮。牡丹文化也因此得到了高度发展，趋于成熟、辉煌的境地。宋代牡丹审美文化繁荣主要体现在如下几方面：一、审美主体的全民化与三大群体的积极参与；二、审美活动的空前活跃与繁盛；三、牡丹题材文学的繁荣。本节集中通过牡丹审美活动的多样化、规模化与理论化等相关史实的发掘与论述，来展示这一时期牡丹审美认识不断深化、文化象征最终形成及审美文化成熟繁荣的实况。

一、审美主体的空前扩大

一种文化能否得到大众的关注与认可、得以普及并升华为意识形态，关键要看其受众参与程度及参与群体的文化影响力。参与主体数

① ［清］谢章铤《赌棋山庄词话》卷七，清光绪十年刻本。

量越多、范围越广，就越有利于文化的传播与普及。参与主体的文化影响力越大，其扩散速度与公众接受程度相应更快更高，牡丹审美文化也是如此。唐代牡丹审美认识之所以是个体的分散的，并未升华到文化观念，而是仅停留在物色的炫奇争竞之上，其重大原因之一即在于参与主体在数量与范围的局限。而文人群体、宫廷豪贵群体与市民群体三大主力全面参与到牡丹审美活动之中，也正是北宋牡丹审美文化得以繁华鼎盛发展的关键。

首先，文人群体的扩大及其审美能力与物质条件的整体提升，是牡丹审美认识得以深化和牡丹审美文化得以成型、成熟的关键。士大夫是时代审美文化引导者与开创者，他们的参与与否及参与程度直接影响一种审美文化的存亡兴衰。牡丹千年默默无闻及其唐宋的繁荣即是明证，这同时也可解释北宋牡丹审美文化的极度繁荣昌盛的根由。

北宋时期是士大夫的盛世，士人群体空前壮大，其物质力量与文化素质也得到了整体全面的提升。重文好学的世风、书中自有黄金屋的诱惑、著书立说的风气的盛行及客观社会环境的安定富裕，文人生活水平与文化素质的普遍提高、雕版印刷事业的卓越成就等都造就了空前壮大的士大夫群体。他们以博学多才、兼通多艺相尚，有着相当高的艺术品位与审美能力。同时，他们还在儒学复兴、理学兴起影响下砥砺名节、注重品格修养、浮云富贵、淡漠功名，游心花木之艺。物质生活的普遍提升使得这一人群大多有能力求田问舍，园林花艺事业也极繁荣。牡丹成了最盛行最常用的构园因素，被文人纳入他们优雅的生活圈中。绝大多数文人都有自己规模不等的花园，这“一个小园儿，随意点缀花木，寻访幽香国艳”的确优雅不凡。他们按谱新求洛下品，然后名花百品手自栽。种花、护花、赏花、吟花成为他们生活中不可或缺的休闲娱乐活动，发展牡丹审美认识、构造牡丹审美文化大厦也成了他们的审美活动中不可或缺的环节。

北宋园林事业之隆兴在众多学者相关论著中已有详尽论述，然园林与花卉的种植观赏及其花卉文化的形成有密切关系。牡丹种植观赏的普及及其最终形成审美文化高度繁荣的局面离不开园林的发展，因此这里仍需稍作引申以配合牡丹审美文化发展的阐述。如众多学者所言，北宋是园林发展的黄金时期。不仅以皇室豪贵为代表的都市重镇大型园林极度繁荣，士大夫中小型园林也遍及全国、日益昌盛。士大夫园林受时代文人求精求雅心态影响表现出精致精巧、闲适优雅的特点，花木不多但是却有画龙点睛之效。故而在以士人为主体的牡丹审美观赏热潮兴起时，牡丹就成了园林构景最关键的因素。洛阳士大夫家家种花自不必说，韩琦镇守边关还“名花百品手种来”，让“无数边人见牡丹”；吕夷简贬官西溪也“手植牡丹一本，有诗刻石”，范仲淹到西溪见这旧题还和诗一首，传为佳话[①]；苏辙退居颍昌也积极侍弄牡丹，声称“爱此养花智”（《移陈州牡丹偶得千叶二本喜作》），为偶得千叶二本而欣喜若狂[②]；曾巩也曾“经冬种牡丹，明年待看花”，却发现“春条始秀出，蠹已病其芽”（《种牡丹》）并叹惋不已[③]……宋时士大夫“容膝之外，非甚俗者，亦或莳花植木，以供燕娱”，将园林种牡丹视为精雅生活的一部分，热衷于牡丹的种植传接且将求精求雅的观念灌注到生活的方方面面，在日常种植观赏中求得天理运行真意，求得高标闲雅韵致。庭植牡丹，国艳鲜明、繁华满眼、可吟可

① 《渑水燕谈录》卷七歌咏，《宋元笔记小说大观》第 2 册，第 1281 页。

② 《全宋诗》第 15 册，第 10116 页。

③ 《全宋诗》第 8 册，第 5559 页。

图 037 [宋]佚名《戏猫图》，台北故宫博物院藏。八只大小狸奴（宋人称呼）嬉戏庭院之中、牡丹丛下，极具生活气息。

赏，可赠酬邀约。既是个人即兴创作的绝佳题材、游心寓目的理想载体，又是文人间相互交流切磋、增进了解的重要媒介。众多牡丹题材文学作品即诞生于这送往迎来、吟赏讽诵间；众多佳话美谈也产生于这花前月下、笑谈宴饮间；众多知交好友、莫逆之情也在这国色天香的熏染之下更醇厚。文人群体的普遍参与是作为牡丹审美文化产生与扩展的基础的牡丹种植观赏活动得以更广阔更全面地展开的关键；同时，文人以其群体的特殊性全面深入的参与也使牡丹审美文化的形成、辉煌成为可能。可以说，正是作为社会文化主力的文人群体的积极广泛的参与，造就了北宋时期牡丹审美文化的繁荣。

其次，宫廷豪贵种植观赏规模不断扩大，对牡丹审美文化积极推举。文人观赏种植更多是在精神文化层面上对牡丹审美观赏之风的导源与推波助澜作用。宫廷豪贵以其文化实力与影响力引领着牡丹审美文化的走向，对牡丹观赏文化的扩展深入有着更直接的推动与影响力，并在物质上有力地支持与保障了文人开创的牡丹种植观赏文化的扩展深入。

宫廷文化对牡丹审美文化的巨大影响不仅表现在天下万民对皇权至尊文化的自觉认同与维护上，也更体现为封建集权统治对百姓思想的控制与影响。所谓“城中好高髻，四方高一尺；城中好广眉，四方且半额；城中好广袖，四方全匹帛”（《后汉书·马廖传》）[①]，宫廷权门的兴趣爱好直接成了百姓仰望的对象。统治者好武，社会习武成风；统治者重文，社会以文为娱。在牡丹观赏方面亦是如此，宫廷皇族对牡丹的推重对民间牡丹热潮有着直接而深刻的影响。唐朝时“京

① ［晋］陈寿《后汉书》卷二四，中华书局1962年版，第853页。

城尚牡丹三十余年，每暮春车马若狂，以不耽玩为耻”[①]与明皇贵妃的推赏、武后的提携、庄宗的偏爱深有渊源；北宋时期牡丹热潮与宫廷频繁的赏花宴会、游春活动也不无联系。宫廷对整个社会的向心力与影响力是无与伦比的，宫廷爱赏对牡丹种植观赏的推广盛行更是功不可没。贵妃的喜爱让李白《清平调三章》成了千古绝唱；庄宗的讽咏让李正封“国色朝酣酒，天香夜染衣”名动天下，国色天香成为牡丹的代称；德宗的追念让舒元舆《牡丹赋》成为牡丹文学中不朽经典。宫廷对牡丹审美活动发展的意义由此可见。

以宫廷为代表的豪门权贵又以其雄厚经济实力保障了牡丹审美文化的根基的稳固。说起牡丹种植观赏规模之大，不可不提的就是宫廷与豪门贵族的牡丹种植与观赏。北宋东京那四大御花园，齐聚天下名木珍异，牡丹自是断不可缺。北宋宫廷赏牡丹活动特为频繁，每年暮春牡丹花盛之时例行赏花钓鱼之宴，宴集群臣，歌舞赋咏。宫中举办的花会也是规模宏大、活色生香。宫廷的参与不仅刺激了牡丹审美活动的活跃，也以其绝大的文化向心力与吸引力，将牡丹审美文化推向了整个思想文化体系更深层，加速了牡丹作为文化象征符号的生成。

与宫廷群体站在同一阵营的是豪门权贵，这一群体的主要成员是世代名门望族与皇亲国戚。他们是社会上有着相当财力物力及影响力的特权阶层，一般都是当地最高权威的代表。他们对牡丹的种植观赏活动在当地人民中的影响力也是可想而知的。宰相李迪退居洛阳时使得牡丹作为贡品成为惯例。洛阳花工、名门纷纷钻研新品作为贡品上呈宫廷观赏。苏轼就有“洛阳相君忠孝家，可怜亦进姚黄花”（《荔

① ［唐］李肇，《唐国史补》卷中，上海古籍出版社 1979 年版，第 45 页。

枝叹》）之说[①]；宦居洛阳的王宣徽花开之时将牡丹寄赠给外地任职的文人，使得牡丹成为宋人送往迎来中一个极为精雅高贵的礼品。豪门权贵的花会虽不如宫廷花会的影响之大，但是规模上有时候甚至是有过之而无不及的。又因为其散布各地、范围广阔，比起宫廷来更可亲近，对牡丹审美文化的繁荣也有重要的意义。

总之，豪门不仅在牡丹种植观赏规模的扩大上贡献出了诸多的物质支持，在组织大型赏会活动、普及牡丹审美认识、促进牡丹题材文学的发展上也多有贡献；同时，豪门以极大规模的财力、物力的投入保证了牡丹审美观赏活动的活跃进行，从而保证了牡丹审美文化的全面持久的繁荣。有豪门名园奇花竞秀、红紫连畦，辅以锦绣绮罗、莺歌燕舞、雕梁画栋、佳肴美酒，恍如仙境般的豪奢，牡丹的富贵繁华本质方尽显无遗。没有豪门竞相种植培育、赏玩讽诵，牡丹审美文化会因缺少物质基础而仅成昙花一现，无法达到繁荣昌盛的境地；没有豪门望族名园中牡丹之触动人心的盛衰荣谢之景象，文人也难以升华出牡丹象征家道之盛、社会之太平的意义。

再次，广大民间群体的积极参与与人民群众智慧的浇注。从整个社会群体构成来看，所占比重最大的还是北宋时期开始正式登上历史舞台的广大市民阶层。这一时期社会政治的稳定、经济的繁荣与生产力的发展解放了一大批的劳动力。适应社会发展，在大中型城市中开始出现专门从事商业活动、服务行业的群体。到了北宋时期，这一群体迅速壮大，并形成了自己的、迥异于文人阶层的民俗文化。市民阶层对牡丹观赏的普遍而持久的喜好，以及他们对牡丹审美文化民俗方

---

① 《全宋诗》第 14 册，第 9516 页。

向的发掘弘扬，对牡丹审美文化的全面繁荣有着深远的影响与重要的意义。北宋这场声势浩大的牡丹观赏热潮的形成的一大主力即是民间群体，他们对审美文化的繁荣也有着自己不可忽视的作用。宋代以市民阶层为主体的民间群体对牡丹观赏活动的热情是十分高涨的，这一点洛阳市民尤为表率：

> 洛阳之俗大抵好花，春时城中无贵贱皆插花，虽负担者亦然。花开时，士庶竞为游遨。往往于古寺废宅有池台处，为市井、张帷幕，笙歌之声相闻。最盛于月陂堤、张家园、棠棣坊、长寿寺东街与郭令宅，至花落乃罢。（风俗记第三）[①]

正是洛阳市民一致参与，洛阳牡丹观赏活动才以甲于天下之势达到繁荣顶峰。没有花工与百姓竞相传接及对牡丹种植栽培技术的积极推广，就不会出现如此壮丽景象。又如：

> 洛阳亦有黄芍药、绯桃、瑞莲、千叶李、红郁李之类，皆不减它出者，而洛阳人不甚惜，谓之果子花，曰：某花、某花。至牡丹则不名，直曰：花。其意谓天下真花独牡丹，其名之著不假曰牡丹而可知也。其爱重如此。（花品序第一）
>
> 洛人甚惜此花，不欲传，有权贵求其接头者，或以汤蘸杀与之。（风俗记第三）[②]

没有他们对于牡丹近乎偏执的喜爱与推崇，牡丹上升为至尊无上的花王、太平繁荣的象征也需要更多的时间。国色天香盛开之时，倾城空巷的浩瀚壮观景象也无从谈起。姚黄开时，那墙头墙下人差肩的盛况，都人士女必倾城往观，乡人扶老携幼、不远千里的奇观都是不

---

① ［宋］欧阳修《洛阳牡丹记》，《欧阳修全集》，第1101页。

② 《欧阳修全集》，第1101页。

可想象的。牛家“缕金黄”给主人带来日进斗金的受益也是无从谈起。

不仅在洛阳，在都城、陈州、杭州、成都、吴越之地也处处有爱重牡丹之俗。人们也“在水寺山间、园亭屋宇植之无间”，花开之时也是满城若狂。正是如此大范围之内的广大民间群体的参与，牡丹审美文化活动才能在如此广泛的范围中展开，并取得如此巨大的成就。广大民间群体虽然是追随宫廷豪贵、文人士大夫的审美文化风尚行事，但他们却有着自己的行为方式与审美观念，也在用自己的文化理念塑造者牡丹民俗文化，极大地扩展与丰富了牡丹审美文化的内涵，因此也推进了牡丹审美文化的繁荣进程。

民间群体对牡丹审美文化的繁荣的奉献，不仅在于他们对于牡丹审美观赏活动的积极参与，更在于他们以人民群众的集体创造力与无比的智慧对牡丹种植育种的技术的革新、牡丹品种的不断推陈出新所作出的卓越贡献。他们在民间组织的各种花会、花市、花节等大规模的观赏活动对于牡丹审美文化影响力的扩展及其繁荣有着重要的意义。他们将牡丹种植观赏纳入商业经济领域更有着划时代的意义。

姚黄、魏紫、牛家花有着鲜明的技术专利意识，洛阳牡丹甲天下更体现了品牌观念。南宋太平老人《袖中锦·天下第一》说：监书、内酒、端砚、洛阳花、建州茶……皆为天下第一。正如宋史研究专家邓广铭所言这天下第一的名号之形成也有着民间群体的贡献：

> 这些天下第一的称号，是因流通到市场上通过交换、通过社会比较鉴定从而被肯定下来和取得的。这种社会的肯定，是商品在交换中经过价值尺度的衡量而获得的。因而它也是经得住社会检验的，这是客观经济的作用，它中间既没有掺

杂任何政治权利，也没有掺杂任何人情。[1]

可知牡丹审美文化的繁盛在豪贵的推崇、文人的赋意与影响外，商业经济的客观作用也不可忽视。商业经济的主体，正是广大市民阶层。因此广大民间群体的热情参与正是牡丹审美文化发展到鼎盛阶段的有力支撑。

图038　北宋刻花牡丹纹盒，英国Percival David财团藏。

二、审美活动的空前活跃、繁盛

有着不同社会生活背景与思想观念的众多审美主体，在不同历史时期与社会风俗中，观赏牡丹的方式与观念都有鲜明的差异。随着审

① 邓广铭、漆侠《宋史专题课》第八课、宋代城市经济和商业的发展，第187页。

美主体的空前扩大，审美活动方式更加丰富多彩，不同主体的一致参与也使活动规模进一步扩张。在审美活动规模与方式不断扩张与多样化的基础上，牡丹审美文化进一步走向了繁荣昌盛。文化兴隆的物质表现就是物质文化活动的丰富多样。审美文化的繁荣也即体现在观赏活动的频繁与观赏方式的灵活多样及其不断推陈出新之中。结合史籍，我们可把这一时期花样繁多的牡丹观赏活动按照审美主体的不同分为三大类：宫廷、士大夫、民间。这三类赏花活动中主体时有交叉，如宫廷豪门赏花往往集结士大夫，有时还以士人为主体，如宫廷赏花钓鱼活动；士大夫赏花活动往往引得百姓倾城相随，又结合民间赏花活动；而规模宏大的民间赏花活动往往也吸引文人士子的参与，又融合文人赏花活动。但多数情况下，这三大类赏花活动在活动方式、理念乃至目的上都有着根本不同，对牡丹审美文化繁荣的贡献的表现及其价值也各有千秋。因此，对它们进行分类论述是有必要的：

（一）文人赏花活动的繁兴

文人主体以其赏花活动方式之灵活、活动理念之先进在牡丹审美文化繁荣中起着重要的作用。作为主流文化的创造与传承者，同时又身怀深厚的文化功底与高妙的审美眼光，文人有着对牡丹之美的敏锐触觉及对牡丹审美文化赋意的自觉性与创造能力。一举一动都有明确的审美情趣作理论指导，因而相对于其他阶层，文人的赏花活动更具有花样迭出、影响深远的特点。具体而言，文人赏花活动主要有如下几种：

一是酒赏。“美酒饮到微醉后，好花看到半开时”（邵雍《安乐窝中吟》)[1]，借一份微醺看花，花更显灵动；借一袭花荫送酒，酒更显醇香，花酒相映中文人风流儒雅、从容安闲之风神表露无遗。这份俊赏风流、洒脱飘逸之气是其他任何一个阶层都无法体味与效法的。在邵雍这里，饮酒亦是一种审美体验，是洞悉宇宙人生的媒介，是打开精神枷锁的钥匙，是摆脱物累通向心灵自由的津梁。何止康节，有宋一代热衷吟赏烟霞、图写风月的文人皆是如此。花与酒是他们消解现实困惑与苦难、修养自身德性、践履艺术人生的媒介，也因此成为他们日常生活乃至生命中不可或缺的一部分。邵雍曾说："春在对花饮，春归花亦残。对花不饮酒，欢意遂阑珊。酒向花前饮，花宜醉后看。花前不饮酒，终负一年欢。"[2]有花无酒总难尽兴；有酒无花也不免寂寞，花酒相将方能尽欢。对此宋代文人的意见是一致的："只上宾筵共一醉，也胜浑不见芳英"（韩琦《谢真定李密学》）；"若使他年逢胜赏，一觞知复共谁携"（蔡襄《杭州访吉璘上人追感苏才翁同赏牡丹》）；"赏爱难忘酒，珍奇不费金"（韩绛《和范蜀公题蜀中花图》）；"牡丹花发酒增价，夜半游人犹未归"（邵雍《洛阳春吟》）……

赏花与饮酒有何渊源与共性得以在牡丹观赏活动中成为一种故常呢？如上文指出，酒是解脱俗累、达于自由之境的媒介。举杯浇愁，愁虽不可灭，人们却在浇的过程中享受到了一种决绝的快感与心灵的慰藉。明艳繁华的牡丹集中了天地之美好，令人赏心悦目，亦是消愁解闷的佳品。花前月下与杯盘酒盏在消解苦闷烦忧、致人平和愉悦上有异曲同工之妙，欧阳修《定风波五首》是创作于花下樽前最具代表性的一组词：

---

① 《全宋诗》第7册，第4548页。

② 《全宋诗》第7册，第4527页。

把酒花前欲问他，对花何吝醉颜酡？春到几人能烂赏，何况，无情风雨等闲多。

把酒花前欲问伊，忍嫌金盏负春时？红艳不能旬日看，宜算，须知开谢只相随。

把酒花前欲问公，对花何事诉金钟？为问去年春甚处，虚度，莺声缭乱一场空。

把酒花前欲问君，世间何计可留春？纵使青春留得住，虚语，无情花对有情人。①

图 039 明永乐剔红双层牡丹纹盒，故宫博物院藏。

① 《全宋词》第 1 册，第 141 页。

为何看牡丹时定要把酒为欢呢，以欧阳修为代表的北宋人认为牡丹之绝代芳华及其难开易落典型地体现着韶华易逝、美景不常、青春难驻，流连花下令人感慨聚少离多、欢会易散、知己难逢；世事无常、人生难料，直须及时行乐；万物无情而人生有情，俗物缠身、红尘漂泊，花酒之中纵饮狂欢之自在逍遥实属难得，更应倍加珍惜……确立了酒与花作为艺术人生的一部分之后，酒赏也即成为了宋人赏牡丹的一种惯常活动。宋代文人不仅把酒带到了各种形式的赏花活动之中，还将赏花饮酒之娱升华为一种萧散风神、风流气度与风雅俊洁的生存方式。醒时花下饮、醉后花下眠是宋代文人一致向往的一种生活方式，他们宣称“纵是花下常病酒，也是风流”[①]。不论何种赏花唱和，都少不了酒的参与。群聚畅饮则在觥筹交错、花影掩映中驰骋文才，独自凭栏则在把酒自斟、对花沉吟中参悟真理。花与酒共同为文人营造了一个和谐闲雅的氛围，让他们得以游心寓目，暂忘红尘烦恼，得片刻逍遥安乐。千古文人那份疏狂儒雅之气也多于此自然流露出来。酒赏是牡丹审美活动之中最常见最活跃的一种观赏方式，宋人花下浅斟低唱之俊逸风神是其生活雅化与人生艺术化的绝佳体现。

二是宴赏。这是北宋时期牡丹观赏活动中又一基本形式，在牡丹花开之时上下都有齐聚亲友、同赏共乐的风习。设宴与赏花都只是形式，其共同反映的是北宋的享乐之风的盛行。开国以来确立了通过经济赎买政策安抚武将、笼络文臣、麻痹人民、粉饰太平的国策，大力推崇享乐之风。宋太祖公开宣扬“人生如白驹之过隙，所以好富贵，不过多积金银，厚自娱乐，使子孙无贫尔”[②]的及时行乐观念，真宗更是

---

① 《全宋词》第 1 册，第 141 页。

② ［元］脱脱等《宋史》，中华书局 1977 年版，第 8810 页。

在一次退朝后宴请陈尧叟、丁谓、杜镐等两制重臣，每人赠两囊大珠，示意他们尽情歌舞升平，鼎力支持他们享乐宴饮活动。如此上行下效、越演越烈，整个社会弥漫在一片歌舞笙箫、闲适优游的风气之中，宴饮之风席卷全国上下，由《东京梦华录》《梦梁录》等文献都可看出这个时代的狂欢气息。宴赏实是这种社会风气催生的一种审美乃至生活方式。在各种形式的宴饮活动之中，文人的设宴赏花活动最为风雅，因而最受人们亲睐。

宋人惯常的宫廷赏花钓鱼大会总设宴款待群臣，席间歌舞笙箫、赏花赋诗是惯例，可显皇恩浩荡也可见天子胸襟、太平气象；豪门每当花盛之时，大开园林之门，广邀天下名流豪俊赴宴赏花，足见家世昌隆鼎盛、主人贵赏风流、德高望重；文人士子也因花置酒，呼朋唤友既自娱娱人又便于声气相求、品评切磋。以花为媒，广结天下宾朋，尽享人世繁华逸乐；因花设宴，欢享群聚之乐，曲尽人情世故；对花宴饮，借花王富贵繁华、太平昌盛之势，彰显自己的品行声望、家世背景。这些活动虽发起人身份不一，但参与主体却大抵是文人士大夫，这也是宋人宴赏活动最大特色所在。宴赏之风由来已久，却在宋人手中被发挥到极致辉煌的地步。不论是规模气势之恢弘、形式之多样、参与主体之庞大，还是参与者身份之扩张上，都是前人无法望其项背的。

宴赏活动对牡丹审美文学的繁荣也有重要意义。它的盛行本身即体现着牡丹审美观赏活动的活跃与多样化，同时还进一步将这种繁荣推向更辉煌的境地。上至皇宫大内、豪门权贵，下至文人士大夫乃至平民百姓在牡丹花开之时，无不燕集欢会，这种场合正是牡丹审美文化得以发展深化的天赐良机。许多无缘得见奇葩的人在宴会上得见国色天香之风采不凡，为他们形成与加深对牡丹的审美认识提供时机与

图 040　关心只为牡丹红。

场合；名流汇集、高谈阔论于花宴之上，语必多涉前贤牡丹佳话美谈、掌故传闻及诗文杂著等，也必以之为谈资，相互交流品评。在这交流品评与对故实诗文等的发掘中，不仅使得既有的牡丹审美认识得以累计，相关资料得以搜集整理，还能在此基础上形成新的认识，促成牡丹审美文化的定型与成熟、辉煌。如同宋人诗话是宋人文会雅集交流过从中作为谈资而逐渐产生、趋于鼎盛一样，宋代空前繁荣的牡丹谱记也可谓是这种宴赏活动的附加产物。宋人的牡丹谱记中传闻掌故、诗文杂著与牡丹之种性特征、种养栽接医护之术等知识一应俱全，这显然是在宋人空前注重学养“以一事不知为耻”理念的影响下，为了应付宴饮场合的高谈阔论而整理编纂。由此可见宴赏这一牡丹观赏活动的盛行不仅促进着牡丹审美文学的发展，更标志了牡丹审美文化的繁荣。

三是诗赏。舞文弄墨是文人的专利，因而诗赏是文人最有标志性的活动方式。喜怒哀乐、人生荣辱、山水风月乃至日常寝处，无不形之于诗。一部宋诗史也即一部宋人生活史、心态史、风情画卷。作为宋人雅化生活一部分的花事自然是宋诗中不可遗漏的一环。宋人不仅对盛开的牡丹吟赏不已，就是对着牡丹枝、叶、根、芽、蕾或古人时贤的相关创作言论都能兴发诗兴。诗赏最能彪炳文人身份，是文人运用最为频繁的观赏方式。

蔡襄丙午三月观赏杭州吉祥寺牡丹。连作诗七首；司马光在洛阳看花也是随赏随吟，曲尽一时欢乐之况；邵雍安乐窝中盛开了二十四枝添色红牡丹，自作诗数首吟咏一番不尽兴还寄诗友人邀请他们同赏唱和。在各种赏花宴会场合中，作诗也是题中应有之义。诗赏活动贯穿在各种形式的赏花活动之中。在那些赏花活动中，众人的一言一行，牡丹的姿态性状都被采集入诗，极大地丰富了牡丹审美认识及牡丹题材文学的题材内容，对牡丹审美文化的繁荣有着至关重要的意义与影响。诗赏活动往往不是独立进行的而是一个群体性活动，文人以牡丹为名举办文会、雅集，群聚唱和；在公私宴会、送往迎来中也屡屡相与歌咏牡丹。花下纵赏者对花而吟，在他乡者则附和唱和，诗筒往来于道路。文彦博、司马光等人在洛阳举行的“耆老会”“率真会”“同甲会”“怡老会”等集会也往往选择在牡丹花下进行[1]。古人以为高年耆老是国之祥瑞、太平象征，文人以耆老身份唱和于富贵太平之牡丹花下更是一方盛事，也是士人心中百年不遇的盛世之境。唱和之风的盛行与牡丹观赏活动的兴盛相结合的例子在北宋人的小说笔记中数见不鲜。

诗赏这种观赏方式对审美文化影响是最为关键的，它的直接产物即是构成牡丹审美文化的物质实体——牡丹题材文学；它也以其深蕴的思想观念与文化内涵，直接塑造与反映着牡丹审美文化之各方面。文人们借花集会，以花会友，这种活动结束后往往有诗集传世。一次诗赏盛会往往也是一次牡丹审美文化盛会。正是诗赏活动中逐渐累积起来的对于牡丹审美认识的不断提炼升华、不断赋意才造就北宋一朝牡丹审美文化的繁荣，并确立了其在中国文化史上的崇高地位。诗赏活动在北宋的盛行在宋人数目众多的牡丹诗词中即可见一斑，它对牡丹审美文化的繁荣自然是功不可没的。

三是游赏。唐长安已有了三街九衢看牡丹的记载，其主角是豪贵权贵。宋代游赏活动的主角有了极大的扩展，文人士子暮春出游赏花，

---

① 熊海英《北宋文人集会与诗歌》，中华书局2008年版。

贩夫走卒也戴花游走于名园花市之中。但游赏活动最为频繁且有鲜明的审美价值观念与意识，是文人为主体的观赏活动。虽然文人家园多有牡丹，但限于其资产与精力，难得绝品；同时花下群聚交流之乐也远胜于独处，因而花时结伴游赏名园甲第是宋代文人最爱的一种休闲活动。

由于牡丹大面积种植、名品齐全、新异倍出往往要借高门望族之甲第名园、名寺古刹之财势，借结伴出游寻访名花，文人不仅可一睹奇葩娇艳，还可淹留于名园甲第，饱览山水林亭、雕梁画栋之奢华壮丽；徘徊于名寺古刹之间，享受佛香禅韵、释道庄严及屋宇之恢弘豪壮；若是寻幽访胜而至探街走巷，见人所未见则平添几分刺激与情趣可谓一举数得。徐积《姚黄》所咏“司马坡前娇半启，洛阳城内人已知。姚家门巷车马填，墙头墙下人插肩”[①]，这份热闹自然引好奇求异的文人参与。对文人而言，这种游赏方式并非仅为满足耳目之娱与好奇之心，亦是他们亲近自然、感发诗兴的良机。结伴出游者又多是知交好友，谈笑之中也不乏心灵碰撞，艺术思想交流，对彼此都是一种历练与激励。欧阳修年少时在洛阳花盛时，往往流连在各大名园，不仅“每到花开如蛱蝶”，还“醉不还家伴花寝”；司马光不仅“趁兴东西无不到”，还“走看姚黄拼湿衣”；苏轼在吉祥寺牡丹盛开之时，酒醉簪花而归，引得“十里珠帘半上钩”，还冬日独游花树下，祈盼“安得道人殷七七，不论时节遣花开”。可见宋人游赏风气之盛。

在宋代社会经济普遍繁荣，整个社会文化素质整体提高，牡丹种植观赏活动空前昌盛及文人身份趋于复杂化的背景下，无论是酒赏、

① 《全宋诗》第 11 册，第 7563 页。

宴赏、诗赏还是游赏都并非士大夫专利，但文人始终是整个社会的文化重心与审美观念之旗帜。在各种类型史料文集等相关文献中，可知文人观赏活动之频繁活跃与其形式之丰富多样。文人开创的种种观赏活动不仅灌注其思想观念与审美理想，更体现其潇洒俊逸、高洁闲雅的自身形象。因而独有其审美文化特色与意义，对整个牡丹审美文化的繁荣起着举足轻重的作用。

（二）宫廷豪门赏花活动之盛

宫廷与豪门的文化影响力对牡丹审美文化形成有着巨大的推举之力，因而他们的观赏活动及其方式与理念对牡丹审美活动的发展方向及其繁荣隆兴都有重大作用。下面，我们从宫廷赏花活动与豪门赏花活动两个方面述说这两个阶层的赏花活动之繁兴的实况：

首先是宫廷赏花活动。虽大唐已有沉香亭赏牡丹以及国色天香之典昭示宫廷与牡丹的不解之缘，但其宫廷赏花活动规模远无法与北宋相提并论。

北宋时期宫廷围绕牡丹观赏进行着多种多样的赏花活动。有时洛阳新进的牡丹奇品会在宫中引起不小的轰动，不仅帝王后妃再三玩赏，宫女们也徘徊花前直至黄昏都不舍离去；宫廷内苑牡丹花盛之时若偶出骈枝、双头等新异品种，也必定宣召群臣同赏并歌祥颂瑞。最能表现宫廷赏会活动之盛的是牡丹花时的赏花钓鱼之会的发展。据史料记载，北宋自太祖起已有后苑赏花之举，并在咸平三年定为制度，此后每逢暮春牡丹花开之时，皇帝便召集“辅臣、三司使、翰林、枢密直学士、尚书省四品、两省五品以上、三馆学士”等大批臣子赴宴，有时还宣召馆阁校理等较低级文官参与宴会以示优褒[1]。群臣与天子一起在内苑赏花戴花、饮酒赋诗，这是“千载君臣遇”的表现，体现着君臣“以天下之乐而乐”的盛景，有着相亲以通其情的政治意义，因而成为文人争相传载的盛世美谈。

宫廷对牡丹审美文化形成的意义不仅仅在于对其种植推广上的作用，还在于牡丹题材文学借助宫廷对文学的推动力量之势迅速发展；宫廷文化对牡丹审美文学的推广意义不仅在以其无比的示范与吸引力量推动着牡丹审美活动的发展，更在以其统治力量有力的组织并推广了牡丹题材文学创作的发展，使得牡丹审美文学得到集中发展的机会。翻开史籍，关于宫廷赏花活动的记载比比皆是：

> 太平兴国九年三月十五日，召宰相、近臣赏花于后苑……朕以天下之乐为乐，宜令从词臣各赋诗。
>
> 咸平三年二月二十八日，曲宴近臣于后苑，上作《中春赏花钓鱼》七言诗，儒臣皆赋。遂射于水亭，尽欢而罢。
>
> 天圣三年三月，幸后苑，赏花钓鱼，遂燕太清楼，辅臣、宗室……节度使至刺史皆预焉。[2]

这些赏花活动都在暮春牡丹花期之内，所赏之花自多是牡丹。宋人贵重牡丹，直以花称之，也可证明宫廷赏花钓鱼之会一个重要节目即是赏牡丹。君臣奉和赋诗乃是赏花活动中重要节目，往往是皇帝首唱，群臣依韵唱和。这种君臣唱和活动规模一般较大，如至道元年，应制赋诗者达五十五人，庆历元年，应制赋诗者达四十人，赋诗一百四十首，

---

① 《北宋宫廷赏花钓鱼宴及其文学政治意义》，路成文，《黄冈师范学院学报》2007 年第 1 期。

② 《续资治通鉴长编》，中华书局 1986 年版，卷二五、卷四六、卷一〇三。

这是典型的宫廷文学创作活动，也是牡丹题材文学发展的重要源头。这种活动不仅使文人对牡丹的审美认识更深化，还使一些审美观念得以定型，若是得到皇帝推赏，一夜之间名动天下也非不可能，也促进牡丹题材文学观念与技巧的进步。牡丹审美文化中诸多因素就是在这种气氛中发端的。对于这些与会者（以文人为主），皇帝与他们一起赏花、钓鱼、宴饮，有时还亲赐牡丹给宠臣佩戴，如王辟之《渑水燕谈录》卷二“帝德”篇载：

> 晁文元公迥在翰林，以文章德行为仁宗所优异，帝以君子长者称之。天禧初，因草诏得对，命坐赐茶。既退，已昏夕，真宗顾左右取烛与学士，中使就御前取烛，执以前导之，出内门，传付从使。后曲燕宜春殿，出牡丹百余盘，千叶者才十余朵，所赐止亲王、宰臣。真宗顾文元及钱文僖，各赐一朵。又常侍宴，赐禁中名花。故事，惟亲王、宰臣即中使为插花，余皆自戴。上忽顾公，令内侍为戴花，观者荣之。其孙端禀尝为余言。①

每成一诗，还令群臣唱和，这对于多是庶族文人出身的大臣而言，乃是莫大的荣幸。有如此荣宠当然念念难忘，爱屋及乌的他们对牡丹有了特殊的感情也是自然而然的。如陈尧佐在真宗钦赐的牡丹花一叶落地都赶紧捡起来藏在袖中，珍重的更是那份荣宠。

据史料记载，北宋君臣在宴花钓鱼宴上所赋歌诗，每年都会编集存档，数量应不下千首。不过，这些作品集早已随宋室沦亡而烟消云散。笔者据《全宋诗》《全宋文》统计，北宋君臣在赏花钓鱼宴上所

① 《渑水燕谈录》，《宋元笔记小说大观》第2册，第1228页。

作之诗，现存作品共45首，标明是应制牡丹诗存世可见的也有20余首。现存的六篇牡丹赋中，出于应制即有4篇。宋祁《应诏内苑牡丹三首》、夏竦《奉和御制千叶黄牡丹》、宋庠《奉诏赋后苑诸殿牡丹》、宋祁《上苑牡丹赋》等均是此类，这些作品除少数寓有较深感慨之外，内容多为鼓吹太平、歌功颂德，是典型的宫廷文学。尽管如此，它们对牡丹审美文化的繁荣还是有着相当积极的意义。这种活动的频繁与大规模的展开对牡丹审美文化的发展与弘扬有着十分深远的意义，宫廷对牡丹的推重直接影响着整个社会对牡丹的观赏之风。宋人有诗说“底事今年花能贱，缘是宫中不赏花”，宫廷赏花活动一停止，让民间观赏兴致都大为消减。这和“楚王好紫色，满国尽紫衣”是一个道理。另一方面，宫廷文化歌功颂德、夸饰太平的本质，对牡丹的太平昌盛、祥瑞吉兆的象征意义的形成也有着直接而深刻的影响。

宫廷举办的与群臣共赏同乐的赏花大会中，君臣欢会牡丹花下，诗酒唱和，在古人眼里本就是盛世盛景，牡丹本身繁华富丽更是太平昌盛的象征，这两相结合更确立了牡丹太平昌盛之象征的深入人心最终成为公认的文化观念，成为民族意识的一部分。同时，宫廷对牡丹种植观赏活动表现出的热情极大地激起了广大士大夫与民间市民群体对牡丹的种植观赏的兴趣，是牡丹观赏活动、审美活动的规模的扩大的一个极大的动力。宫廷组织的大型赏花活动，齐聚社会精英，集中进行牡丹题材文学创作，对牡丹文学的发展意义也非同一般。牡丹审美文化的繁荣就体现在这君臣欢会中，这种欢会通过其直接的文学创作活动与间接的文化影响力，更进一步推动了牡丹审美观赏活动与牡丹审美文化的繁荣。宫廷主体的参与对牡丹审美文化的繁荣首先即在于其牡丹审美活动的活跃频繁与规模之大。

其次是豪门赏花活动。如上文指出，豪门及其雄厚的经济实力保障了牡丹种植观赏规模的稳步扩展，同时又以其特殊的社会地位，对整个社会的牡丹审美风尚的形成有着重要的影响。豪门贵族的牡丹观赏活动在活动规模与活动方式上也都有着示范与推进的作用，为牡丹审美文化的进一步走向辉煌推波助澜。由于豪门贵族作为特权阶层有着相当的实力，在不抑兼并的制度下，他们往往广占田产，牡丹种植动辄成顷连畦、名花辈出变异不穷是只有他们才能办到的。据史料记载，绝大多数牡丹名品都出自豪门，众多著名花工也都是依附豪门花圃才得以实验、实践其育种方案培育新方，众多的栽培养护方法也是在豪门花圃中花工的大面积种植管理中总结出来的。天王院花园子唯有牡丹数十万株，这种规模自然并非出自士大夫或花工的手笔。富贵又有闲情有财力支持追捧侍弄花木与新品的培育几乎是这一阶层的专权。魏紫出于宰相魏仁博家、姚黄出于白司马坡姚家、玉千叶出于范尚书宅山篦中，名花出于名园一个直接的原因即是名园种植规模之大足以支持技术革新的尝试以及名园主人生活上的优裕与对牡丹的钟情。宋末吴县的豪门朱勔名园遍及吴地境内，有牡丹数千万本，这样的规模自然直接标志了牡丹种植在北宋的极度昌隆，也不难推想花开之时的吴地人们的赏会之盛，吴俗好花不减洛阳自然也得力于这不亚于洛阳花园子的朱家牡丹园[①]。富豪之家对名园的管理并不严格，花开之时往往开放给游人瞻仰，对牡丹审美活动的规模的扩大、牡丹审美认识的发展有着直接的影响，从而也更推动了以此为基础的牡丹审美文化的繁荣。

---

① 《吴郡志》，《宋元珍稀地方志丛编》第1册，中华书局1990年版。

牡丹开时各地豪门贵族规模甚大、甚为频繁的花会花宴，给了众多无缘一赏奇珍的文人以得见万紫千红、争奇斗艳的机会，极大扩展了文人的审美视野。豪门举办这种活动出发点多在于附庸风雅、炫示富贵风雅，因而往往少不了文人的群聚高谈阔论、竞展诗艺文采。没有这种机会与场合，众多文人也就无缘接近众多名品奇葩，加深对牡丹审美认识与观念的深化，从而也会影响到牡丹审美文化的发展。同时，豪门贵族的广泛参与以及以其财力物力积极组织广大文人参与牡丹审美观赏活动本身即是对牡丹审美文化繁荣的一大贡献。豪门争相种植牡丹以求永葆富贵，要为子孙种福，想做那“看到儿孙”的几家，自然也影响到游走其门下的众多文人的审美观念。他们这种美好祈愿对牡丹富贵太平、繁华昌隆之象的形成也不无影响。钱惟演花园牡丹赏会及其竖小屏座后有意作花谱的想法对逗留其幕下的文人欧阳修创作《洛阳牡丹记》定是大有影响；蔡襄创作《季秋牡丹赋》、胡元质作《牡丹花记》更是直接出于豪门花会上的应景之作；富弼家牡丹花开宴集司马光、邵雍等诸多名流叹赏品评、相得甚欢。可知唱酬应和之作对牡丹审美观念的深化、牡丹审美文化的发展也是颇有贡献的。

（三）民间赏花活动的繁荣发展

首先是都市商业经济的发展初具规模。牡丹审美观赏活动开始被纳入商业经济领域，以种花、接花为业的花工开始出现；花市在各个经济繁荣的城市蓬勃发展。新品异株开始作为商品进入流通，品牌专利意识开始明确。市民开始活跃于各个阶层观赏牡丹活动中，进行相关经济活动。开始出现花户举办的小型的盈利性观赏花会，借名人品题、标立名目以招徕游客以求利。赏花簪花的习俗在士庶之间的盛行，花卉种植业的兴盛，社会风气影响下对牡丹的需求的日益扩大，都使牡丹进入商品流通领域成为一种必然。陆游说天彭："惟花户则多植花以牟利，双头红初出时，一本花取直至三十千；祥云初出，亦直七八千，今尚两千。州家岁常以花饷诸台及旁郡，蜡叶�篮旁午于道。"[①]花户不仅靠传接名品盈利，还可出卖技术，如《洛阳牡丹记》讲："善接花者、名门园子，秋时立券，春见花开还直。"有如此多盈利方式，收入也自不菲。南宋都城临安在当时直接是一座有着"多卖花之家"的"花市巷"的花城[②]，这花城中"君不见内前四时有花卖，和宁门外花如海"（杨万里《经和宁门外卖花市见菊》），"四时有花卖"，花圃"花如海"，足见当时花市的繁荣及社会的繁华富庶。

大规模花市的出现，是适应广大市民的消费需求的。民间赏花活动的成风成俗，"举国若狂不惜金"，是其思想文化基础。这样广泛狂热的爱好养活了一大批花户、花工，也印证了当时牡丹审美活动的繁荣鼎盛。

北宋时期陈州花户牛家突现一品"缕金黄"牡丹，引得游人如织，牛家在门首设关卡向游人收费因而收入颇丰[③]；姚黄更为珍稀，"遇一必倾城。其人若狂而走观……于是姚黄苑圃主人，是岁为之一富"[④]。洛阳牡丹甲天下，洛阳的花市也是全国无比，司马光那个在洛阳名园中规模微不足道的独乐园牡丹花开时收入也甚为不菲，以至于看园的

---

① 《天彭牡丹谱》，《中国牡丹谱》，第197页。

② ［明］田汝成《西湖游览志》："寿安坊俗称官巷，宋时谓之花市，亦曰花团。盖汴京寿安山下多花园，春时赏宴，争华竞侈，锦簇绣围。移都后，以花市比之，故称寿安坊。花市巷，宋时作鬻花朵者居之。今寿安坊两岸多卖花之家，亦其遗俗也。"

③ 《墨庄漫录》卷九，《宋元笔记小说大观》第5册，第4738页。

④ 《铁围山丛谈》，《宋元笔记小说大观》第3册，第3124页。

花工在获利之余还为司马光这个贤主人筑亭屋。产花地如洛阳、陈州等都有定期花市。据载，扬州“开明桥之间，春月有花市焉”①。

图 041 [宋] 佚名《盥手观花图》，天津市艺术博物馆藏。

杭州、汴京、成都等地的花市更是如霞似锦，不少文人作品中都言及游览花市赏花、购花之事。这些花市中最有代表性的无疑是洛阳的花市，其盛况如文彦博《游花市示之珍》所载：

① 《舆地纪胜》卷三七，淮东·扬州，江苏广陵古籍刻印社 1991。

去年春夜游花市，今日重来事宛然。列肆千灯争闪烁，长廊万蕊斗鲜妍。

交驰翠幰新罗绮，迎献芳樽细管弦。人道洛阳为乐国，醉归恍若梦钧天。[①]

花市虽以盈利为目的，更需融合市民阶层娱乐意识与审美观念，配合市民娱乐活动展开。畅游花市中体味俗世繁华喧嚣、万紫千红给人如历仙境般美妙感受，足见花市中所体现的市民娱乐活动的丰富多彩及其热闹吉庆的民俗风味。伴随花市而进行的各种小商品经营与各种娱乐产业的蓬勃发展使得北宋社会更呈现出一幅繁荣景象。

而产生于市民的娱乐生产活动中的牡丹民俗文化就诞生于这各种娱乐活动的融合互渗中，因而这种风格鲜明、热闹喧嚣的活动也从一个侧面昭示牡丹审美文化的繁荣。这种情形在今天的洛阳与菏泽还能见到，可见历史悠久，影响之大。

许多大城市如汴京、杭州等地都出现了固定花店及沿街叫卖的花贩。《西湖老人繁胜录》称："城内外家家供养，都插菖蒲、石榴、蜀葵花、栀子花之类，一早卖一万贯花钱不啻……"[②]吴自牧也讲，临安每当"是月春光将暮，百花尽开，如牡丹、芍药、棣棠、木香、酴醿、蔷薇、金莎、玉绣球……映山红等花，种种奇绝。卖花者以马头竹篮盛之，歌叫于市，买者纷然"[③]。牡丹列于群芳之首，不仅可见其地位之高，也可想见牡丹盛开之时这种活动更是活跃，如图 041、042 等皆可见牡丹已经深深融入到宋人日常生活中。《秋崖小稿·湖上》

① 《全宋诗》第 6 册，第 3516 页。

② ［宋］孟元老《东京梦华录》（外四种），齐鲁书社 1996 年版。

③ ［宋］吴自牧《梦粱录》卷二，暮春，山东友谊出版社 2001 年版，第 26 页。

描述道："今岁春风特地寒，百花无赖已摧残。马塍晓雨如尘细，处处绮篮卖牡丹。"卖花的收入也基本上足以糊口，对此宋人也有记载，"土人卖花所得，不减力耕"（蔡戡《重九日陪诸公游花田》第四首小注）①，种花、卖花所得足以养家糊口，可见牡丹的商品价值，从而也可见时代审美风潮之盛。

图 042　南宋绛色罗贴绣牡丹纹褡裢，镇江博物馆藏。

市民文化的喧嚣热闹与文人之清雅高格、宫廷豪贵之奢华豪侈相呼应，共同构成了牡丹审美风潮最主要的三个层面。其他一些特殊阶层如经济实力颇为雄厚的寺观僧道群体都利用牡丹招徕信徒、提升名

① 《全宋诗》第 48 册，第 30034 页。

望，从而带来的寺院牡丹的繁荣发达等，限于篇幅不加详述。由如上种种论述可知，三大主体为基础的广大民众的参与使得这一时期审美活动规模的空前扩张、活动方式空前多样，这是牡丹审美文化繁荣最直接的表现。

小 结

在考察盛唐与晚唐诗歌的不同风格时，清代评论家叶燮用“春花”与“秋花”譬喻之，曰：“盛唐之诗，春花也：桃李之秾华，牡丹芍药之妍艳，其品华美贵重，略无寒瘦俭薄之态，固足美也。晚唐之诗，秋花也：江上之芙蓉，篱边之丛菊，极幽艳晚香之韵，可不为美乎？”[①]他认为春花秋花各有其美，这段话用来形容牡丹和梅花两种花卉及其背后的文化其实也是合适的。我们总是认为历史是“卧榻之侧，岂容他人安睡”，然而史书会告诉我们，弱的如南唐、北汉，灭也就灭了，强的如契丹、西夏，终北宋一朝，还不是照样在卧榻之侧虎视眈眈，而宋人始终无可奈何。梅花与牡丹文化在南宋也并非绝对此消彼长的局势，而是长期共存的。文化比政局更复杂，更难以以时段来界定或泾渭分明的评判高下优劣。大唐“人人如狂不惜金”的年代，也有人嘲笑牡丹“堪笑牡丹如斗大，不成一事又空枝”（王溥《咏牡丹》）。

虽然南宋文人诗文集中咏梅花诗词泛滥成灾，但是在他们日常生活中，牡丹的身影却是随处可见的。元人陆友仁《吴中旧事》记载此时的苏州花市时说：“吴俗好花，与洛中不异，其地土亦宜花吴中花

---

① ［清］叶燮《原诗》，人民文学出版社 1979 年版，第 67 页。

木不可殚述，而独牡丹、芍药为好尚之最，而牡丹尤贵重焉。至谷雨为花开之候，置酒招宾，就坛多以小青盖或青幕覆之，以障风日。父老犹能言者，不问亲疏，谓之看花局。今之风俗不如旧，然大概赏花则为宾客之集矣。”[①]那种不问亲疏的“看花局”所体现出的狂热、繁华与豪奢都是后世交亲之间借花为由的宴集无法望其项背的。

现存著名的描绘宋代贵族日常生活的宋代佚名所作的《盥手观花图》（图 041）即是一例。前引反映宋代文人日常生活场景的佚名《人物图》（图 027）也是一证，在它所描绘的观书、点茶、焚香、插花之文人四艺中，所插之花就是牡丹。贵族日常陈设的花器中所插之花，也是牡丹。可见我们需要超脱出被文人的书面化、公开化的主流的文化观念意识笼罩的诗文作品的影响，着眼更深广的社会生活，深入到南宋人生活的内部诸多方面去观察去分析，才能知道两花在这一时代人们心中真实的地位与分量。

南宋是文化繁荣的时期，各种文化艺术都得到了极大的发展。客观而言，南宋最发达的并非文学，而是科学技术、手工制造业等领域。在市民阶层空前壮大的社会背景下，这些领域所体现的艺术观念似乎比文学作品更能代表当时整个社会主体的平民阶层真正的好恶与审美。

南宋一代手工业极为发达，瓷器、造纸、纺织等技术都登峰造极，达到了前所未有的精致工巧。以纺织为例，当时吴地有两大著名缂丝工艺美术家：朱克柔和沈子蕃。她们精湛的技艺使缂丝技术发展成为一种极具装饰性、观赏价值极高的艺术品，成为皇家专用贡品，赢得了“一寸缂丝一寸金”的美誉。值得注意的是两人的缂丝作品都以牡

---

① ［元］陆友仁《吴中旧事》，《影印文渊阁四库全书》本。

图 043　南宋深烟色牡丹花罗背心，福州博物馆藏。

丹题材为最出名，沈子蕃的缂丝牡丹团扇用金丝勾勒，不仅有工匠的惟妙惟肖，且有画家的高雅野逸情趣。高超精美的工艺使缂丝成为宫廷最喜爱的丝织物之一，民国学者《丝绣笔记》记载的宫廷用的牡丹纹丝绣中就有许多缂丝作品，如宋缂丝龙并牡丹共六轴，元缂丝翎毛并牡丹十轴，明缂丝牡丹一轴，可以为证。此外，《丝绣笔记》中记载的牡丹纹丝织品还有：宋牡丹绣鹰一轴、仙都富贵紫檀边绣牡丹花屏一件；宋代广西上贡的锦200匹花样中也有“青绿如意牡丹锦”；唐宋书画用锦裱及绫引首中也有倒仙牡丹、黄地碧牡丹方胜[①]等，可知牡丹纹样在宋代丝绣纹样中的普及常见。

事实上，细查各种相关史料与出土文物，不难发现，宋代的各种丝织品中牡丹纹的应用是最为广泛的，且远超过梅花纹。以1975年福建福州市浮仓山坡南宋黄升墓出土的一大批丝织物为例。黄升墓葬出土文物中服饰及丝织品多达354件，其中服饰201件，织物及面料153件。品种繁多，面料上囊括了各种古代高级织物绫、罗、绸、缎、纱、绢、绮等。衣物的款式极多，有袍、衣、背心、裤、裙、抹胸、围兜、香囊、荷包、卫生带、裹脚带等20多种。

这些丝织品的图案也很瑰丽，其中最主要的就是牡丹纹，占其中所有丝织品纹样中三分之一，多为绫罗绸缎上的提花，富贵堂皇，其中一件“深烟色牡丹花罗背心”（图043）仅重16.7克，轻盈若羽，剔透似烟，直接代表着南宋丝织织绣技术的巅峰水平[②]。高淳花山宋墓出土服饰的15种纹饰中，就有5件牡丹纹，包括大袖罗衫2件、开裆罗裤、合裆罗绵裤、罗袜各1件，这些都足以证明在宋人日常生活中牡丹纹样应用的广泛。[③]

牡丹不仅是南宋织绣纹样的主力军（图042、043皆是其例），更是宋代几大官窑瓷器的主流纹样，同时宋代雕刻纹饰中最常用的也是

---

① ［民国］朱启钤《丝绣笔记》，《美术丛书》四集第2辑，第304-349页。

② 本段材料统计自《福州南宋黄升墓》，福建省博物馆编，文物出版社1982年版。

③ 顾苏宁《高淳花山宋墓出土丝绸服饰的初步认识》，《学耕文获集——南京市博物馆论文选》，江苏人民出版社2008年版，第52-69页。

图 044　元青花凤穿牡丹纹执瓶，故宫博物院藏。

牡丹纹，《营造法式》卷一四“彩画作制度五彩遍装条”条载“牡丹花……宜于梁、额、橑、檐枋、椽、柱、斗拱、材、昂、拱眼壁……皆可用之”等皆是。在工艺美术领域应用的广度与频率上，唯一可以与牡丹比肩就是荷花而非梅花。事实上，在现存的民间工艺器具上，梅花纹远少于牡丹，可知梅花文化作为一种契合上层文人心理需求的高雅文化，普及程度是远远比不上牡丹的。哪怕有文人认为它已经天下无双，为它日课月课，诗文连篇累牍，在民间广大人民群众心目中的花王仍然也永远是牡丹。最鲜明的证据就是，牡丹最广泛的出现在他们使用的各种器具，杯盘碗盏、衣服头饰、建筑砖刻木纹，他们生在牡丹花丛中，死亦将牡丹绘在墓室墙壁上，哪怕去另外一个世界，也想与牡丹为伴。这种深刻而广泛的“群众基础”真是百花，包括梅花，都不能望其项背的。难怪范成大《梅谱》极力推崇梅花，却也只说了“天下尤物”，并不与牡丹争胜。《全芳备祖》虽然推崇梅花“韵胜”“格高”，却还是前集卷二中借杨万里诗注明言“论花者以牡丹为花王”[1]。

文人为了保持高雅的品位，保持阶级的优越感，渐渐与牡丹划清界限，都走向了梅花的阵营，竭尽全力将梅花推上圣坛，开创属于他们自己的阶层的，更有“档次”与“品位”的梅花文化，向清雅高洁一路狂奔，将牡丹抛弃在民间。牡丹审美文化却并没有因此消沉，反而就此在民间文化中繁荣发展起来，渐渐沿着富贵华艳发展出了世俗娇贵香艳的一面。宋代说话小说中的《青琐高议》别集卷四“张浩花下与李氏结婚”条，就记载着书生张浩在牡丹花下私通李莺莺的故事[2]，张浩与莺莺皆是牡丹花乡洛阳人，他们在牡丹花下相识，一见钟情，以牡丹题材诗词互诉衷情，结成良缘。整个故事都将牡丹花作为引子，串起香艳旖旎的才子佳人故事，标志着牡丹染上的言情乃至色情的意味。

---

① ［宋］陈景沂，程杰、王三毛点校《全芳备祖》，浙江古籍出版社 2014 年版，第 65 页。

② 《青琐高议》别集卷四，《宋元笔记小说大观》第 1 册，第 1182 页。

后来发展至于元代众多名妓都以牡丹为名，许多爱情故事诸如元杂剧《牡丹记》等，都以牡丹为信物关目，再至于“牡丹花下死，做鬼也风流”之类带着明显艳情意味的散曲出现，终而明传奇《牡丹亭》中杜丽娘、柳梦梅牡丹花下结情缘，牡丹作为世俗艳情隐喻的象征也最终发展定型。

第五章　元明清：牡丹审美文化高潮的延续

第一节　元明清牡丹种植栽培与观赏对宋代的延续

如上一章所论，中国牡丹审美文化在两宋时期已发展至巅峰，各种文化象征都已经出现并定型。种植规模与栽培养护技术、观赏模式、审美观念、文学艺术方面的成就也都达到高峰。此后元明清几朝都是在此基础上的发展和延续。延续并不意味着牡丹审美文化的衰落，尤其是在明清两代盛时都有过牡丹文化的小高峰，不论是在种植面积、观赏理论上还是在文学创作上相对前代都有所扩展，取得了新的成就。

宋代覆亡之后，元朝建立，在游牧民族蒙古民族的统治下，长期惨烈的对抗与动荡和科举中断、政治黑暗等等因素下，中原正统文化尤其是文学受到了重创。牡丹审美文化一方面延续南宋而来的家国之思在宋末元初的遗民文人的手中也曾绽放过光泽，如由金入元的文人杨果《登北邙》“魏家池馆姚家宅，佳卉而今采作薪。水北水南三二月，旧时多少看花人”[1]和“青墩溪畔龙钟客，独立东风看牡丹”（陈与义《牡丹》）的意境、寄寓是一脉相承的。另一方面，也随着元代文人仕途无望后向平民化的投靠，戏曲等俗文学的大兴，其中世俗的一面也被

① ［元］苏天爵《元文类》国朝文类卷八，《四部丛刊》本。

铺展开来。出现了一大批牡丹题材的散曲、杂剧等作品，将牡丹意象进一步世俗化。牡丹开始与名妓艳遇或男女私通等“非礼”的爱情故事建立一种稳定的联系，“牡丹花下死，做鬼也风流”成为一句为时人及后人熟知的俗语，标志着牡丹审美文化世俗化乃至艳情化的最终完成。但是种植观赏的物质层面，即民间工艺美术层面，元代牡丹审美文化的繁荣仍在继续。《春明梦余录》“元大都宫殿考”条记载元代皇宫“后苑中为金殿，四外尽植牡丹百余年，高可五尺”[①]，百年牡丹，可谓与元朝王室共始终。现存的元代绘画和工艺美术史料及文物上，处处可见牡丹的身影，如钱选的《折枝牡丹图》（图 060）、王渊的《牡丹图卷》（图 084）等都是能代表时代花鸟画艺术高度的作品，也是牡丹题材绘画中的精品。工艺美术方面，牡丹纹样的应用也极为普遍，以瓷器上的应用最为广泛，元青花瓷器中最经典、最主要的花卉纹就是牡丹纹，现存北京故宫博物院的元青花缠枝牡丹纹罐（图 044）、元青花凤穿牡丹纹执瓶（图 045）等都是此时牡丹在工艺美术领域应用的典范之作，这是元代日常使用的器具纹样的经典代表，它们都能证明牡丹在元代艺术领域与时人日常生活装饰中的地位。

明代中期以后社会稳定，经济繁荣，文化大兴，园林事业也得到了极大的发展。这一时期牡丹审美文化的发展也达到了一个小高潮。其表现首先就是种植规模之大、观赏活动范围之广。

据明末京都文人刘侗、于奕正合著，系统全面记录北京名胜景观，寺庙祠堂、山川风物、名胜古迹、园林景观等的专著《帝京景物略》载，当时都城北京以牡丹闻名的园林就有：极乐寺，此寺“天启初年犹未

---

① ［清］孙承泽《春明梦余录》卷五，《影印文渊阁四库全书》本。

毁也，门外古柳，殿前古松，寺左国花堂牡丹。西山入座，涧水入厨。神庙四十年间，士大夫多暇，数游寺，轮蹄无虚日，堂轩无虚处。袁中郎、黄思立云：小似钱塘西湖然”；白石庄，凉州吴惟英《白石庄看牡丹》，山阴张学曾《白石园看牡丹》都作于游览此园时；卧佛寺，明人《卧佛寺牡丹》云“不道空无色，花光照酒杯。只疑天女散，绝胜洛阳栽。香与青莲合，阴随贝叶来。佛今眠未起，说法为谁开”；嘉禧寺，也是一处极美的园林景观，“一道榆柳中，地无日影。至里，朱碧一片，别为山门。殿像座供，备物丰泽，而方丈特壮丽，无寮不松阴，无户不朱帘也。方丈悬神宗御书联，笔法用颜真卿。僧云，初年笔也。贴梗海棠高于槐，牡丹多于薤，芍药蕃于草”，薤是野菜中的一种，遍地丛生，这里牡丹多于野草，可见种植数量之多、面积之大；海淀李园，嘉兴谭贞默《海淀李园看牡丹》作于其中，沛县阎尔梅《游李戚畹海淀园》称此园“牡丹一种余千树，海石双蹲数百拳……知他独爱园林富，不问山中有辋川”，独牡丹即有千树之多，不愧豪富家的园林[1]。这些园林都已经极尽豪奢，牡丹也是园林中的亮点，但比起同在京城的“惠安伯园”，它们只能自惭形秽了，清初孙承泽的《天府广记·名迹》记这个园子：“张惠安牡丹园在嘉兴观西。其堂室一大宅，其后植牡丹数百亩，每当开日，主人坐小竹舆行花中，竟日乃遍。”[2]数百亩，花开时坐着小轿，要花一整天才能游遍花丛，不可谓不惊人。《帝京景物略》卷五对这个园林及其牡丹种植规模有着详细的记载：

都城牡丹时，无不往观惠安园者。园在嘉兴观西二里，其堂室一大宅，其后牡丹数百亩，一圃也，余时荡然藁畦尔。

① 本段皆统计自明刘侗《帝京景物略》，北京古籍出版社 2000 年版。

② [清]孙承泽《天府广记》卷三七，《影印文渊阁四库全书》本。

花之候，晖晖如，目不可极、步不胜也。客多乘竹兜，周行塍间，递而览观，日移晡乃竟。蜂蝶群亦乱相失，有迷归迳，暮宿花中者。花名品杂族，有标识之，而色蕊数变。间着芍药一分，以后先之。[①]

明成祖迁都北京后，北京城得到了极大的开发，到此时已经形成

图045　元青花缠枝牡丹纹罐，故宫博物院藏。

了园林星罗，花木荟萃的繁华都市了。这里到处都有牡丹花，其中最大也最有名的一个牡丹花观赏基地当属这个惠安园。每逢暮春牡丹花

① ［明］刘侗《帝京景物略》卷五，惠安伯园，第199页。

图 046　牡丹花海。

开的时节，京城内外的名流无不涌入这个花园观赏牡丹。花开之时，这个花园里除了一个大宅之外，是一片广达数百亩牡丹花海。花落之后就是一片荒芜。花开的时候，则万紫千红、光彩夺目，一望无际的牡丹花令人沉醉。由于面积过大，步行观赏人力不支，客人多是坐着竹兜，顺着牡丹花丛之间的间隙，次第观赏。要直到太阳西沉，才能勉强看完全景。这是多么惊人、多么壮观的景象，想李格非用来炫示洛阳豪奢富贵的《洛阳名园记》中所载最大的牡丹园“天王院花园子”，也只有牡丹“数十万本”，和这里的数百亩花海真的没法比。明人都城牡丹种植面积之广、赏花风气之盛，于此可见一斑。徜徉在如此花海中的明人心境如何，我们有请著名文人袁宏道现身说法。袁宏道曾于万历三十五年（1607）四十岁的时候去过这个名扬京城内外的巨型牡丹园，并在其日记体散文《墨畦》中记录此事。由于这段文字对我们了解这个牡丹园的实况以及当时文人观赏活动及心态大有帮助，是以全文引述如下：

四月初四日，李长卿拉余及顾升伯、汤嘉宾、郑太初，出平则门看牡丹。主人为惠安伯张公元善，皓发赪颜，伺客甚谨。时牡丹繁盛，约开五千余，平头紫大如盘者甚多，西瓜瓤、舞猊青之类遍畦有之。一种为芙蓉三变犹佳，晓起自如珂雪，已后作嫩黄色，午间红晕一点如胭霞，花之极妖异者。主人自言，经营四十余年，精神筋力强半疲于此花，每见人间花实即采而归之，二年芽始茁，十五年始花，久之则变而异种单瓣而楼子者，有始常而终冶丽者。已老不复花，则芟其枝。时残红在海棠，犹三千余本，中设绯幕，丝肉递作。自篱落以至门屏，无非牡丹，可谓极花之观。最后一空亭，甚敞。亭周遭皆芍药，密如韭畦，墙外有地数十亩，种亦如之，约以开时复来。二十六日，偕升伯、长卿及友人李本石、龙君超、丘长孺、陶孝若、胡仲修、十弟寓庸，时小修亦自密云至，遂同往观。红者已开残，唯空余亭周遭数十亩如积雪，约十万本。是日来者多高户，遂大醉而归。①

袁宏道作为曾两次亲到此园观花的当事人，给了我们比《帝京景物略》更为精确的参考资料。这个园子确实极大，仅春夏之交的花，牡丹次第开放，正繁盛时达五千余朵，占地之广可以想见。又有海棠三千多棵，芍药数十亩、约十万株，其他季节花卉保守算上，此园的面积数百亩真不为夸张。明代园林种花的规模可见是相当惊人的。虽然牡丹并非这数百亩花田里唯一的花卉，却无疑是最光彩照人的主角。“自篱落以至门屏，无非牡丹”，堪称爱花人眼中的饕餮盛宴。园主坦言一生心血凝聚在培育牡丹上，经四十余年的培育，遍地都是大如

① [明] 袁宏道，钱伯城笺校《袁宏道集笺校》卷四九，上海古籍出版社1981年版，第1425页。

盘的平头紫，西瓜瓤、舞猊青等名品也是随处可见，并培育出名为“芙蓉三变”的珍稀品种。这种牡丹名品竟能随着时间而变色，清晨花开如白雪凝枝，中午时就变成嫩黄色，等到下午一两点钟，又由嫩黄变作如美人腮边生红晕一般的白里透着嫣红，真是奇特之至。有如此名品，无怪这个园子成为都城人赏牡丹的首选基地。袁宏道与友人一起在主人的陪同下观赏牡丹，各品名花还有铭牌标记名称、品种。徜徉花海，听主人讲花的神异，花的来历，养护栽培的不易，感悟养花之理。与友人畅谈欢饮，大醉而归，宾主尽欢。文人墨客相会，席间定然少不了诗词侑酒，袁宏道的《惠安伯园亭同顾升伯、李长卿、汤宾客看牡丹，开至五千余本》就是在席间所作，诗云：“古树暗房栊，登楼只辨红。分畦将匝地，合焰欲焚空。蝶醉轻绡日，莺梢暖絮风。主人营一世，身老众香中。”[①]“分畦将匝地，合焰欲焚空”一联就可以想见袁宏道见到这片花海的心情，混沌的天地只被这一畦一畦的名花隔开，一片红花如烈焰连天，仿佛要焚烧天地，如此气势、场面，怎不令人震撼。袁宏道真诚赞叹惠安伯园牡丹“可谓极花之观”。

可见在资本主义萌芽的影响下，明代的园艺、花卉种植事业都得到了极大的发展，园艺理论著作如《园冶》等也纷纷出世。这种园艺种植的繁荣并非仅限于都城。

张岱记兖州种牡丹如种粮食的盛况，“花时宴客，棚于路、彩于门、衣于壁、障于屏、缀于帘，簪于席、裀于阶者毕用之，日费数千金勿惜”（《陶庵梦忆》卷六）[②]，可见当时贵族和文人游赏风气之盛。《日下旧闻考》载宣城伯卫公在阜城门内的别业有“牡丹数种，向为京师

① 《袁宏道集笺校》，第 1316 页。

② ［明］张岱《陶庵梦忆》，上海古籍出版社 1982 年版，第 59 页。

图047 ［明］唐寅《牡丹仕女图》，上海博物馆藏。图中仕女手执牡丹一枝，凝神爱赏。右上自题一绝：『牡丹庭院又春深，一寸光阴万两金。拂曙起来人不解，只缘难放惜花心。』仕女娟秀、花枝柔媚、衣带刚健，刚柔并济、图文并茂，是明代工笔人物画的佳作。图中仕女的惜花之情，是与明人盛行的牡丹审美热潮相呼应的，共证明代牡丹审美文化之盛。

第一”[1]；王世贞《游金陵诸园记》中有“王贡士杞园……庭中牡丹数十百本，五色焕烂若云锦……于洛中，拟天王院花园子，盖具体而微”[2]……

如此种种都是明代牡丹种植广泛的例证。《帝京景物略》还记载了明人都城花农的花卉栽培技术的发展状况：“草桥惟冬花枝尽三季之种，坏土窖藏之，蕴火坑晅之，十月中旬，牡丹已进御矣。”高濂《遵生八笺》中《牡丹花谱》详尽记录了当时盛行通用的各种种植法门如种牡丹子法、牡丹所宜、种植法、分花法、接花法、灌花法、培养法、治疗法、牡丹花忌等，可谓应有尽有，概括了当时花卉种植养护等等园艺经验，因而也体现着明人的园艺水平。技术的发展是保证这些园林能长期存在的重要基础。

广泛的种植与热烈的观赏之风互相推动，而牡丹题材文学艺术也在这种氛围下大量产生，以明宗室周王朱有燉为例，作为皇室宗亲，他财力惊人，有条件广植花木“以适清兴”。明人刘玉《巳疟编》记载他家的园林形制云：“周王开一园，多植牡丹，号国色园，品类甚多，建十二亭以标目之，有玉盂、紫楼等名。”朱有燉专为牡丹出辟一个园子叫国色园，里面种着多重名品，还建了十二个亭为各品牡丹标目，可想玉盂亭下如云似雪，紫楼前一篇紫霞。此外，在他的《牡丹百咏》自序中还提到“余植百余本于天香圃，览其佳者十余品，遇花开候，置酒合乐，与亲朋共赏之，不二日乃成百篇”，赏花过程中饮酒唱和赋诗，可谓妙赏。他不仅在家园中广植牡丹，设亭赏玩，与众多友人唱和其中，大量的牡丹题材唱和诗文就产生在这些牡丹亭下。以在河

① ［清］于敏中《日下旧闻考》卷五一，《影印文渊阁四库全书》本。

② ［明］王世贞《弇州续稿》卷六四，《续修四库全书》本。

南任职十五年，与朱过从甚密的李昌祺为例，他的诗文集《运甓漫稿》中与朱有燉家牡丹直接有关的就有《题并头牡丹图》《赏牡丹听琵琶图》《合欢牡丹三首应教作》《合欢牡丹二首奉教作》《谢惠牡丹》《题牡丹图》等。

其中，《题牡丹图》回顾了在朱家赏花的情形云：

清平新调缓声歌，醉眼懵腾看锦窠。
今日江南林下见，满头白发泪流多。
海霞红吐散天香，艳态娇恣压众芳。
岁岁殷勤分百朵，东风回首断人肠。
玉盘盂带露华轻，别是风流一样清。
可惜种花人已去，观图惆怅不胜情。
平生同有爱花心，每到开时辄共吟。
垂老凄凉空见画，人间何处觅知音。[①]

想当初，与朱都是爱花人，每到花开时就欢会花下，新曲佐酒、醉眼看花，牡丹艳压群芳、国色天香令人赏味不穷，他们总是一起唱和。每每赏玩过后，朱氏还殷勤赠送百余朵名花给他玩赏，玉盘盂清新素雅，别是一种风情。而如今，种花人去，唯余画图，令人见之伤怀，感叹人间何处寻知音。这首诗中，李昌祺深情怀念爱花的朱有燉，怀念他们在牡丹花下吟唱歌咏中结下的深厚知己之情。虽然朱有燉的园中除了这些牡丹亭外，还有玩菊亭、莲亭等，然而牡丹是他的最爱，他一生创作了大量的牡丹题材诗文、散曲、杂剧及绘画作品，《画史会要》卷四载其“恭谨好文，兼工书画，瓶盆中牡丹，最有神态”[②]。因朱

① ［明］李昌祺《运甓漫稿》卷六，《影印文渊阁四库全书》本。
② ［明］朱谋垔《画史会要》卷四，《影印文渊阁四库全书》本。

有燉深谙音律，以杂剧名家，他的诸多杂剧中以牡丹为题的作品即有《牡丹仙》《牡丹品》《牡丹园》，诗歌有《诚斋牡丹百咏》[1]传世，此外，其散曲集《诚斋乐府》中还收有著名“系筵宴赏花乐章”的《牡丹乐府》十九首，分别为宝楼台、庆天香、紫云芳、海天霞、素鸾娇、锦袍红、玉天仙、舞青猊、鞓红、粉娇娥、锦团丝、醉春容、玉盘盂、紫金荷、檀心白、寿安红、檀心紫、七宝冠、浅红娇十九品名贵牡丹谱曲，也可证朱氏园林牡丹之盛，品类之多[2]。

京城之外明代还出现了一个牡丹基地，诞生了一部在牡丹审美文化史上颇有意义和价值的牡丹花谱，即亳州牡丹与薛凤翔的《亳州牡丹史》，分为《亳州牡丹记》《牡丹八书》《亳州牡丹表》三部分，从目录即可看出结构仿正史，用心也是为亳州牡丹作史，文中详述了亳州牡丹的发展历史与栽培现状[3]。据薛氏记载，亳州牡丹起源是：“德、靖间，余先大父西原、东郊二公最嗜此花，遍求他郡善本移植亳中，亳有牡丹自此始。”在正德（1506-1521）、嘉靖（1522-1566）年间，薛凤翔的高祖从外地移植上品牡丹到亳州，自此牡丹就在亳州兴盛起来。刚开始亳州的名品“仅能欧之半”，然后薛凤翔的叔伯辈 “结斗花局”，花大价钱鼓励花工培育新品，“珍护如珊瑚”，牡丹品种方多起来。到了“隆、万以来”（1567-1620），已经发展鼎盛，而至于“今亳州牡丹更甲洛阳”。

这种鼎盛首先表现在规模上，夏侍御继起“辟地城南为园，延安

---

① ［明］朱有燉《诚斋牡丹百咏》，《续修四库全书集部》第1328册，第539页。

② 谢伯阳《全明散曲》，齐鲁书社1994年版，第299页。

③ 以下两段所引文献皆出于明薛凤翔《亳州牡丹史》，《影印文渊阁四库全书》本。

图048 亳州牡丹，来源于网络。今天亳州谯城区种植牡丹18万亩，兼具观赏价值与经济效益，可谓明代牡丹种植基地的延续。

十余亩，而倡和益众矣”，数十亩尽植牡丹，何其壮观；其次是栽培技术上，“昔宋时花师多种子以观其变，顷亳人颇知种子能变之法。永叔谓四十年间花百变，今不数年百变矣，其化速若此”，花的变异比宋代洛阳时期更加迅速惊人。且出现了几家专业花工，“如一品出于贾，软瓣银红出于王，新红出于赵，三变出于方而著于任，大黄来于东鲁而藏于李，独方氏所出更多奇变”；再次是花的品种上，欧阳修记宋代洛中牡丹只有三十四种，而万历亳州牡丹已经“一百一种矣”，到薛凤翔的年代“得二百七十四种”。万历年间明代著名戏曲家、藏书家高濂在其名士教科书类型的清赏小品《遵生八笺》中也记录了“古亳牡丹花品”计 110 品，尽是千叶品种，包括黄花 2，红花 70，紫花 19，白花 19，可以印证前辈薛凤翔的相关记载。亳州牡丹在名品上不仅当年姚魏尽有，还珍品辈出，“一茎二花，映日分影，凌风歧香；又如一茎二花，红白对开，来岁互异其处”，这两种真是前代未曾见过的奇花。

亳州牡丹之盛还表现在牡丹园鳞次栉比，种植规模惊人。薛凤翔还在《别记 · 记园》列举了亳州的几个大型牡丹园，其中常乐园“亳之有牡丹，自兹园始”，是亳州牡丹发源地；南园，中有浴霞楼“楼下环植牡丹如千本。凭轩俯视，恍如初日荡潮，而繁星浴霞也”“因牡丹而著”，是个著名的牡丹园；东园“牡丹虽不数亩，而多名种”；松竹园，主人“深嗜牡丹，凡竹间隙地皆种之。因爱佛头青，所种极多”；宋园“亭台毕具，竹树交错，中种牡丹数百本，亦惬心赏”；杨园“树长松，莳名花，疏池叠石，为终焉之计”；乐园“牡丹数亩，最多精品”；凉暑园“牡丹芍药，各以区别。入园纵目，如涉花海，茫无涯际，花至典客，精妙绝伦”；南里园“中开四照亭，妙选名花，云莳左右……时牡丹与凉署园争盛”；且适园“其中牡丹更饶名品”；庚园“东叩板扉，穿花径低亚回折，署曰春迷。穿花壁登生趣亭，望小山丛挂。迄北牡丹深处，有环芳亭，绮锦模糊，万红刺目”；郭氏园“牡丹芍药，品亦差备”；方氏园“方氏地数十亩，尽种是花。时游人四集，借无亭榭可憩也……万历以来，奇花出方氏者种种。近有花户王世廉，地亩花数与方相当，谈者谓多得之偷儿，故诸园之妙品，多集于斯”；单家园“以余力种牡丹益获利。凡有所见，无论本土新生，别乡初至，辄致之。且能为花王护法，即达官贵人以至好事者莫能取，故牡丹尤备于诸园。凡远近市奇花者必先单氏焉”。如上名园所种牡丹面积动以亩计，开时如花海，名品奇花频出，不仅是亳州牡丹种植的典范，也足以代表明代中后期牡丹种植的规模与技术发展状况。

如此大规模的牡丹种植，形成的背景必然是爱花成痴的世风，这一点在《亳州牡丹史 · 风俗记》里也有记叙：

> 吾亳以牡丹相尚，实百恒情。虽人因花而系情，花亦因人而幻出。计一岁中，鲜不以花为事者。方春时则灌花，芽生寸许则剪花，甫至谷雨则连袂结辙以看花，暨秋而分而接，人复为之。旁午是所余者，特冬时三月耳。然一当花期，互相物色，询某家出某花，某可以情求，某可以利得。异种者获一接头，密秘不啻十袭。名园古刹，尤称雅游。若出花户，轻儇之客不惜泉布私诸砌上。争相夸诩。又截大竹贮水，折花之冠绝者斗丽，往还一国若狂。可赏之处，即交无半面，亦肩摩出入。虽负担之夫、村野之氓，辄务来观。入暮携花以归，无论醒醉。歌管填咽，几匝一月，何其盛也！其春时剪芽虽多不弃沃，以清泉驱苦气，曝干瀹（音药）茗，清远

特甚。残花凋谢。园丁藏之，可佐鼎食，即眉山以酥煎之意。根皮购作药物，亦为花户余润。吾乡检校此花，已无余憾。昔六一公四经洛阳，春至见其早晚，尝自悔未逢全盛。生长于斯，清福可偏，但过眼繁华，观空者宁堪濡首。①

一年中“鲜不以花为事者”，浇灌、栽接、养护，月月有花事。花盛时，奔走观花。遇到可赏之处，观花人摩肩接踵，“虽负担之夫，村野之氓，辄务来观”，如此欢赏“歌管填咽，几匝一月，何其盛也”，真是还原了大唐盛世“举国若狂”的盛况。凋零之后，花蕊佐食、根皮入药，一点不舍得浪费，果然是爱花成痴。

值得注意的是薛凤翔这部《亳州牡丹史》处处以洛阳牡丹、欧阳修花谱作比较，形制上也是从欧阳修《洛阳牡丹记》中脱胎、拓展而来。除了洛阳是花乡，欧谱是典范，还有从南宋发展而来的，北宋洛阳花、牡丹谱所蕴含的盛唐盛宋的繁华太平景象的文化内涵的延续。这点从“过眼繁华，观空者宁堪濡首”句就可以窥见端倪。“一国如狂不惜金”背后是强大的国力、繁荣的经济、太平的时世。这一点和前面宋宗室朱有燉反复咏唱、敷演牡丹题材诗文、散曲、杂剧，是心有灵犀的。

此外，《亳州牡丹史》还总结了明代牡丹种植栽培技术，在如何培养色变，如何使颜色艳丽上，如何利用水土使花繁茂，如何栽接、养护、浇灌、医治上的种种经验都记录其中，是关于牡丹的百科全书式的著作，代表明代花卉种植栽培技术的高度，同时在牡丹审美文化上也有着重要的意义。亳州至今仍是牡丹观赏胜地之一，如图 048，可知渊源有自、源远流长。

---

① ［明］薛凤翔《亳州牡丹史》卷二。

京城、亳州之外，牡丹种植、观赏的记录也是比比皆是。张岱《西湖梦寻》就有一段关于牡丹的文字：“余幼时至其中看牡丹，干高丈余，而花蕊烂漫，开至数千余朵，湖中夸为盛事。”①，可见其他地区尤其是繁华富庶之地的牡丹种植规模也是相当可观的。

图 049　[明] 沈周《牡丹图》，南京博物馆藏。

园林的发展，审美活动的繁兴，都直接刺激了牡丹审美文化的繁荣发展。这种繁荣不仅体现在文学上，更体现在艺术及与民众生活密切相关的工艺美术领域。牡丹题材艺术在明代也得到了极大的发展，明清著名画家基本都有牡丹画传世，唐寅的《牡丹仕女图》（图 047）、沈周的《牡丹图》（图 049）、吕纪的《牡丹锦鸡图》（图 076）、恽寿平的《牡丹图》（图 051）、沈铨的《孔雀玉兰牡丹图》（图 077）、清马逸《国色天香图》（图

① [明] 张岱《西湖梦寻》卷四，上海古籍出版社 1982 年版，第 59 页。

061）、邹一桂《牡丹图》（图 081）都是精品。徐渭更是明代牡丹的专家，他喜爱牡丹，一生创作很多的牡丹诗文、画作。他的牡丹画直接以泼墨为之，豪放疏朗，淡泊高远，直接开辟了水墨牡丹这一艺术门类，将牡丹题材绘画的艺术提升到又一个巅峰状态。明代工艺美术领域对牡丹的应用也是十分广泛的，现存的文献及出土的器具、服饰、家具等上处处都有牡丹的踪迹。牡丹是明代织绣纹样中花鸟纹中的主流，《明史》等史料记载当时皇后、贵人、命妇等衣冠上都有牡丹纹为饰，出土的明代墓葬中也多有牡丹纹织锦、金银器、瓷器、漆器等。足见牡丹在明代民间日常生活中的广泛应用。

清代是中国传统文化的集大成时期，各种体裁和题材的文学艺术门类都得到了最后的繁荣发展。牡丹审美文化也不例外。清代稳定而安宁的政治环境下，经济的发展、社会生活的富庶都使得园林种植事业更加发达。清代园林的硕果，如江浙一带的园林大多保存至今，还能从中窥见旧日形制。这些园林中牡丹也是不可或缺的造景元素，其中不乏以牡丹闻名的园子，如苏州网师园在当时就是著名的牡丹观赏基地之一，清人于沧来的《远村主人召集诸同人网师园看牡丹即席有作》描写的就是同园主瞿远村等人共赏牡丹花的情形：

网师园中何所有，半吉牡丹大如斗。
美人睡起绣被堆，把子欲酬小垂手。
日照东城霞散绮，双成在前飞琼后。
须臾蹬上锦展开，万点明星落窗牖。
腰支瘦损倩人扶，薄醉盈盈一回首。
主人好客列华筵，琥珀光洁杯上口。
如仙如梦洛中花，如金如石人间友。

晋卿雅集图长留，太白春游文不朽。

名花名园以人传，风流我辈能不负。[①]

牡丹雍容华丽，花瓣层层叠叠就像美人睡起后堆叠的绣被，含苞待放的花骨朵像妃子随意垂着的小手，花枝稀少比喻成美女腰肢瘦损，在微风中摇曳多姿说成"薄醉盈盈一回首"。这些形象的比喻不仅体现出诗人对景物的细致观察，也给读者留下美的享受和丰富的想象空间。张京度也有一首诗是赏网师园中牡丹花的。俞樾也曾作《怡园记》称赞此园，并曰"顾子山方伯既建春菵义庄，辟其东为园，以颐性养寿是曰怡园"。入园有一轩庭植牡丹署曰："看到子孙。""看到子孙"这样的观念在唐宋时期已有，晚唐诗人罗邺《牡丹》有"买栽池馆恐无地，看到子孙能几家"已流露此意。《唐诗选脉会通评林》品曰："牡丹，花之富贵者也。绳枢瓮牖之家，那得栽之……人生富贵，多不长久，一身未必能保，况于子孙！"[②]牡丹即是富贵，看到子孙，就是富贵绵延。这种富贵是封建小农经济时代对于温饱安乐的生活祈愿的最集中的表达，牡丹在明清社会文化全面世俗化的背景下，更加受天下平民百姓喜爱的特质也凸现出来了。这一方面是清人对唐宋以来牡丹文化世俗方面关于"富贵"的最终，也是最标准的答案。

说到清代牡丹种植栽培，不得不提的就是曹州，即菏泽，至今仍是最大牡丹种植观赏基地之一。这是清代牡丹种植的核心地带，相当于宋之洛阳、明之亳州。曹州牡丹的历史也是比较悠久的，明万历二十四年（1596）的《兖州府志·风土志》已言曹州"物产无异他邑，

---

① 徐世昌《晚晴簃诗汇》卷九四，民国退耕堂刻本。

② ［明］周珽《唐诗选脉会通评林》，《影印文渊阁四库全书》本。

惟士人好种花树，牡丹、芍药之属，以数十百种”[1]。同出于万历间的《五杂俎》也载：“余过濮州曹南一路，百里之中，香气迎鼻，盖家家圃畦中俱植之，若蔬菜然……在曹南一诸生家观牡丹，园可五十余亩，花遍其中，亭榭之外，几无尺寸隙地，一望云锦，五色夺目。”[2]可见明朝后期曹州牡丹已成风俗，也形成了相当大的规模。到了清代曹州牡丹风头大劲，彻底盖过其他区域，王士祯《池北偶谈》云：“今（牡丹之盛）河南惟许州，山东惟曹州最盛，洛阳、青州绝不闻矣。”[3]蒲松龄《聊斋志异》里的牡丹花仙葛巾、玉版就出自曹州，可见当时天下牡丹种植观赏重心所在。康熙七年（1668），苏毓眉《曹南牡丹谱》记了77种名品牡丹，称“曹南牡丹甲于海内……即古之长安、洛阳恐未过也”[4]，毛同苌曾撰《毛氏牡丹谱》记曹州牡丹状况，弁言称牡丹“今为吾曹特产”“旧有万花故园”，翁方纲也曾作《题曹州牡丹谱三首》，孔贞《聊园诗略》赞“身入曹南锦绣中，鼠姑万种斗春风”，如上种种皆可见清代曹州牡丹之盛。关于曹州牡丹在清代的发展状况，记载得最为详尽全面的是乾隆五十七年（1792）余鹏年所撰的《曹州牡丹谱》，序云：

> 曹州之有牡丹，未审始于何时。志乘略不载。其散栽于它品……予以辛亥春至曹。其至也，春已晚，未及访花。明年春，学使者阁学翁公来试士，谒之，问曰：“作花品乎？”曰：‘未也。’翁公案试它府，去，缄诗至曰：“洛阳花要订平生。”

① ［明］于慎行《兖州府志》，齐鲁书社1984年版。
② ［明］谢肇淛《五杂俎》，上海书店2001年版，第192页。
③ ［清］王士祯《池北偶谈》卷二五，中华书局1982年版，第611页。
④ 录自姚元之《竹叶亭杂记》卷八，中华书局1982年版。

盖促之矣。乃集弟子之知花事，园丁之老于栽花者，偕于游诸圃，勘视而笔记之。归而质以前贤之传述，率成此谱。①

图 050 曹州牡丹园。来源于网络。牡丹至今仍是曹州一大景观，自 1992 年至今，这里定期举办为期二十天的菏泽国际牡丹花会，可与洛阳牡丹花会辉映。

创作动机是“洛阳花要订平生”，集弟子亲朋所知，访老圃园丁经验，仔细实地考察，又对照前人著述而成。则此谱也是集中清人牡丹种植栽培技术经验、与时代风气观念而成。花谱详述了花正色三十四种，间色二十二类，共五十六种牡丹的形态、色泽等性状及得名、由来等资料。

① ［清］余鹏年《曹州牡丹谱》，《喜咏轩丛书》甲编。

还有七篇附记，分叙牡丹的种植、栽接、养护、医治、浇灌、施肥等种种技术，是对清代牡丹种植技术的总结。谱中也有对曹州爱牡丹的风俗的记载："曹州园户种花如种黍粟，动以顷计。东郭二十里盖连畦接畛也。"这样的规模，是极为惊人的。据薛凤翔记载，曹州也有"看花之局"，可惜三月末多风雨，弄花一年，赏花的好天还不足五日，作者的遗憾感伤溢于言表。尽管如此，花时曹州人还是有如此大的热情，以"动以顷计"的规模侍弄牡丹，风俗之盛可想而知。图 50 可以见证，明朝开始的曹州牡丹观赏热度超越时空的持续恒久魅力，也可见曹州作为牡丹基地的悠久历史传承。

如此大的种植规模，当然不止为曹州人赏花之便利，事实上，曹州牡丹是全国牡丹销售基地，光绪《菏泽县乡土志》载此时的曹州牡丹"种色甚多，亦为本境出产大宗……每年土人运外销售甚伙"，本地商户"每年秋分后，将花捆载为包，每包六十株，北赵京津、南浮闽粤，多则三万株，少亦不下两万株，共计得值约有万金之谱"，可知曹州牡丹之盛是受全国爱花风气所激，同时也惠及当时大江南北的爱花人，仅售卖牡丹能得"万金"，也有成为当地支柱产业之势[①]。

如前文所叙，有"举国如狂不惜金"的爱花赏花世风的推动，才能有"动以顷计"的牡丹种植规模以及花户精心的养护、技术上的不断探索，而正是花工技艺的提升、牡丹种植的普遍，促使牡丹寻常可见可赏可买可赠，名品迭出不穷新奇可爱，赏花活动自然频繁。文人赏花常伴诗酒书画，牡丹题材文艺的发展自然兴隆。而清代又是整个封建时代以及古典文明的总结和集大成时期，牡丹题材艺术在这一时

① ［清］汪鸿孙、杨兆焕《菏泽县乡土志》，成文出版社 1968 年版。

期也又一次焕发了生机。名家辈出、精品迭现，尤以恽寿平、郎世宁、高凤翰、邹一桂、赵之谦等人为代表，他们的牡丹画各有风格，或平淡素雅的文人风骨，或浓艳华丽的宫廷体态，或水墨淋漓的写意之作，或精工铺陈的西洋技法，极大地扩展了牡丹题材绘画艺术表达方式与艺术张力。恽寿平是由明入清最为优秀的花鸟画家之一，尤其长于画牡丹。他开创的“没骨花”技法名动一时，主要就体现在牡丹画（图051）中。

图 051 ［清］恽寿平《牡丹图》，故宫博物院藏。

其代表作《牡丹图》自叙云：“没骨牡丹，起于徐崇嗣，数百年其法无传，余为古人重开生面，欲使后人知所崇尚也。”其实这种技法是他的独创并非规模古人，是画家“斟酌古今，参以造化以为损益”而成，为了弥补宋代没骨法失传“遂如广陵散散矣”[①]的遗憾，而在艺术上锐意创新，不断突破自己的匠心和艺术技巧在此表露无遗。

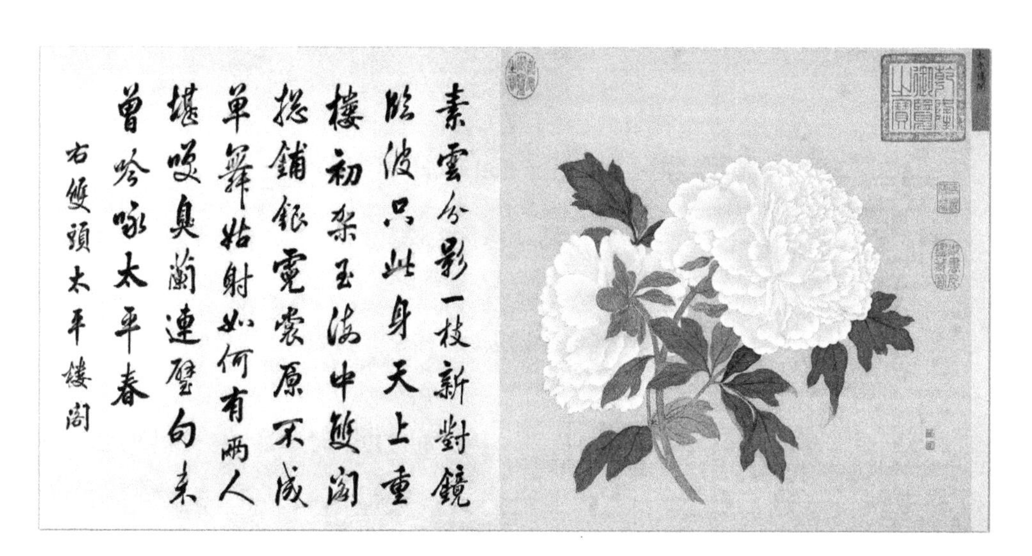

图 052　［清］蒋庭锡《百种牡丹谱》（局部），私人藏。图中绘牡丹名品“太平楼阁”。双头即并蒂，笔锋细腻柔软，画面形肖逼真、细致入微。图左配诗：“素云分影一枝新，对镜临波只此身。天上重楼初架玉，海中双阁总铺银。霓裳原不成单舞，姑射如何有两人。堪叹臭兰连璧句，未曾吟咏太平春。”诗、书、画三位一体，典雅别致，牡丹的富贵与诗中颂圣之意，都彰显了作者的宫廷画师身份。

另一位清代画家宫廷画家蒋廷锡的《百种牡丹谱》（图 052）也极能代表清代牡丹审美的繁盛及其艺术成果。这也是对牡丹谱的一种创新，将传统以文字包括种植方法、风民情的记录为主的文学性谱录发展为书法（题诗由宫廷书法家戴临亲笔书写）、绘画（各种名品写真）、

① ［明］恽寿平《恽寿平画集》，河北美术出版社 2002 年版。

谱录（牡丹图谱）、文学（每幅画配蒋廷锡牡丹诗一首，是为牡丹百咏）四位一体的综合性艺术品，价值极高。此谱深藏清宫200年，深受清代数位皇帝珍爱，曾藏于北京故宫博物院，近年回归原藏者之后，在2016年北京匡时十周年拍卖会上迈出了1.5亿的天价而轰动一时[①]。

第二节　明清文学中牡丹太平说

元明清牡丹意象的世俗化、平民化还有一个重要的表现，那就是牡丹繁华太平象征在社会范围内的普及。虽然唐宋时期已经出现“看到子孙”的牡丹与家族兴衰的比附，南宋时期兴亡之感、家国之思的投注更使得牡丹与社会、国家兴衰的关联突显出来，但还是要到明清时期牡丹才真正成为上下公认、深入人心的盛世太平的符号。这一符号的最终形成，有一大功臣，即是朱有燉。

我们前面在第一节讨论明代牡丹种植状况时，已经论及他家的牡丹园和在牡丹花下进行的唱和与独酌种种活动了。这里需要强调的是在牡丹花下，他创作了众多的牡丹诗文、戏剧。后代研究者总结他的艺术成就时，首先提及的就是他的牡丹剧。如孙楷第云：“考宪王嗣封开封，时当承平清暇，有牡丹之好，故其散套杂剧以咏牡丹者为多。”[②]刘大杰《中国文学发展史》将朱有燉杂剧分为三类，其一即牡丹剧[③]。

---

① 新浪收藏2016年06月08日讯，http://collection.sina.com.cn/auction/pcdt/2016-06-08/doc-ifxsvenv6881851.shtml。

② 孙楷第《戏曲小说书录解题》，人民文学出版社1990年版。

③ 刘大杰《中国文学发展史》下卷，中华书局1949年版，第348页。

彭隆兴《中国戏曲史话》将朱有燉杂剧分为六类，牡丹剧亦列其中[①]，朱有燉确实是个不折不扣的牡丹迷。然而，为什么在众芳之中，他独爱牡丹，且不厌其烦地创作了如此多的牡丹题材文学作品：诗歌动辄百咏（《诚斋牡丹百咏》），牡丹剧也是一部接着一部；咏花小令 37 首中咏牡丹就有 22 首，套数 3 篇中即有咏牡丹 1 篇[②]？这一节我们就详细讨论朱有燉众多牡丹题材诗文戏曲创作背后的动机，而这一点在朱有燉各种相关剧作、诗作及其序言中早有反复而明确的表述。如其杂剧《牡丹仙》序言云：

> 白居易有咏牡丹诗云："花开花落二十日，满城之人皆若狂。"又云："一丛深色花，十户中人赋。"可见唐人珍重牡丹若此也。至宋天圣间，洛阳牡丹尤盛于前，遂有"姚黄""魏紫"之名。若康节邵公、尧夫范公、君实司马公、永叔欧阳公，皆高名大节之人，亦皆留意于牡丹，歌咏篇什，称美特甚。康节自植牡丹，而有诗云："天下惟洛十分春，邵家独得七八分。"欧公尤好尚之，至为作记，载其名品之多，详其种植之法。可见宋人亦重此花叶。[③]

《牡丹品》小引也云："宣德庚午春，牡丹花时，予既作牡丹仙传奇，以为樽席间庆赏之音矣……今年天香圃牡丹尤盛于前，将欲会亲友，命音乐以宴赏之。偶忆昔人有云，赏名花可用旧乐之语，乃复制牡丹传奇一帙，并牡丹乐府十五篇，以为名花之赏。"他作牡丹剧是为了追慕前贤如邵雍、欧阳修、司马光等的风流旧事，以佐樽席，传达的

---

① 彭隆兴《中国戏曲史话》，知识出版社 1985 年版，第 186 页。

② 谢伯阳《全明散曲》，齐鲁书社 1994 年版，第 299 页。

③ ［明］朱有燉《风月牡丹仙》引，中国国家图书馆藏明永乐宣德正统间自刻本。

是文人的闲情逸致、精雅物质享受。在这些剧作中，他毫不吝惜以百花陪衬牡丹，极力宣扬名花地位之超然，如《牡丹仙》中荷花、桃花诸仙恳请欧阳修为之品题，欧阳修都不为所动，坚决拒绝，唯独亲为牡丹编写《洛阳风俗牡丹记》，借剧中人物之口历数诸花仙不如牡丹之处，令她们心服口服，自愧不如，主动推牡丹为第一。虽然南宋人已经将梅花推上王座，认为牡丹俗艳不能与之相比，朱有燉还是坚定地认为“您虽是好花，终不及牡丹，是花中之魁也”，《赛娇容》中也借王母之口声明：“牡丹天下贵，封号作花王。”这种旗帜鲜明的偏向所为何来，《牡丹仙》曲文能给我们启发，其［尾声］一曲云：“这牡丹他曾与袁宝儿手擎着傍辇行，他曾与李太白沉香亭对御题，他曾比镜台前妃子微微醉，这牡丹他本是历代高人好尚的。”原来牡丹备受喜爱的原因并非艳冠群芳，而是曾傍御辇，曾对着诗仙，也曾与四大美人之一的杨妃比美，是“历代高人好尚的”。历代高人为何欣赏牡丹，作者也借剧中人物之口给出了自己的理解，这些解释是我们理解他的真实动机最好的材料。如其《牡丹仙》借邵尧夫解释牡丹会的意义：

> 这赏牡丹之会，非同小可。若论牡丹，本是草木之中，富丽妖艳之一物，有何珍重。只为不因太平之时，风调雨顺，国家安乐，怎得培养的花木至此丰盛，怎得如此欢乐玩赏。一者天下太平，二者风调雨顺，三者国家安宁，四者主人家多喜事。如此看了，赏牡丹，乃实见太平治世，有关风化也。[①]

朱有燉这段话发展了北宋以来以邵雍为代表的将牡丹与国运关联的观念，将太平花的象征完全落实到牡丹头上。邵雍是北宋时期著名

---

① ［明］朱有燉《诚斋乐府》第二折。

的文人、理学家，他一生隐居不仕，自三十岁隐居洛阳伊川到五十岁举家迁居洛阳城中众好友为他置办的“安乐窝”，一生都在牡丹甲天下的洛阳度过。他的《伊川击壤集》中有众多赏花诗，而“花”是洛阳人专门用来尊称牡丹花的。他将自己在洛阳安乐窝中逍遥赏花的生活定义为“且与太平装景致胜”（《自述》）。并在《插花吟》中直言：“头上花枝照酒卮，酒卮中有好花枝。身经两世太平日，眼见四朝全盛时。”自认所处之时即为太平全盛之世，而全盛在作者眼里看来最直接的表现就是身为隐士不需赊酒，不受饥寒，牡丹花下饮酒吟诗，逍遥快活。作为一个理学家与隐士，邵雍这种行为绝不可以粉饰太平视之，这代表的是他对于自己时代真实的自信心与自豪感，在他临终所作的《病亟吟》中，他由衷感叹“生于太平世，长于太平世。老于太平世，死于太平世。客问年几何，六十有七岁。俯仰天地间，浩然无所愧”，一连四个太平[①]。无怪于朱有燉要借爱牡丹又爱自身所处的太平世的邵雍之口谈牡丹与太平的关联。邵雍用赏牡丹来妆点太平，而后直至明朝，历史兴衰数百年，这数百年中，牡丹与时世盛衰之间也确乎出现了某种对照的关系。大唐盛世牡丹繁荣，北宋中前期社会稳定、经济繁荣，牡丹观赏风靡天下，明朝盛时牡丹又再次风行，遍及皇家与士庶僧道园林，风气之盛至于泛滥，万花大会、百咏之类活动层出不穷；而衰世如五代、南渡丧乱之际、南宋灭亡之时、元末动荡之中，牡丹也往往不是毁于战火，就是流落山村野店，令文人闻之落泪，见者伤心。理由朱有燉总结得很全面，牡丹是富贵花，若非太平世，绝无财力、精力广为培植、精心养护、上下一致纵情欢赏。因此“赏牡丹，

① 关于邵雍牡丹太平说，可参看下编第四章第一节邵雍专题论述。

乃实见太平治世，有关风化也”。赏花就是庆太平，确实有关风化。牡丹在注重教化、思想控制较为严格，追求“不关风化体，纵好也枉然”的明代正统文学乃至俗文学领域能大受欢迎，与其太平象征密不可分。

既然“有关风化”，朱有燉的牡丹剧当然不仅仅出于对牡丹的喜好，多少有些颂圣的意味在，如《牡丹仙》引言道：“尝谓太平之世，虽草木之微，亦蒙恩泽所及，以遂其生成繁盛之道焉。”（《洛阳风月牡丹仙》小引）牡丹繁盛是太平治世的征兆瑞应，因此“惟唐开元中，天下和平，故牡丹盛于长安”，是以“似今日快乐期，正中国雍熙。值彩凤来仪，看祥瑞云集。五谷收百姓喜，八表静，四夷归，因此上牡丹花茂盛得”（《牡丹园》第四折“梅花酒”）。他自己倾心撰写诸多牡丹剧，自然有“诚为太平之美事，藩府之嘉庆也”的意图。他的《牡丹百咏诗》就自陈心迹：“就于花间酌美酒，歌新诗，以适夫情兴之乐尔。虽未足以揄扬太平之象，万物咸享之至音，而于形容花之情状无纤遗焉。”“歌新诗”只为“揄扬太平之象”。这种心理在他的戏文中表达得更为明显，《牡丹仙》中有一支“太平令”云：“赏牡丹常主筵宴，聚高真永寿延年。正逢着治世河清海晏，又值着甘露祥云出现，俺这里意专向前谢天，只愿得万万载陪仙眷。”《牡丹品》开场亦有：“荷蒙恩惠，藩府安康，内外宁谧，时和岁稔，天下太平，正当安享清福，以乐雍熙。”触目皆是“河清海晏”“甘露祥云”“内外宁谧、时和岁稔”，字句之中充满了对太平盛世、生活安康富足的感恩、炫示，与“且与太平装景致”的邵雍实在是异代知己。这种心态下，朱有燉集中创作大量牡丹题材文学作品，并极力鼓吹牡丹的至尊地位也就顺理成章了。

牡丹成为太平花，与国运相联的观念深入普及的又一表现，即是牡丹国花说的提出。这一说法的明确提出最早是在明朝，李梦阳《牡丹盛开，群友来看》“碧草春风筵席罢，何人道有国花存”[①]与邵经济《柳亭赏牡丹和弘兄韵》“自信国花来绝代，漫凭池草得新联”[②]两诗中的“国花”显然都是牡丹。袁中道《西山游后记·极乐寺》记载“极乐寺左有国花堂，前堂以牡丹得名”[③]，这个以牡丹得名的国花堂中的国花自然也是牡丹花。清代史料记载，颐和园中还有个国花台，宣统二年（1910），柴栗粢《故宫漫载·颐和园纪游》称颐和园长廊“北有山，山巅有台，曰国华台，高数十仞”[④]，华即是花。国花即代表一国气象、精神之花。牡丹作为国花除了她的花王和传统儒家观念中的“天朝上国”的中心观念对应外，就是它的太平繁荣象征对祈求太平昌盛的国民莫大的吸引力。

这种莫大的吸引力最直接的表现在明清日常生活使用的各种工艺器具之中，富贵吉祥是明清两代“图必有意，意必吉祥”的装饰纹样中的主流，牡丹无疑是这一诉求的绝佳素材。明清装饰艺术中有大量的牡丹纹，这些牡丹纹都有着明确的祥瑞气息，可以佐证这一时期牡丹审美的进一步世俗化、符号化。这里以清宫旧藏各种文物为例作一简要分析，故宫旧藏文物中有大量以牡丹纹为主饰花纹的衣服、首饰、日常器具等。

仅现存以牡丹为主纹的清宫后妃服饰中就有同治年间石青色素缎面上彩绣牡丹蝴蝶纹的“石青色缎绣牡丹蝶女夹坎肩”，光绪年间元

---

① ［明］李梦阳《空同集》卷三三，《影印文渊阁四库全书》本。

② ［明］邵经济《泉厓诗集》卷九，《影印文渊阁四库全书》本。

③ ［明］袁中道《珂雪斋集》外集卷四《游居柿录》。

④ 柴栗粢《故宫漫载》，《清代野史》第八辑，巴蜀书社1987年版，第321页。

图 053　清明黄色绸绣牡丹金团寿单氅衣，故宫博物院藏。

青缎绣牡丹团寿字边的“茶青色缎绣牡丹女夹坎肩”。那些不以牡丹为主纹的服饰中也大多有配有牡丹纹，如清乾隆间“浅绿色缎绣博古花卉纹袷袍”，浅绿缎上有 8 组插花古瓷瓶，其中牡丹两组，前胸绣白地彩云龙敞口瓶，插牡丹一枝；后背绣兽耳衔环瓶，亦插牡丹一枝；领、袖边也绣着牡丹。“石青色缎缀绣八团喜相逢夹褂”中八团内也多饰不同形态的牡丹纹。“蓝色漳绒串珠云头靴”通体皆是蓝色牡丹纹。

嘉庆间“明黄色纱绣彩云金龙纹女夹朝袍”彩云金龙纹中大量间饰牡丹花。可知牡丹纹在清代宫廷服饰中的应用是相当普遍的。以现藏于故宫博物院的“明黄色绸绣牡丹平金团寿单氅衣”（图053）为例。

这件清代后妃夏日穿着的便服以明黄色素线绸织就，上面用白、湖色、浅绿色绣制了各式各样的折枝牡丹花，花瓣自然舒展有立体感。大朵牡丹之间还绣着团寿字，清新雅致中又不乏皇家御用品的华美富贵。氅衣华丽的面料、精致的织绣工艺与上面典雅雍容的牡丹纹相得益彰，其华丽中透着清雅的特色与其他故宫牡丹纹有着殊途同归的艺术效果。

同为故宫博物院所藏的旧清宫“白玉镂雕牡丹三耳花薰”（图054），也是牡丹纹工艺的一个典型。此花薰为白玉镂雕而成，通身饰满牡丹纹，三耳也为镂雕的牡丹花叶。玉质莹洁，更显白牡丹的冰清玉洁。而镂刻技艺的细腻精工，配合着玉质的雅致尊贵，仍是在素雅中透出富贵气象，也体现出了牡丹纹样的雅致华美。这件花熏堪称清代宫廷中力求富贵吉祥寓意的玉器的代表作，也是传世玉器精品，更是牡丹富贵吉祥寓意在清代工艺美术领域中应用的典型案例。

第三节　晚明小品与牡丹

在明清时期牡丹审美文化整体走向世俗化的大潮流下，还有一股清新的细流，即活跃在晚明文人休闲生活中，作为雅好的品花清赏活动中的牡丹意象。在这一文化领域，赏花、莳花、插花、品花等都是文人风流态度、优雅生活、淡泊情志的极致表达。他们创造出了一整

图 054　清白玉镂雕牡丹三耳花薰，故宫博物院藏。

套的理论，来支撑和丰富这些赏花活动，将花与他们的生活乃至生命情感紧密联系起来，形成了一种艺术化的生命情境。这种艺术化的生命情境也将包括牡丹在内的名花品赏文化推向一种新的高度。

爱花之心，代代有之，每一个时代人的赏花心境和表达形态都是不一样的，这些差异尤能体现时代文化精神。大唐牡丹盛时，“长安豪贵惜春残，争赏街西紫牡丹”（裴潾《裴给事宅白牡丹》），爱的是牡丹的繁华富贵，为花疯狂的也是豪贵；南宋人对着牡丹，则是“莫对溪山话京洛，碧云西北涨黄埃”（范成大《次韵朱严州从李徽州乞牡丹三首》一），想到的是故土中原，赏的也是旧日天香。以朱有燉为代表的明代中前期文人广种牡丹，反复咏唱，为的是追慕前贤、歌颂太平。这些都是与时代文人整体精神相呼应的。晚明时期，社会黑暗，文人仕途无望，纷纷将一腔热血冷却，退回家园，吟咏风月、侍弄花草。在物质享受上精益求精，将日常生活雅化、艺术化，在品评优游中安顿灵魂。随着社会思想的解放、心学的盛行，文学也突破载道传统的束缚，追求个人情感趣味、自由性灵的抒发，小品文开始盛行。

在晚明小品文家族中有大量的优雅生活指导书，即所谓"清赏""清玩"之类理论著作，如《瓶史》《瓶花谱》《园史》《盆史》《香禅》《棋经》《花谱》及《陶庵梦忆》《幽梦影》等。他们的创作目的是供"通人达士、逸客名流"（《媚幽阁文娱》序）消愁解忧、涤除烦闷。从这一点可见这些小品的功能与文人赏花是一致的。而从这些"清赏""清玩"的名目即可以看出，牡丹花必然在文人优雅消闲生活中占据一席之地。而详阅这些作品，我们可以知道牡丹花在其中的地位是相当重要的。

以袁宏道的《瓶史》为例。此书分花目、品第、器具、洗沐、使令、监戒几个方面，详细论述了文人插花的各种技巧，包括花材的养护、择取、配置、品第，花器的选择，赏花的方式。这是一部晚明文人清赏的理论总结书，也是一部名流清玩教科书。此书中处处可见牡丹卓越的地位及其在文人清赏中的应用方式诸方面实况。其中"花目"部分云：

> 余于诸花，取其近而易致者：入春为梅，为海棠，夏为牡丹，为芍药，为石榴；秋为木樨，为莲、菊，冬为蜡梅。一室之内，荀香何粉，迭为宾客。取之虽近，终不敢滥及凡卉，就使乏花，宁贮竹柏数枝以充之。虽无老成人，尚有典刑，岂可使市井

图055 ［清］吴规臣《岁朝清供图》。清代女画家吴规臣擅画花卉，名冠于时。清人赵漱玉《玉台画史》称赞她的花卉画："风枝露叶，雅秀天然。"岁时即年关，清供即文人崇尚清雅节日插花活动。图中梅花与牡丹、茶花高下错落。高矮花器的形态之间也互相呼应。构图疏朗，配景淡雅别致，暗合袁宏道《瓶史》对花材、花器、配置等各种要求。

庸儿，溷入贤社，贻皇甫氏充隐之嗤哉。[1]

花材的选取上，虽主要遵循就近的原则，但是绝不将就，“终不敢滥及凡卉”。可知以袁宏道为代表的晚明文人插花花材所选用的牡丹、梅花之类，都不是“凡卉”，都是足以标榜文人不同庸常的品位格调的名花，是文人插花中的主角。这一点是在《瓶史》中处处都可以得到印证。其品第篇中为了标榜插花的高雅品位，避免花材使用上“将使倾城与众姬同辈，吉士与凡才并驾”，辱没名花，给各色花材排了次序，牡丹高居第三，在梅花、海棠之后，并称“牡丹以黄楼子、绿蝴蝶、西瓜瓤、大红，舞青猊为上”，还解释这样品第的理由说，“要以判断群非，不欲使常闺艳质，杂诸奇卉之间尔”，牡丹是奇卉，不可杂于凡花。

不仅如此，插花牡丹对花器也有特殊的要求，务求精良，或“青翠入骨”、或“细媚滋润”，总之是“寒微之士，无从致此”的精品，低调奢华，尽情彰显文人清贵高雅的情调与品位。在这种“清供”中牡丹的意象也绝非乞儿乍富的暴发户式肤浅庸俗的富贵，而是富而不骄的清贵，与文人重视物质生活质量与精神享受的心境不谋而合[2]。

从袁宏道的《瓶史》看，晚明文人赏花是一整套近乎仪式性的活动，不仅是精选花材、花器，精心配置构思，还包括日常护理，如“洗浴”篇所言的“故花须经日一沐”，瓶中花还要经常擦洗，以保持它的自然清新的完美新鲜状态。而沐花也根据各花的形态与文化内涵各有不同方式：“浴梅宜隐士，浴海棠宜韵客，浴牡丹、芍药宜靓妆妙女，浴榴宜、艳色婢，浴木樨宜清慧儿，浴莲宜娇媚妾，浴菊宜好古而奇者，

---

① 《袁宏道集笺校》，第 819 页。

② 《袁宏道集笺校》，第 819-828 页。

浴蜡梅宜清瘦僧。”[1]这里各种名花的品性也都在洗沐场景的设置中体现出来了。靓装妙女富贵雍容，正与牡丹的文化内涵相合，也可见文人赏花迥异世俗的高雅姿态。更能体现牡丹在明人以插花为代表的艺术生活中的地位的是其中“使令”部分，道是：

> 花之有使令，犹中宫之有嫔御，闺房之有妾媵也。夫山花草卉，妖艳实多，弄烟惹雨，亦是便嬖，恶可少哉。梅花以迎春、瑞香、山茶为婢，海棠以苹婆、林檎、丁香为婢，牡丹以玫瑰、蔷薇、木香为婢，芍药以莺粟，蜀葵为婢，石榴以紫薇、大红千叶木槿为婢，莲花以山矾、玉簪为婢，木樨以芙蓉为婢，菊以黄白山茶、秋海棠为婢，蜡梅以水仙为婢。[2]

牡丹是主角，有玫瑰、蔷薇、木香等“妖艳”的凡花做妾婢，它自己自然绝非妖艳配角，而是端庄雍容的主使之君。

综上种种，牡丹非但没有被排除在文人高雅艺术享受之外，反而是他们艺术化生活的主角之一，牡丹意象在晚明文学中自然不止世俗的富贵吉祥、颂圣的太平繁华，还有文人欣赏的清贵高雅、端庄雍容一途。无怪文人纷纷在亲自设计，表达他们自己情志的私人园林中种植牡丹，如张岱《梅花书屋》记载他自己设计的书屋：

> 陔萼楼后，老屋倾圮，余筑基四尺，造书屋一大间。傍广耳室如纱橱，设卧榻。前后空地，后墙坛其址，西瓜瓤大牡丹三株，花出墙上，岁满三百余朵。坛前西府二树，花时积三尺香雪。前四壁稍高，对面砌石台，插太湖石数峰。西

① 《袁宏道集笺校》，第823页。

② 《袁宏道集笺校》，第825页。

溪梅骨古劲，滇茶数茎，妩媚，其旁梅根种西番莲，缠绕如缨络。窗外竹棚，密宝襄盖之。阶下翠草深三尺，秋海棠疏疏杂入。前后明窗，宝襄西府，渐作绿暗。余坐卧其中，非高流佳客，不得辄入。[①]

这样“非高流佳客，不得辄入”的小书屋，自然不需要迎合任何世俗趣味，完全是作者内心高雅志趣的外化。书屋外唯有牡丹、西府海棠、西溪梅花、云南茶花四种，可见在作者心目中名花唯此几种而已。而这牡丹三株非常高大，能卓出墙头，盛开达三百朵，可谓壮观。高大的牡丹、绰约的海棠、妩媚的茶花、苍劲的梅树环绕在书屋左右，主人坐卧其中，正如同置身花世界，神仙境。牡丹在张岱小品中出现多次，他还有一篇《天台牡丹》描绘当时人赏牡丹的情境：

某村中有鹅黄牡丹，一株三干，其大如小斗，植五圣祠前。枝叶离披，错出檐甃之上，三间满焉。花时数十朵，鹅子、黄鹂、松花、蒸栗，萼楼穰吐，淋漓簇沓。土人于其外搭棚演戏四五台，婆娑乐神。[②]

某村祠堂前有一株鹅黄牡丹，有三枝主干，有小斗粗细，枝叶茂盛，错出屋檐之上，布满三间房顶。花开时达数十朵，华美可爱。当地人在这五圣祠前、牡丹花下，搭棚演戏，以娱神明。牡丹的繁华与乡人的热闹交相辉映。内容虽是普通寻常，但在作者的清淡简约的笔触中却透露出真淳的风土人情味，三言两语中充满画面感与情景张力。

上述材料可见，张岱文人用来构筑自己心灵栖息之所的牡丹花，多是端庄雍容甚至高达健壮的“主使之君”。枝叶离披、花出墙头，

---

① 《陶庵梦忆》，第16页。

② 《陶庵梦忆》，第2页。

充满自然野趣，这样“不羁”的高大牡丹树，正是作者心灵外化的表达，天真朴拙中别有雅意。这也正是晚明小品所追求的“不拘格套”的“性灵观”的体现。

晚明小品中对牡丹意象的其他方面也有所涉及，在美人与花的相关性联想中所形成的谐谑：

> 携江阴牡丹归，此何异相如从临邛窃文君逃哉？相如区区，以一文君遂病消渴。今为文君者数十，奈何不令王先生憔悴乎？固知足下方迷花，花间玉缸便可自老，弃青浦令如遗迹矣。（《与王百谷书》）[①]

这里屠隆以美女卓文君喻“牡丹”，将对牡丹的热爱，对得到名花的欣喜，比附为司马相如对卓文君的思慕之情及得偿所愿的欣喜快慰，看似是轻薄的调侃谐谑，其实却一派纯情自然，这天真戏谑只会让人会心微笑，而并不会让人感到唐突。

晚明文人的艺术化生活中，牡丹是座上贵宾，由如上诸例可见已是时人共识，陈继儒《岩幽栖事》云“花令人韵”，韵就是高雅有品位，他与晚明众多其他文人一样，生活在名花之中，日常以瓶花置于案头以供清赏，他对各种名花的品性特色也有很好的总结：“梅芬傲雪，偏绕吟魂；杏蕊娇春，最怜妆镜；梨花带雨，春闺断肠；荷气临风，红颜露齿；海棠桃李，争艳绮席；牡丹芍药，乍迎歌扇；芳桂一枝，足开笑语；幽兰一把，堪赠低离；以此引类连情，境趣多合。”[②]“境趣”二字就道出了晚明文人赏花思想的精髓所在，要营造高雅的意境和清新自然的情趣。而“牡丹芍药，乍迎歌扇”，则体现出作者心目

---

① ［明］屠隆《由拳集》卷一五，《影印文渊阁四库全书》本。

② ［明］陈继儒《岩幽栖事》，《丛书集成初编》本。

中牡丹所适宜的正是轻歌曼舞，浅斟低唱的优雅“境趣”。

徐渭《牡丹赋》[①]也是晚明牡丹题材小品文中的精品，文章先追忆京洛盛时公子王孙花下风流，引出“感盛年之若斯，伤代谢之能几”的兴亡之感。再以众美人博喻排比，气势纵横淋漓、文笔华丽，铺陈挥洒牡丹的种种情状，“近不极态，远不尽妍。夫仿佛乎佳丽，意所想而随存。奚拔引之数株，可馨比而殚论”，歌颂其言之不尽、举世无双的娇姿艳态。至此与前代花赋并无大异，然而其后笔锋一转，以如来演法，天女散花比喻牡丹花的物色之美本是空无，“人之心想由习生景与相成一牡丹尔”，如此名花是人类想象中美的极致。然而世人对牡丹的种种夸耀“皆不以物而以己”，是根据自己的情志，强加于名花的，并非牡丹本意。接着作者表达自己的观点说：“若渭则想亦不加，赏亦不鄙。我之视花如花视我，知曰牡丹而已。忽移瞩于他园，都不记其婀娜。籍纷纷以纭纭。其何施而不可。”徐渭直言，我赏名花，并不以沉香亭故事附着，也不求盛宋太平典型，甚至不追思其中富贵繁华景象，只单纯以美丽春花，木本植物牡丹视之。游览一过，转到别园，见其他名花，我就忘了它的绰约，并不比较品评。若以个人喜好心境任意加减于名花，则舍本逐末，反而背离了赏花的真意及名花的本性。徐渭这里所追求的赏花精神显然就是一个任性自然，无我无执的天真状态。此赋虽辞藻华美，骈俪偶对精工，内容却放旷不羁，尽显他作为狂士的潇洒任真，与其大胆挥洒水墨牡丹，摒弃世俗流行的浓墨重彩、雍容华贵风气，而以笔墨存牡丹的草木真意的艺术观一脉相承。

---

① 本段引文皆出《牡丹赋》，［明］徐渭《徐渭集》，中华书局 1999 年版，第 36 页。

这类“独抒性灵”的小品对牡丹审美文化的发展也有很大的推动之功，它使得一路奔向世俗的牡丹审美文化洪流中分出了一脉清雅自然的细流，涓涓不绝，绵延至清。

清代张潮（1610-1680）《幽梦影》之“梅令人高，兰令人幽，菊令人野，莲令人淡，春海棠令人艳，牡丹令人豪，蕉与竹令人韵，秋海棠令人媚，松令人逸，桐令人清，柳令人感”[①]就是晚明清赏品第之风的延续，其中“牡丹令人豪”，当是牡丹雍容华贵、太平繁华，令人起家国兴亡之感，苍凉豪阔，意态雄浑。这里显然也如晚明文人一般，将花赋予了人的品格，在对自然万物之灵秀者的品鉴和感受中怡情悦性。

同为清人所作的《幽梦续影》亦云：

> 花是美人后身。梅，贞女也；梨，才女也；菊，才女之善文章者也；水仙，善诗词者也；荼，善谈禅这也；牡丹，大家中妇也；芍药，名士之妇也；莲，名士之女也；海棠，妖姬也；秋海棠，制于悍妇之艳妾也……[②]

延续的仍是晚明文人品第清赏的路数，对牡丹所作的大家闺秀的论断中，不乏对其尊贵身份、高雅气质、端丽容颜的体认。这些皆可视为明人清赏情味的延续。

由上述论述可知，晚明文人吟风弄月的情调之高涨空前绝后，他们将超然洒脱的闲情逸致寄寓在花香之中，在名花的品第清赏中品味人生的惬意，宣泄性灵，挣脱物欲的牵累，如明高濂《遵生八笺》卷七“起居安乐笺”上卷中所谓“夫风月不用钱买，然而能知清风明月为可乐者，

① ［清］张潮《幽梦影》，中华书局 2008 年版，第 131 则，第 137 页。
② ［清］朱锡绶《幽梦续影》，《丛书集成初编》本，商务印书馆 1937 年版，第 2 页。

世无几人”[①]，卓然世俗的情调品位是晚明文人阶层特有生活态度与艺术境界，这种旷达超逸的心境也沾溉了时代牡丹审美文化。清代才女画家吴规臣的《岁朝清供图》（图 055）就是对明清文人清赏活动的展示与记录，也是体现了文人心态对明清时期牡丹绘画题材选取与表达的影响。

① ［明］高濂《遵生八笺》卷七，黄山书社 2010 年版，第 261 页。

下　编　牡丹与中国传统文化

第一章 牡丹与中国文学

第一节 历代牡丹题材文学概说及宋代牡丹题材文学盛况

牡丹题材文学创作始于唐代，《全唐诗》及补遗中牡丹诗185首；全唐五代词收牡丹词1首；《全唐文》收牡丹赋2首。这些作品涉及唐代牡丹审美的认识与规模，以及牡丹意象在唐代文学中的发展。其中张祜《杭州开元寺牡丹》、罗隐《虚白堂前牡丹相传云太傅来移植古钱塘》，杭州、钱塘，即越州地界。可见越州非但是野生牡丹发源地之一，也是唐代牡丹种植观赏基地之一。虽然白居易《看浑家牡丹戏赠李二十》“人人散后君须看，归到江南无此花”，张祜“三十年挥一钓竿，偶随书荐入长安。由来不是为名者，唯待春风看牡丹”，都明言只有长安有牡丹，南方尚少，但唐人齐已《题南平后花园牡丹》，南平即荆南，五代十国之一，湖北荆州一带；前蜀夫人宫词“槛开初绽牡丹红”，可见五代十国间，湖北四川一带已有牡丹观赏活动，牡丹人工种植已经由北及南，从黄河至长江流域扩散蔓延。可知晚唐时期牡丹题材文学的创作已不限于京畿繁华之地，而向天下四方蔓延。

宋代牡丹题材文化进入井喷式繁荣阶段，《全宋诗》中以牡丹为题的诗作有七千余首，加上姚黄、魏紫之类众多专门，统计下来不啻万首之多；《全宋词》中咏牡丹词158首，146句（许伯卿《宋词题材研究》）；文章部分据《全宋文》及《四库全书》集部宋人别集统计，共有赋7篇，其他表、赞、序跋等20余篇，共30余篇。总结以上三项共计千余篇。且这样的统计是极不全面的，因为牡丹不同于别花，她品种多且变异性大，姚黄魏紫之类的专门品种名仅北宋即有200多个。《全宋诗》中题目中有牡丹二字的即有七千多首，句中有“姚黄”“魏紫”的分别有数百首。牡丹无疑是当时诗文中出现频率极高的花卉之一，而范欧、苏黄、中兴四大诗人等兼具高超艺术技巧与文艺素养的超一流文人的参与，使得这一时期的牡丹题材文学在质量上也达到登峰造极的地步，代表着中国牡丹题材文学发展的高度，两宋尤其是北宋，是中国牡丹审美文化历程中最为关键而硕果累累的一个标志性时段。

元代少数民族入主中原，社会混乱、政治黑暗，科举中断，诗文事业也一度消沉，因此这一时期牡丹题材诗文上成果比较匮乏。然而文学艺术的生命力是强大的，戏曲这一世俗文学在夹缝中茁壮成长，因而元代对牡丹题材文学的贡献主要表现在对牡丹意象的俗化的散曲与杂剧上。元散曲中出现“牡丹”意象者有32处，除了伤春、惜春、赏春之外，还出现了一个新的重要趋向，那就是牡丹意象和闺阁怀春甚至青楼女子艳情之事相关联，如《咏白牡丹》，又如珠帘秀的《玉芙蓉》之“便是牡丹花下死，做鬼也风流”。杂剧方面，有睢景臣《莺莺牡丹记》、谷子敬《司牡丹借尸还魂》、金元之际《吕洞宾戏白牡丹》等。这些散曲与杂剧或以牡丹比喻泼辣女子的风月情事、爱情理想，或用牡丹作为关目勾连的关键物象，无一不将牡丹与俗世儿女情长相关联，对牡丹审美文化的世俗化、符号化做出了重要贡献，明清牡丹题材杂剧传奇虽多，多不出元人主题范畴，可见一斑。

明清时期作为牡丹题材文学的集大成时期，这一时期各体裁的牡丹文学都得到了发展与总结，牡丹审美文化也进入传统文化最后的总结、定型与符号化时期。这一时期牡丹题材戏曲传奇计 13 部之多，如《牡丹亭》《绿牡丹》等更是其中翘楚，标志明清牡丹题材戏曲所取得的艺术成就。诗歌方面，朱有燉、张淮都有《牡丹百咏》，《明诗综》中载“钱唐瞿宗吉赋牡丹诗，师与对垒，用一韵赋百首”[①]，清代蒋廷锡等也都有牡丹百咏、《清诗别裁》中有牡丹诗 7 首，也提及了各种牡丹集唱和情况，如卷五有钱陆灿《牡丹花下集同袁箨庵、唐祖命、方尔止、张瑶星、余澹心、黄俞邰诸君子长句一首》是花下集会联句，卷一七查升《陈丈朴庵招赏牡丹同人即席分赋得明字》是赏牡丹宴会中分韵赋诗，可见当时牡丹集会赋诗是常见的活动，樽俎之中，牡丹花下的专题歌咏之作，当不在少数。各个时段各大著名文人文集中都无不有牡丹唱和吟咏，则明清牡丹题材诗歌总结起来当亦不少于万首。这一时期也出现了众多牡丹题材骈散文章，如徐渭的《牡丹赋》、赵世学《牡丹富贵说》等。随着明清戏曲的繁荣，牡丹文学题材样式也丰富起来，朱有燉有咏牡丹 22 首，套数 1 篇，其他戏曲作家集中也随处可见牡丹的踪迹，这些作品都延续了唐宋人开创的牡丹审美意象推而广之，宣而扬之，使得牡丹审美文化深入人心，成为一种民族甚至国家符号，融入到中国传统文化的血脉之中。

综合排比以上数据可见宋代牡丹题材文学在数量上有着近乎空前绝后的绝对优势。《全宋诗》所存作品数量是《全唐诗》的 4.6 倍，所以尽管牡丹诗歌与唐宋诗歌总量的百分比并无太大距离，实际数量

---

① ［清］朱彝尊《明诗综》卷八九，《影印文渊阁四库全书》本。

上却有着天壤之别。词是宋人专长与特产，牡丹词的数量上压倒性的优势自不必说。在牡丹文也有着明显的优势，唐人牡丹文仅存舒元舆《牡丹赋》、李德裕《牡丹赋》两篇，而宋代牡丹文的数量何止十倍于此，仅传世的北宋时期的牡丹赋即有如下6篇：徐铉《牡丹赋》、夏竦《景灵宫双头牡丹赋》、宋祁《上苑牡丹赋》、蔡襄《季秋牡丹赋》、苏籀《牡丹赋》、吴淑《牡丹赋》。在文体上也有了极大的扩展，表、赞、记、制等文体皆有，这不能不说是宋代牡丹文化繁荣的一个标志。

在宋代文学题材的横向比较中，也能见出咏牡丹创作数量上的优势，以《全宋词》为例：据许伯卿《宋词题材研究》有咏花诗2208首，所咏花57种，则牡丹词158首占总数的7.25%，位置仅次于梅，1040，47.14%；桂，187，8.47%，居两宋咏花词第三位，压过荷花，147，6.65%；海棠136，6.16%。无论是诗词，牡丹之数目都弱于梅，这显然与梅花审美文化在南宋的昌隆有着密切关系，同时也与梅花之简便易植、随处可见，审美受众更普遍于作为珍贵花木、较为罕见的牡丹不无联系。然而作为珍贵花木之牡丹能够压倒其他常见的花木如桃李、荷兰等传统名花，也正反映着牡丹题材文学的兴盛。此外，唐人咏牡丹最多的是白居易，存咏牡丹诗12首，以此为标准，达到这个标准的北宋诗人有如下十二位：宋庠，12首；宋祁，12首；张耒，12首；司马光，13首；黄庭坚，13首；苏辙，14首；范纯仁，14首；韩驤，14首；梅尧臣，15首；韩琦，22首；邵雍，30首；苏轼，30首。仅这十二人的创作总和即达201首，超出全唐诗中牡丹诗总数。南宋时期各大文人的创作量也是极大的，以杨万里为例，他的咏牡丹诗词就有25首。

如上关于宋代牡丹题材文学的统计，还仅就有诗文集存世的作品统计而成，然据《宋史》载宋初人郭延泽“有牡丹诗千首”，晏殊《进牡丹歌诗表》也称有牡丹歌诗140首，这些都不见于典籍，可知宋代牡丹题材文学不乏被历史湮没者，则宋人牡丹诗歌的实际数量应远远超出我们现有的数据。而如上大家之作，精品迭出，宋代牡丹题材文学在艺术与思想上也都是能代表牡丹题材文学的最高水平的。因此下面我们以宋代牡丹题材文学为例，详细分析古代牡丹题材发展的盛况，所达到的思想、艺术高度，及其在中国文学史上的价值与地位。

一、赏花活动中的文学创作盛况

两宋时期牡丹题材文学数量大为增加，是实际创作活动繁兴的结果，也与相应的文献情况密切相关。具体而言，对牡丹文学有着直接而重大影响的活动有如下几种：

（一）赏花诗会。两宋时期赏花活动特为频繁，这一活动的直接产物即是大量牡丹题材文学作品的产生，因而赏花诗会的频繁是文学创作活动繁荣的一个表现。歌咏创作是赏花活动中一个必不可少的环节，宋代咏牡丹的繁荣首先应归功于赏花艺花事业的繁荣发展与普及。在豪门皇室的大规模赏花宴会上，在文人间诗酒逍遥、群聚唱酬中；在个体文人对花独酌、咏叹讽诵中，牡丹文学作品大量涌现。从现存的北宋诗词作品来看，咏牡丹之作大多出自诗人游春赏花、花会花宴之中。一些大规模的聚会，如司马光等人的耆老会、宫廷一年一度的赏花大会，更是诗篇积案盈箱的场合。晏殊《进两制三馆牡丹歌诗状》有：

臣准传宣札子·奉圣旨令两制三馆赋后苑诸殿亭牡丹歌诗者……其两制并侍讲学士、龙图阁待制，自章得象已下十三人，三馆秘阁自康孝基已下二十七人，歌诗共一百四十首。

谨随状进以闻。[①]

这次宫廷赏花盛会中群臣的唱和与创作规模在北宋并不是很大的，两制学士以下还无权参与，尽管如此，仅这一次聚会即得诗百首，则内苑存档的牡丹诗之数目很可能比现存北宋时期牡丹题材诗歌总数要多得多。南宋也是如此，孝宗朝幸臣曹勋《庆清朝》“绛罗萦色”的牡丹词、《诉衷情》（宫中牡丹）“西都花市锦云同”，都是应制之作，其《浣溪沙》（春晓于飞彩仗明）题注更是直接交代了词作产生历程：“西园赏牡丹，寿圣亲见双花，卧下皆未睹，折以劝酒，词亦继成。”[②]这些作品可以展示出一大批牡丹题材文学创作背景，也体现出两宋公私赏花盛会对牡丹题材诗词创作的影响。北宋夏竦、宋祁等众多近臣的文集中的许多作品都是在宫廷聚会中应帝王诏命而产生的也可见。虽时移世变、相关史料都已损毁散佚，然仅窥其冰山之一角，已可知当时宫廷赏花活动中牡丹题材文学创作之盛。

文人赏花的活动更为普遍，对牡丹题材文学的影响也更大。这些作品虽出于娱乐、逞才，艺术的匠心、高妙的品位还是尽显其中。如苏轼《座中赋戴花得天字》显然是一次赏牡丹花会上分题赋诗而作；韩琦《同赏牡丹》《昼锦堂同赏牡丹》《北第同赏牡丹》《赏北禅牡丹》等皆出于他自己主持的牡丹花会，所谓“花王亲视风骚将，中的方应赏巨觥”“欲寄朝云皆大笔，愿搜豪句饰妖妍”“自从标锦输先手，羞见妖红作状元”等都透露出文人在赏花宴会上逞才斗诗的个中信息。南宋四大家的家园宴饮唱酬中这类牡丹题材作品更加普遍。可见赏花集会上分题赋诗在两宋是极为常见且不可少的一项活动，也是牡丹题

① 《全宋文》第19册，第206页。

② ［宋］曹勋《松隐集》卷三八，《影印文渊阁四库全书》本。

图 056　元牡丹纹银镜架，苏州博物馆藏。1964 年江苏苏州张士诚母曹氏墓出土。镜架上为凤凰戏牡丹图案，下分三组，中雕团龙，左右侧透雕牡丹。雕刻精工、纹饰精致华美，可见元代器具之美。

材文学的重要来源之一。

花时宋人并不满足于自娱自乐，还邀请亲朋同乐共赏；不仅在私园中徜徉纵赏，还应邀参加宫廷、豪贵的大型花会、花宴，一睹珍奇奢华之气象；同时还“搜奇不惮过民舍”“走看姚黄拼湿衣”，为爱名花不惜风雨浇漓，一副我为花狂的风流模样。种种活动都伴随着文人的诗歌创作，其目的往往是以花为媒，以诗会友，因而某种意义上，它们皆为赏花诗会。

当遍布天下的士大夫爱牡丹成风、种植观赏成习，自然在游宦、致仕生涯中将牡丹种植观赏之俗推向了更广阔的天地。当士大夫宦迹遍及天下，其私家园林也随之普及，牡丹种植观赏之风也随之风行天下。从而使得牡丹审美文化主体进一步扩大，继而牡丹审美文化也因得到了广泛而坚实的物质与精神文化基础而迅速发展以趋于繁荣鼎盛。如上文提到宋史记载的文人郭延泽在濠州城中有一小园，种牡丹数百株，咏牡丹诗千首般文学史上的无名小卒、宋史上无足轻重的小城，还处于牡丹审美文化初兴的北宋前期，牡丹题材文学创作已有如此规模。不难想见北宋时期文人园林中牡丹种植之普遍以及牡丹观赏活动在文人之中普及后牡丹题材文学的繁荣。

（二）群体唱和。先秦时已有诗可以群的说法，诗歌是文人间相互联络感情、切磋文艺的良好途径。古代文学中有着悠久的唱和应答传统。自中唐以来唱和之风一直盛行文坛，到了北宋更成为一种诗坛时尚。文人之间送往迎来、鸿雁传书以切磋诗艺、增进联络视为生活之常态。而牡丹作为一个极为风雅的热点题材尤为人们所推崇。纵观现存牡丹诗，唱酬之作几占全部创作三分之二，这些作品在诗题上也有着明显的特色，往往冠以赠、酬、答、和、奉和、寄、谢、次韵等有明显交际性的辞藻，如范成大《次韵朱严州从李徽州乞牡丹三首》、陈傅良《牡丹和潘养大韵》等皆是。可见唱酬是牡丹题材文学的一个重要的生产方式。

总结起来，两宋文人的唱酬活动主要有如下几种：

（1）花下唱和应答：这与赏花活动多是同时发生的，一人作诗，群起而和，或依原韵，或次韵、或限韵甚至是白战体，有着浓厚的竞技娱乐色彩，因而在遣词立意上都力求别出心裁、独树一帜以彰显才气魄力。如黄庭坚《效王仲至少监咏姚黄用其韵四首》、梅尧臣《和王待制牡丹咏》、范纯仁《和君实姚黄、玉玲珑二品牡丹二首》等。这类型牡丹诗往往是东道主首作一首，众宾客依次次韵奉和，在北宋牡丹花时例无虚日的牡丹赏会中这种吟赏方式最为普遍。在那占据整个牡丹诗总数的三分之二的唱酬之作中，这种类型的作品几乎占了一半。仅北宋时期牡丹题材诗歌中仅以“和”开头标明为唱和之作的牡丹诗歌即有120首，实是牡丹题材文学之中的一大分支。南宋牡丹题材唱和作品更多，戴表元《剡源集》卷一〇《牡丹燕集诗序》可为力证：

> 渡江兵休久，名家文人渐渐修还承平阁故事，而循王孙张功父使君以好客闻天下。当是时，遇佳风日，花时月夕，功父必开玉照堂置酒乐客。其客庐陵杨廷秀，山阴陆务观、浮梁姜尧章之徒以十数。至，辄欢饮浩歌，穷昼夜忘去。明日，醉中唱酬或乐府词累累传都下，都下人门抄户诵，以为盛事。然或半旬十日不尔，则诸公嘲呀问故之书至矣。[1]

每逢良辰美景，花好月圆之时，南宋功臣之后，富豪文人张镃必

① ［宋］戴表元《剡源戴先生文集》五，《四部丛刊初编》本，第1403册。

定会在家中玉照堂设宴请客，当时最著名的大文人如杨万里（廷秀）、陆游（务观）、姜夔（尧章）等都是他的座上常客。每逢聚会，他们都痛快地饮酒作诗，往往通宵达旦。第二天他们前夜所作的唱和诗文和乐府新词就已经传遍都城，城中人家家传抄歌诵，认为这是难得的“盛事”。只要隔半个月没有这样的大型赏花唱和活动，大家就会觉得很奇怪，纷纷修书问明原委。如此规模的唱酬，牡丹题材文学之盛是理所当然。

（2）寄赠酬答：由于牡丹是对环境有着苛刻要求的名贵花木，并非随处可见，也非人人能得见，新品异株更是千金难求，因此成为一种十分珍贵而又风雅的礼物，是追求闲雅的文人用来联络感情，交流思想的绝佳选择。时尚新宠牡丹更是触发文人诗兴，引起群体唱和的媒介：“已扫幽亭待清赏，更烦佳句预相娱。”（宋韦骧《和刘守以诗约赏南园牡丹》）文人纷纷以牡丹互通有无，或寄赠亲友、或寄花索诗、寄诗求花，或作诗酬花、以诗换花，在那驿路传花的鸣铃之中也多夹杂着诗筒碰撞之声。文人围绕牡丹的酬赠应答之诗在这一时期的牡丹题材文学作品中也占有相当的分量。最典型的例子莫过于仁宗嘉祐年间，洛阳长官王宣徽的送花之举及其引起的一系列唱和活动：

这王宣徽在洛阳花窟之中，花时独赏也煞是无聊，就剪牡丹名品数品数十枝分别寄给他那些任职外地空念洛阳牡丹的友人，大家纷纷写下酬谢诗歌的如下：宋庠《洛京王尚书学士寄牡丹十品五十枝因成四韵代书答》、梅尧臣《依韵奉和永叔谢西京王尚书惠牡丹》、欧阳修《答西京王尚书寄牡丹》、文彦博《诗谢留守王宣徽寄花》等。这类以花为媒的创作活动还有很多，例如黄庭坚为求姚黄连寄诗三首，要“乞取好花天上看”，友人要求以花换诗，他又“试遣七言赊一枝”（《王才元舍人许牡丹求诗》），赊到一枝后又作《谢王舍人剪送状元红》相谢。在这样的往来唱和之中，文人既可饱览国色天香又增进了交情、锻炼了诗艺。在牡丹寄赠活动中还往往附上了咏牡丹诗词，则又少不了一番唱和酬答，如黄庭坚《王立之以小诗送并蒂牡丹戏答二首》、韦骧《答鲁成之兄以诗惠牡丹》等。这些围绕牡丹的唱和往来之举，不仅是联络感情、切磋诗艺的有效途径，也是牡丹题材文学产生的重要途径。在赠酬答谢之间，妙笔生花、佳作迭出、积案盈箱，牡丹审美文化也因之迅速成长成熟起来。南宋咏牡丹词的兴盛发展也离不开这种唱酬活动，杨万里、陆游等都有《谢张功父送牡丹》，可知南宋人一样在驿路传花，歌诗唱酬赠间创作了大量的牡丹诗词。

（三）对花独吟。公共娱乐场合是牡丹题材文学产生的一大重要场所，但是私下趁兴独赏吟味却更具情调。独处的优点在与人们可以冷静地发掘真实自我思想与情感，环境的宁谧闲适更易于触动文人敏感神经、产生灵感，进而创作出情景交融、蕴含丰厚的绝品佳作。在那些个人对花饮酒、赏花、惜花、探花、叹花、问花、种花、移花、接花等亲力亲为的活动中，文人更能放下社交场合之圆滑面具与炫才斗艺的争竞之心，静心体味、细品沉潜。或伤春怀旧，感时伤世；或借花抒怀、感慨生平；或因花寄意，聊表牵挂；或因花观物、涵咏天理；或对花兴叹，追慕前贤。灵机触动之下，一任真情实感流露，又有才气灌注，顺势而发、势不可挡，所作思想上往往浑然天成，思致不凡；艺术上也因无心雕琢而尽显天真朴拙之美，具有高度思想价值与审美价值。

花盛之时正当少年得意，又逢良辰美景、歌舞笙箫，呼朋引伴，一派虎虎生气，满腔激情，自然来不及沉潜涵咏；然一旦繁华落尽、

图 057　粪土埋根气不平。马海摄于故宫洛阳牡丹花展。

亲朋星散，世衰人颓之时，再独酌对花，千丝万缕萦绕心头，万般技法皆备于我手，自然出手不凡。欧阳修年少时醉眠花下所作牡丹诗存世无几也少有名作，当其远贬夷陵，历尽沧桑成一衰翁之时再对花兴叹，感情陡然深挚，意绪蓦然深邃。“今年花胜去年红，可是明年花更好，知于谁同”（《浪淘沙·聚散苦匆匆》）、“曾是洛阳花下客、野芳虽晚不须嗟”（《戏答元珍》）无不深切动人。苏轼逍遥苏杭之时，每每在吉祥寺中徘徊赏花，却少有杰作。等到历经乌台诗案“魂如汤火命如鸡”、九死一生再看牡丹，则句句情韵兼胜，牵动人心。诗案后重游吉祥寺牡丹的《惜花》，天香国色依旧，而昔年繁华却再难寻觅。繁华已逝、人生无常，感伤彷徨之意溢于言表。感情深挚沉郁，手法上也更老练精进。没有历尽沧桑之后的透彻通达，就不会有如此深挚缠绵的感慨。历经世变，家国之痛在诗人的独吟中，更是感人至深，如刘克庄的《昭君怨·牡丹》（曾看洛阳旧谱）、《六州歌头·客赠牡丹》（维摩病起）与陆游《赏山园牡丹有感》等都是其中杰出代表。

检阅宋人文集中的牡丹题材作品，有“去年歧路遇春残，满院笙歌赏牡丹。今岁杜陵千万朵，却垂哀泪洒栏杆”之昔盛今衰的感伤、“姚黄性似天人洁，粪土埋根气不平”之比德崇格的体悟、“开向东风应有恨，凭谁移入武侯家”之英雄失路的幽怨、“静中独有维摩觉，触鼻唯闻净戒香”之空寂悠远的禅趣、“宜圣殿前知几许，感时肠断侍臣孙”之感时伤世的慨叹、“对人终有风流在，几片斜飞在酒樽”之潇洒飘逸的风神，又绝非倾城空巷、歌舞喧嚣之乐可比，那是文人在独赏之中熔铸个人情感才思与生命感悟而成的神来之作。正是宋人这份雅兴的普遍存在极大扩展了牡丹题材文学的思想情韵、丰富了牡丹文学的艺术手法，而那吟弄花月的雅致清兴，花下俯仰今古、追慕前贤的幽思，惜花伤时的深情种种也因灌注诗中才使得牡丹文学如此绚烂多姿，也推动了牡丹审美文化的成熟与昌隆。

二、咏牡丹题材之丰富与扩展

牡丹文学的繁荣并非简单数量上的增加，更在内在情趣内涵的扩展。表现在诗歌题材上，则是牡丹文学题材的日趋繁密细致，表现出物情竞逐、人意烂漫的生动景象。

首先，是牡丹品种在专题赋咏中的出现。宋以前人们对牡丹的认识还停留在单纯的花色大小辨析上，还未形成明确的品种观念。虽然据学者考证唐代已有牡丹品种名目二十余种，但是诗人所咏却从未涉及。到了北宋时期人们便很少再以牡丹笼统称之，不仅品名迭出、标新立异并且是单叶千叶、并蒂双头判然有别，绝不混同。姚黄、魏紫、潜溪绯、状元红等名品更是风靡牡丹文学之中，成为牡丹题材文学创作中常用且不厌其繁、不厌其频的意象，并形成了特定的象征意蕴。一捻红、御衣黄、寿安红、添色红、洗妆红等名目也往往被征引诗中。欧阳修的《洛阳牡丹图》尤为表率，诗中出现牡丹品目十种之多。梅尧臣的《韩钦圣问西洛牡丹之盛》也列数种。直接以牡丹名品名篇的如欧阳修之《禁中见鞓红牡丹》、徐炫的《姚黄并序》等，在诗文中应用牡丹品名之例更是不胜枚举。南宋四大家之一的范成大在《园丁折花七品各赋一绝》（单叶御衣黄、水精球、寿安红、叠罗红、崇宁红、鞓红、紫中贵）中还按照牡丹名品品目依次品评歌咏，可谓个中典范。

牡丹品种名目作为题材在文学领域的出现的本身即标志着牡丹种植育种技术的成熟及其所取得的不凡成绩，也昭示着牡丹审美文化的深入拓展，同时还体现牡丹文学在题材上的深入细致化以及牡丹文学发展的活跃。

其次，是各种牡丹审美活动在文学上的反映。这一点在北宋牡丹题材文学的繁复多样的内容取向中即可探知，无论是色、香、形、态、姿、韵还是德性、品行、风格、气度、象征；无论是主观上的爱花、护花、叹花、梦花、感花、惜花、赏花、品花、问花还是客观之探花、求花、赠花、酬花、簪花、种花、买花、移花、接花、剪花、打剥；无论是花下之独赏、群赏、宴赏、酒赏、游赏、诗赏还是观花于雨中、月下、风前、露中、早春、冬日、秋日；无论是初芽、含苞、初开、半开、全开、盛放还是将零、零落；无论是仿佛而传疑的杨子华、谢灵运、韩湘子、宋单父、武则天等与牡丹的故事还是风流蕴藉、脍炙人口的李杨、太白之沉香亭，高宗正封之国色天香，舒赋、欧记、放翁谱；无论是“甲天下”的洛阳还是“今尤盛”的蜀地、“植花如种粟”的陈州、“尤重牡丹”的吴地还是“花时锦千堆”引万人观赏的杭州吉祥寺、花开时“僧舍填骈”的京城太平兴国寺；牡丹扇、牡丹屏、牡丹障、牡丹纹、牡丹饰、牡丹画、牡丹园、牡丹亭、牡丹坡、牡丹坪、牡丹院，无不是这一时期牡丹题材诗歌中常见意象。

如许众多意象的出现，深刻地体现着北宋对牡丹文学题材的扩展所作出的杰出贡献：不仅将牡丹文学题材细化到事无巨细、体贴入微的境地，更是将其从园艺种植扩展到艺术观赏、生活日用、审美情趣、情志理想等的方方面面之中，使得牡丹审美文化得以在全社会全民范围内得到深入的发展与繁荣；同时也为我们提供了一幅幅最为细致精雅又情趣盎然的北宋牡丹审美文化图景，从中我们可以清晰地体会到牡丹文学的成熟与牡丹审美文化的繁荣。后来牡丹题材诗文意象基本不出宋人范畴，唱和吟咏方式也与此时如出一辙，可知这一时期在牡丹审美模式上的开创与示范性。

三、宋人的反思与总结

北宋人对牡丹审美兴致普遍高涨，咏牡丹创作的繁兴都是特色鲜明的历史现象，取得的辉煌成就是有目共睹的，对此宋人不无骄矜之意也自觉地进行总结与论说：

> 牡丹初不载文字，唯以药载《本草》，然于花中不为高第。大抵丹延以西及褒斜道中尤多，与荆棘无异，土人取以为薪。自唐则天以后，洛阳牡丹始盛，然未闻有以名著者。如沈宋元白之流，皆善咏花草，计有若今之异者，彼必形之歌咏，而寂无传焉。唯刘梦得有咏鱼朝恩宅牡丹诗，但云“一从千余朵”而已，亦不云其美且异也。谢灵运言永嘉水际山间多

牡丹，今越花不及洛阳远甚，是洛花自古未有若今之盛也。[①]

盖天地之气，腾降变易，不常其所，而物亦随之，故或昔有而今无，或昔庸凡而今瑰异，或昔瑰异而今庸凡，要皆难以一定言……又如牡丹，自唐以前未有闻，至武天后时樵夫探山而得之。国色天香，高掩群花，于是舒元舆为之赋，李太白为之诗，固已奇矣。至本朝，紫黄丹白，标目尤盛，至于近时，则翻腾百种，愈出愈奇。[②]

欧阳修所谓唐之牡丹寂无传之说，已为古往今来众多学者所批驳，现存史料也足以证明当时已有了一个相当高涨的观赏热潮出现。欧阳修博学多闻又博览群书且主持新唐书的纂写，对唐史定是了如指掌，应当不至于犯下此等低级错误，唯一的解释即是他有意忽视唐人在牡丹审美文化中的影响，而将其开创之功归于自己的时代，归于洛阳。这种在唐宋对比中突出自己时代的优越性以增强时代人的自信心、激发当代人的奋发进取精神的心理在北宋时期是有着广泛而深刻的心理基础，因而绝非信口雌黄。其目的自然有在“宋人生唐后，开辟真难为”（清蒋心馀《辨诗》）的困境中求生机求发展的尝试，也有激发人们的创造力、打开因循的思维模式，开创宋人自己的辉煌的意图。欧阳修对宋代尤其是当时洛阳的牡丹自古未有之盛的津津夸耀及对唐代牡丹有意的压制其实是别有深意的。总之在欧阳修看来，宋人是可以超越大唐的，起码在牡丹审美文化之繁盛上相对唐人有着绝对的优势。这种看法自是无可厚非的，我们今人看来也是基本符合事实的。对此

① ［宋］陆游《天彭牡丹谱》，《欧阳修全集》，第1101页。

② ［宋］罗大经，王瑞来点校《鹤林玉露》丙编卷一，中华书局1983年版，第245页。

罗大经的态度也如出一辙，罗氏虽将唐宋并置，并无明显厚此薄彼之嫌，但从语气句式上推测，其重心仍在本朝。唐人牡丹热潮固已可称为繁华，语意未尽、蓄势待发，目的在于突出本朝的“标目尤盛”“翻腾百种、愈出愈奇”，言下之意是这才是真正的繁华，本朝才是牡丹审美文化昌盛之时。由牡丹的由晦而显得出了“盖天地之气，腾降变易，不常其所而物亦随之”的道理。欧、罗二人虽观点不尽相同，但其立足点却是一致的，即站在本朝牡丹文化繁荣的高度上回望历史、反思过去。无论是对当之盛的标榜还是对既往隐晦的探究都在体现出宋人对牡丹审美文化发展渊源与源流的自觉探讨意识。这种对“不见诸经载牡丹”的困惑、遗憾乃至于不满的情绪及其对本朝辉煌的得意骄傲之情，正是北宋牡丹题材文学乃至牡丹审美文化极度繁荣的反映，也是牡丹的文化地位得到空前尊崇，位及至尊的现实状况的在宋人心理上的投射。

第二节　宋代牡丹题材文学的繁荣历程

一、北宋前期——宋代牡丹题材文学的起步时期

北宋前期即太祖至仁宗前期。以宋初的宋白的牡丹诗十首及徐铉的姚黄并序作为起步的标志，到仁宗嘉祐年间欧阳修《洛阳牡丹图》为代表的一批洛阳文人及其创作出现之前为这一时期的终点。在这几十年的时间内，牡丹审美文化在逐步兴起，其重要标志即是牡丹题材文学的渐兴及其鲜明的过渡特色。

这一时期牡丹种植观赏中心还未形成，但是各地的种植观赏活动已发展起来并初具规模。随着这些活动的扩展，相应的审美意识也逐

步明确，其重要标志即是这一时期牡丹题材文学的兴起，以及其承继唐五代中逐渐开创本朝特色的过渡色彩。现存北宋前期牡丹数量是十分有限的，然而这个时代出现的牡丹题材诗歌的数目却远不止于此。如前文提到的真宗年间的一个普通文人郭延泽即有一个小园自娱，作牡丹诗千首，按照晏殊的《进三朝两制歌诗状》[①]推测，自太宗起的宫廷赏花会上所存作品自也不在少数。

这一时期的牡丹诗文以宋白《牡丹诗》十首与徐铉《姚黄并序》《牡丹赋》及僧仲休《越中牡丹花品》为代表。宋白的牡丹诗典型地体现出了宋初牡丹诗歌对前代的承袭，重视物色的夸耀、以西施、文君、仙女等绝色女子形象拟喻牡丹之艳冠群芳，一如唐人的思路，但是其中已初步显露出宋人注重细部描写、体察入微的时代特色；

徐铉也是宋初一位对牡丹文学发展有着重要影响的文人，他的《姚黄并序》同样是这一时期有着重要开创之功的诗作。它不仅反映出了宋初洛阳牡丹种植观赏热闹非凡的全景，还绘声绘色地描绘了一场由花王姚黄引领的审美狂潮，“司马坡前娇半启，满洛城中人已知。姚家门巷车马填，墙上墙下人擦肩”这份狂热不仅透出了洛阳牡丹种植观赏的优越性已逐步突出了宋代牡丹审美文化发展的新因素——种植基地已脱离政治中心、观赏主体已经由宫廷豪贵转移到了中下层士人平民阶层，观赏规模也大甚从前。姚黄出于太祖时期，是北宋初期培育出的佳品。徐铉即已采撷入诗，其流露出的对牡丹品种的自觉关注意识也代表着宋人的开辟之功。这是第一首直接以牡丹品种名入诗的文学作品，它出现在一个由五代入宋的文人手中也正体现着宋人积极

① 《全宋文》第19册，第206页。

继承唐人文化遗产却不甘蹈袭、大胆创新的魄力。

另外他还有一篇《牡丹赋》也很有特色：

> 伊牡丹兮，灼灼其华。擢秀暮春，交光紫霞。其气则国香楚兰，其丽则湘娥越娃。向日争媚，迎风或斜；烂如重锦，灿若丹砂。京华之地，金张之家；盘乐纵赏，穷歌极奢。英艳既谢，寂寥繁柯；无秋实以登荐，有皓本以蠲疴。其为用也，寡其见珍也。多所由来者旧矣，孰能遏其颓波？[①]

虽同是骚体赋，但与唐人舒元舆、李德裕的牡丹赋却大有不同，其特点即在形制短小，不拘于骈偶，骈散相间、辞意流畅。内容上充实、丰盈，没有赋体堆砌、繁缛的弊病，以十分简练含蓄的笔墨描绘了牡丹国色天香的特征及人们对它的痴迷与赏会之盛，还分析了它风行的原因是物以稀为贵。若忽略文中整齐的四六结构，简直可视为一篇精悍简练的小品散文，宋代文赋由骈入散、喜好议论的特色已初露端倪。其意义与影响自然不一般。更重要的是作品中透露出的宋初牡丹种植、观赏状况及风气可供我们观察宋初民风世态及牡丹审美文化发展状况。

总之，宋初几十年间是牡丹题材文学的积累与起步时期，这一时期牡丹文学总体特色是模仿前朝，但在继承中已出现了诸多新因素，开启了北宋牡丹文学诸多题材方向也透露出了宋型文化的诸多端倪。虽然总体艺术成就不高，筚路蓝缕之功却弥足珍贵。

二、北宋中后期——牡丹题材文学的鼎盛发展时期

仁宗中期到神宗中期，是牡丹题材文学发展高度成熟并取得骄人成就的时期，其起点是仁宗嘉祐年间欧阳修的《洛阳牡丹记》及洛阳

---

① ［宋］徐铉《牡丹赋》，《全宋文》第 2 册，98 页。

名流的相关唱和，终点是神宗熙宁年间苏轼的《惜花》等牡丹题材诗歌。

这一时期在历史上也被人们称作盛宋，是北宋经济文化的制高点，也是牡丹审美文化的繁荣鼎盛时期。这一时期的牡丹种植观赏不仅遍及大江南北、规模急剧扩张，栽培育种技术日新月异、新品层出不穷。不仅出现了洛阳、杭州、成都、陈州等几个大规模的种植观赏基地，还以之为重心，通过发达的交通与精湛的传播育种技术四面播衍，连成一片，形成一个全社会参与的盛大壮观的牡丹审美文化热潮。而真正将这场盛会推向了历史的巅峰、为之留下了不朽的印记的是这一时期的文学创作。

图 058　向日争媚，迎风或斜。马海摄于故宫洛阳牡丹花展。

这一时期牡丹题材文学创作的繁荣不仅表现在数量的激增上，更

图 059　何人不爱牡丹花。马海摄于故宫洛阳牡丹花展。

体现在其较之前代的质的飞跃。数量上这一时期的牡丹题材文学作品在整个北宋牡丹文学中有着绝对优势，现存 7 篇牡丹赋中有 5 篇作于此时；20 余篇牡丹谱也有一半以上是作于这一时期的，牡丹诗词更是这一诗词创作的黄金时期一个重要题材，占整个北宋牡丹题材文学的一半以上。单纯数量的增加并不能说明问题，题材内容之扩展、名作的出现、价值与影响之巨大更加值得关注。历数对宋代牡丹题材文学乃至整个文学史上有着举足轻重的作用的文人如欧阳修、梅尧臣、邵雍、司马光、苏轼、蔡襄等都主要活动在这一时期，并且都对牡丹文学创作有着浓厚的兴趣，也留下了不少传世佳作，如欧阳修的《洛阳牡丹记》《洛阳牡丹图》、梅尧臣的《韩钦圣问西洛牡丹之盛》《牡丹初芽为鸦所啄有感而作》、邵雍的《洛阳春吟》《牡丹吟》、司马光的《看花四绝句》《其日雨中看姚黄》、苏轼的《吉祥寺看牡丹》《惜花》等，无不是形神俱佳、情韵兼胜，在思想与艺术上都有着相当成就的名作。北宋牡丹题材文学佳作绝大多数都出现在这一时期，而正是这些作品的积淀才铸就了这一时期牡丹审美文化的辉煌发展。欧阳修《洛阳牡丹记》对牡丹谱的开创作用及其本身崇高的文史价值是有目共睹的，其 20 余首牡丹诗词在思想与艺术上对牡丹题材文学的发展也有重大意义；邵雍等的诸多相关创作也不断地对牡丹情韵与象征进行赋意与发掘，推动着牡丹审美文化的繁荣，这一点在北宋牡丹审美认识的发展与繁荣一章中已有详细论述，这里无需赘叙。

由于这一时期是北宋文学的成熟与昌盛时期，各种文学观念与艺术手法都走向了成熟，这对牡丹题材文学自然也不乏影响。这一时期牡丹题材文学体现出鲜明的时代特色，如欧梅作品中体现出的理性色彩、议论倾向，邵雍作品中体现出理学家的观物情怀与乐生意识，苏轼作品中体现出的智者、达者的超脱与文人的敏感心态等。在题材上，这些作品的触角也伸到宋人生活的方方面面，无论是牡丹种植观赏活动的种种细节与观念、意识，还是社会观赏风俗及种种审美心态与审美认识无不体现其中。这一时期牡丹题材文学的昌盛乃至北宋牡丹题材文学得以成熟与昌隆也正在于此。

三、宋末及南渡时期——牡丹题材文学的衰落与转变时期

神宗末期到南渡时期，是北宋社会的衰落、败亡时期。这一时期牡丹主要的种植基地所在的中原地区战乱频仍、山河破碎，牡丹在战火摧残中已不成规模，然其所昭示的盛世太平、昌盛繁华之象已深入人心，一旦时移世易、繁华不再，文人难再赏会，然偶一相遇，必当

图060 [元]钱选《折枝牡丹图》。题诗有“玉版忝仙蕊”句，可想所画或为牡丹名品“玉版白”。

感慨万千。社会的衰亡、牡丹的衰落使得这一时期牡丹题材文学数量剧减；但是遭逢流落憔悴的太平花所触发的故国之思、黍离之悲也使得这一时期的牡丹题材文学有了新的思想情韵。因此这一时期的牡丹题材文学虽然走向了衰落却也孕育着新的因素，出现了新的主题与新的艺术风貌。

陈与义的《牡丹》最为这一时期牡丹题材文学之典范，一自胡尘入汉关，十年伊洛路漫漫。青墩溪畔龙钟客，独立东风看牡丹。深沉痛切的今非昔比之感、感时伤世之悲、恢复中原之愿，感人至深。这里牡丹不仅仅是那繁华太平的信物、盛世繁华的见证，更承载了乱世生灵的心灵愿景，倾诉亡国失路之悲的重要媒介。这一主题延续甚为久远，不仅是南宋百余年的牡丹题材文学的重要传统之一，也深深撼动着以后每一个衰落败亡之世的文人的心灵，这是牡丹审美文化的一大转变与深化。这一转变与深化对牡丹审美文化的深化与升华也有着深刻的影响与重大的意义。因而这一时期的牡丹题材文学虽然数量有限，却有着不可忽视的历史意义与价值。

四、南宋时期——牡丹题材文学的持续稳定发展时期

南宋时期，社会政治、经济与文化都渐从金人的打击中逐渐复苏，社会也渐渐进入中兴阶段。这一时期，牡丹的种植得到了极大的恢复，都城临安附近出现了“艺花如艺粟”的巨型花卉市场马塍，都城之外还出现了可与北宋洛阳媲美的成都、彭州、杭州等几大牡丹种植、观赏基地。社会的稳定，经济的恢复，文人生活的优裕清闲，园林的全面发达，都促成了这一时期牡丹题材文学的稳定持续的繁荣。唱和之中产生了大量的牡丹题材文学作品，有志之士心系中原，更终生在洛阳花身上痛悼失掉的中原，追忆曾经的繁华。园艺的发达，让南宋人对牡丹品种特性的认识更加精确深入，品种也日益繁多。表现在文学上就是，南宋时期的牡丹题材文学作品中更加重视对牡丹品种性状的描述，对种植栽培观赏牡丹经验的传达，市民阶层的崛起更使得牡丹题材通俗文学开始蓬勃发展。南宋时期的牡丹词是北宋的数十倍之多，其思想、艺术价值较之北宋也都有了进步和发展。即使到了南宋末期，时局渐衰，牡丹仍是文人歌咏的重要题材，因为此时牡丹与时势、国运的关联已经隐然成为一种固定思维模式出现在文人的诗文中，进一步发展了南渡时期牡丹文学体现故国之思、黍离之悲这一大主题。这一点遗民诗人林景濎《题陆大参秀夫广陵牡丹诗卷后》所谓“当时京洛花无主，犹有春风寄广陵”（《宋遗民录》卷一四）仍有余响。南宋对于牡丹文学也是一个意义重大、收获颇丰的时期。

第三节　宋代牡丹题材与意象的文学价值

北宋牡丹文化创作的成就主要表现在如下几个方面：审美态度的变化，审美意蕴的扩展，遗神取貌、比德写意的表现方式。正如程杰师《宋代咏梅文学研究》所言：“繁荣不只是数量的，更是质量的，不只是活动外延的，更是精神内涵的。任何文化时尚的热点都必然是时代精神的载体。”[①]北宋时期牡丹文学的兴盛，也同样以审美的方式体现着宋人道德情怀的健举与人文意趣的拓展。与梅花的人格比附不同，牡丹文学最大的贡献在于展现了牡丹审美文化的丰富内容与意趣，以语言艺术之丰富与鲜明揭示了牡丹形象的审美意蕴，引导了牡

① 程杰师《宋代咏梅文学研究》，安徽文艺出版社 2002 年版。

丹走向崇高文化形象的过程，促进了牡丹审美文化的兴旺发达，对此我们可以从如下三个方面来具体说明：

一、审美态度的变化与审美意趣的拓展

唐前牡丹无闻，唐代牡丹虽然有一个相当规模的牡丹热潮，但仅限于物色征逐与豪奢相尚的时代风气与时代对牡丹的繁华艳丽之绝代浓姿艳态的推崇，还未及精神文化领域。自北宋欧阳修以来，名流贤俊相互推重，纷纷别立名目，姚黄魏紫纷纷入诗，富贵太平、昌明鼎盛之象；劲心刚骨，高洁雍容之德也纷纷诉诸于诗歌。在北宋牡丹文学中，牡丹之为花才终于摆脱了作为一种触发灵感诗兴的媒介的身份，而独立为一种自然审美对象，得到了充分的审视、精细的描画；并且被赋予了高尚的道德品性之美，成为一个不仅有着国色天香、艳冠群芳之外表又有着高洁坚贞、大度随和的内在的尊贵超凡的王者、贤者形象，定格为一个崇高吉祥的文化象征。具体而言，入宋之后，牡丹文学对牡丹在审美感受与认识上有如下扩展：

（一）突破物色之美的芳华俗艳而关注其富丽雍容与人生佳境的关联，从中引申出牡丹为富贵吉祥、繁荣之花的认识。这一点在唐人“花艳人生事略同”（杜荀鹤《中山临上人院观牡丹寄诸从事》）中已见端倪，只是唐人那里还是偶然的临时观点，远未上升到精神文化层次。到了北宋诗词中，使用这些象征意义来歌颂牡丹却成了一个惯用乃至庸常的手法。欧阳修笔下的洛阳花意象即是一个典型，深深浸透着他对年少得意的洛阳生活的感念，牡丹之青春年少、春风得意的人生佳境之象征得到了极大强化。“曾是洛阳花下客，野芳虽晚不须嗟”（欧阳修《戏答元珍》，牡丹之雍容华贵、繁华富艳及其难以长久正如人生得意逍遥、美满顺遂之佳境，触动人类追求自我人生之完满、价值

之体现的美好动机，奠定了牡丹作为人生美好之表征的审美发展方向。

（二）在牡丹晚春开放、花型雍容的生物特性中体味牡丹之富而不骄、殿春无怨的雍容气象。从牡丹“万般红紫见天真”及其变异无端、新奇百出中涵咏出其所蕴含的“真宰功夫精妙处”的物理之深致、化生之奥妙，体会易之“天地之大德曰生”的理趣，在牡丹的富贵雍容之象外生出牡丹的“生气”之美的新思路及“雨露功中观造化”的观赏新方式、观念。这种审美认识以周子、邵雍等理学家的牡丹诗为代表。

宋人不仅深入体味牡丹色相之美所体现富贵、繁荣之象，并且进一步深究其精神实质，以其格物致知、仰观天理的理性精神在牡丹与富贵繁荣之关联中抽象出牡丹的太平繁华之象征意蕴，使牡丹成为盛世太平、繁荣昌盛的精神符号，承载天下万代子民的祈愿，从而高掩群芳，成为尊贵无双花王、崇高的文化符号。这一点也以邵雍等人的创作为代表。

（三）在牡丹的富贵繁华中凸显了其尊贵高洁、清雅自持的品质，使之在道德上也走出了向上的一途。这一点以韩琦、苏轼为代表。韩琦诗歌中屡屡称道牡丹不择地而开的从容随和之品性及“国艳孤高肯自媒”之德行。对此苏轼作品也有所体现，苏轼在吟咏牡丹的同时也将自身的身世之感、人生际遇融入牡丹文学中。感遇咏怀、借花自喻，在咏牡丹中注入主流士大夫宦海沉浮的人生历练中自尊自爱的心结及注重砥砺道德名节、高洁品行，颂扬牡丹之“何似后堂冰玉洁，游蜂无意不相干”之洒脱孤傲之气、清雅自持之格。

（四）牡丹象征富贵繁华、太平昌盛，这在盛世太平或许是种点缀，但神州陆沉、山河破碎、繁华成空的时候，带给人们的感触则倍加沉重深郁。出于时衰世乱之中的文人在牡丹文学创作中灌注了满腔忠愤慷慨之气与亡国黍离的深悲剧痛，对这些文人而言，这中原汴洛文化结晶之洛阳花流落憔悴正如被迫偏安江左的王朝一样让人难堪、伤悲。这一点是以南渡诗人群体为代表的，并在南宋诗词中得到了充分的拓展与深化。这一点最集中体现在南宋诗文中大量出现的“洛花”意象中（参看上编第四章）。

上述新的观念意识正是北宋牡丹题材文学的几大主要主题，它们在表现方式与思想层面上或许有所区别，但对牡丹富贵繁华之意、昌盛太平之象的祈愿，以及对牡丹象征人生美好、事业鼎盛、良辰美景之生命之美与雍容大度、高洁清雅之品性之美的期许，都属于对美好社会人生的祈求的祥瑞心理。这不仅体现文人对于自己人生价值、社会价值的体认，且与北宋时期高扬的主体文化精神和浓郁的社会责任意识、追慕和谐美好的太平盛世之理想、美满繁荣之生活、顺遂得意之人生的愿望合而为一、并行不悖，根本体现着中国知识分子思想的最终成熟。人文意趣与道德意识并行高涨的文化精神，使得牡丹审美超越外在物色的美艳华丽之追求，淡化了花容花色之外在美，而向品格意志关照、社会人生理想的寄托中进一步上升。上述几点几乎覆盖了北宋时期牡丹审美认识之各个方面，足见牡丹题材文学在牡丹审美认识发展过程中的作用及其意义。

北宋之初的牡丹歌咏还兼重形色，牡丹称王还存在诸多外在因素，而到了北宋中期牡丹高在精神气质、品性德行已成为审美共识。唐人那流芳百世的舒元舆《牡丹赋》因反复夸耀其物色之美而被宋人斥为“谁道元舆能体物，只教羞死刺玫瑰”，物色之美不足为凭，因为“颜色人可效”，值得推崇尊重的是“人莫造”之精神意趣，是脱略形迹后的品格之美。它是招祥纳瑞、彰显太平繁华的吉祥物，还是贵极无双、雍容大度的王者气象、君子风范的表征。当然任何时候牡丹题材文学也不可能摒弃其外在形色之美，事实上外在形色之美正是内在精神之美的源泉。牡丹之美其实包括这两个有机统一的方面：一是富艳繁华，雍容华艳等形色因素的发掘与提炼，牡丹渐渐超越群芳而成为花中之王、芳国至尊；二是对其主观意趣诸如高洁、孤傲、清雅、雍容等诸多意蕴的体悟与发挥，承载着士大夫人格理想与社会责任意识。这“意”与“象”双向有机推演到北宋中后期，牡丹审美文化象征符号已完全成熟、定型。审美认识存在于具体的审美活动尤其是文学创作活动之中，北宋咏牡丹文学的繁荣正展示着宋人牡丹审美文化的丰富内容与审美方式与文化意趣的诸多方面。从牡丹题材的空前繁荣多样可见北宋牡丹文学取得的成就。

较之唐人的物色征逐、争奇炫富之时代风尚，宋人的视野更加开阔深入、意象更加全面多样，既有物色涵咏，更多意兴感讽；既多追古幽思，更多日常生活，无论诗、画、书、艺、园圃等各有体验感发，将牡丹审美文化拓展到生活的方方面面，这形形色色的题材与景观、活动与创作、传说典故与诗文等都是构成牡丹审美文化的物质内核，奠定了其基本面貌。

二、艺术表现方式的探索与演进

艺术技巧是认识审美的路径，是通向美学意义的桥梁，审美认识的发展不仅在其立意构思上，还在艺术方式的开拓与演进之中。牡丹审美文化精神内涵的不断深化、不断丰富、不断升华的同时，牡丹文学的艺术技法也有了新的发展：

（一）遗神取貌，立意新巧。宋以前咏牡丹多称赞其国色天香之貌、富丽妖娆之态，对其色相形味之独异反复夸耀、不厌其烦，偶有素雅

图061 ［清］马逸《国色天香图》，南京博物院藏。此画工笔重彩、富丽堂皇。牡丹花朵硕大，明艳动人，笔触细腻润泽。配以花下奇石、幽兰，浓淡相宜、刚柔并济，有效调和了浓艳的色调与清雅的主旨之间的矛盾，达到了烘托牡丹国色天香、艳而不俗的气韵的效果。堪称牡丹绘画中的名品。

的白花出现，人们竟质问“白花冷淡无人爱”何必“亦占芳名道牡丹”（白居易《白牡丹》）。宋人却尤重素雅高洁之白花，认为它冰清玉洁（苏轼《和孔密州五绝·堂后白牡丹》“何似后堂冰玉洁，游蜂非意不相干”），是品性超逸的君子典范。那种贪其物色华艳之徒是不善赏花的典型，因为夸其妖娆有损其尊贵高洁之性，赞其异彩杂陈妨其孤傲雍容之德。北宋牡丹文学不再注重描绘牡丹之色香、形态之美，而是避实就虚，重在强调“姚黄性似天人洁，粪土埋根气不平”与“国艳孤高岂自媒”的高洁；其不择水土、随接随活的随和大度与其有着自己的生物习性，不轻易改易的坚贞高洁；夸耀其独自殿春开放，不与百花争先的雍容气魄与谦恭风度。在诗词取景上也往往冷落万紫千红之美，而中意一枝独秀的风流，热衷歌咏“一朵淡黄微拂掠”（苏轼《游太平寺净土院观牡丹》）、“一枝嫣然尚典型”（朱翌《园中开牡丹一枝》），以少胜多、一枝传神等都是匠心所在。这独特的取景与组合方式代表着宋人视角的转换并体现其心态与观念意识的演进突破，更直接体现着牡丹之品性、意趣之美之审美文化因素的开创。

（二）避实就虚，渲染烘托。若以形似论诗，专注于牡丹外在之花大色艳、富丽堂皇的特色。自然无法突破前人，自抒机杼。如何在牡丹万般红紫中见其天真，宋人多用渲染烘托、旁敲侧击的手法。邵雍首先将酒与牡丹观赏联系起来，借酒意之朦胧美好来虚化牡丹外在形色特征。他反复咏唱“好花看到半开时，美酒饮到微醺后”“酒宜花前饮，花宜醉后看”，在一份微微醉意中赏玩含芳待吐、神韵天然的牡丹，这般幽微玄妙的滋味是在盛放无余、尽情欢赏的场合难以体会的。宋人歌咏牡丹时不再孤零零地称赏牡丹，而是将其放在有着丰富文化内涵的环境中，突出其不同情韵：彭汝砺《谢德华惠牡丹因招饮同官会饮》“风前同醉一枝春”，释道潜《次韵思正南寺赏牡丹》“绰约宜朝露，温柔怯午风”，李复《庭下牡丹》“晨起露风清，肃肃争自持”，蔡襄《二十二日山堂小饮和元郎中牡丹向谢之什》“香泽最宜风静处，醉红须在月明时”，晁冲之《鹊桥仙·烛下看花》“淡淡夜寒森森，犹把红灯照，醉时从醉不归家，闲守定，不教冷落”，葛胜仲《浣溪沙·木芍药词》“可惜随风面旋飘，直须烧烛看妖娆”，苏轼《减字木兰花·花》“淡月朦胧，更有微微两袖风”等皆是典型。

宋人咏牡丹已超脱物累而深入到情韵思理层面，黄紫丹白之形色之美在宋人开始只是俗人眼中之牡丹，士大夫赏牡丹更应该在其中体悟天理运行之规律与造化之灵秀神妙。这种种清雅动人的情境，凸显着牡丹之淡雅高洁的风采，将其置于微风、雨露、水月等朦胧清雅的环境中，虚化那富贵繁华的背景，从而削弱其功名富贵之意象而凸现清雅动人的神韵姿态，体现着士大夫风雅的文化品位与北宋文人求雅的审美倾向。

（三）品评高低，比拟阐说。在与百花的对照中方能见出牡丹之不凡。北宋牡丹至高无上的王者至尊之文化地位正是文人在文学创作中不断地对比与推举中最终落实的。牡丹“独王花天晚自开，群芳臣妾漫争媒”（强至《依韵奉和司徒侍中安正堂观牡丹》）之美艳高洁、敢让百花先，敢殿群芳后的王者风度与坚贞傲骨；“妾婢群花卉，哪能不妒心”（范镇《李才元寄示蜀中花图》），其尊贵端庄、雍容大度让群芳如妾婢般自惭形秽，贵贱高低判然已分。韦骧《小雪后牡丹号朝天红者开于县宅西圃》有：“西林枯枿著繁霜，一品仙葩独自芳。

天意似教惊世俗，岁寒方信属花王。”①

宋人咏牡丹品评高低，瞩目于牡丹之傲骨高格与端庄雍容的王者风范等精神层面的内在美，标举其王者地位，而非强调其物色上之国色天香、艳极无双。这是一种认识上的飞跃，牡丹由“只教羞死刺玫瑰”的芳华俗物升华为雍容端庄、高洁坚贞的德性品行兼备的完美形象，成为一个美好而崇高的精神象征。花色高掩群芳总难免浮华之讥；而品性德行却是可为万世典范的崇高之美。牡丹格高于群芳，才能历经千年而不衰，成为崇高的文化象征，并构成民族精神一部分。士大夫所推崇之清、贞、高峻的品格，天下人所敬仰的帝王雍容尊贵气度都尽可诉诸牡丹，牡丹之终成尊贵雍容、令世人敬仰膜拜的典范。这既是宋人比德之风盛行使然，也离不开文学领域品评、比拟的创作手法的成熟发展及其在牡丹文学中的广泛应用。

以上表达技巧的核心是比德写意，它彰显了牡丹的品格风神。宋人抓住了牡丹殿春开放之生物特征创意生发为敢让百花、敢殿残春的雍容大度，有足以藐视群伦却不骄不矜，“百处移来百处开”且“百般颜色百般香”，充分体现着王者至尊之随性从容之风度。有如此倾城之容、至尊之德却亲切得体、从容优雅至极，其风范气度自然可一统群芳、君临天下。花王之说在宋人牡丹文学中的普遍应用，牡丹殿春之德、端庄雍容之态、高洁之品的充分体认与表达正是通过牡丹题材文学的传播扩散并深入人心的。

三、牡丹题材文学繁荣的意义

北宋时期牡丹题材文学繁荣的意义不仅在于对前代题材内容及艺

① 《全宋诗》第 13 册，第 8413 页。

术审美观念上的积极扬弃与承继，更在于结合自己时代的独特创新。这些创新促进了牡丹文学在思想与艺术上都迅速走向全面的成熟。作为牡丹审美文化前沿的牡丹题材文学的繁荣直接标志着牡丹审美文化的辉煌；牡丹题材文学所取得的成就也即决定着牡丹审美文化所能达到的高度。牡丹文学中奠定的牡丹之诸多品性德行上的象征是牡丹文化形成的基础与直接源泉；牡丹文学中描绘出的种种牡丹种植与观赏的场景与活动、观念与趋向又直接反映着时代牡丹热潮的实况及其反映出的宋人的精神、心态，主导着牡丹审美文化的发展理念与方向。如上种种将这一观赏文化推向了辉煌巅峰。与明清相比，宋代牡丹题材文学在数量上也一样是相当惊人的，唐人相比，更是发展迅猛、势不可挡。更为可贵的是宋人的牡丹文学完全走出了唐人范围，开创了具有时代色彩的独特风格与艺术手法。宋人的牡丹文学较之唐人，其独异之处已不仅是题材的扩展、内容的丰富、角度的别致新颖、艺术手法的革新，更有其审美理想、思想观念上的特质。宋代牡丹文学所取得的成就是极其辉煌的，它代表了整个古代牡丹文学发展的巅峰。不仅大大超越了前人，更是成了后人竞相效仿而永远无法比肩的崇高典范。

宋代牡丹文学奠定的牡丹审美文化的基本内涵及牡丹之象征意蕴笼罩着明清牡丹文学创作的基本思路；题材内容上的拓展也是登峰造极，令后人只能激其流而扬其波，难再另辟蹊径；艺术上也将各种手法各种观念发挥到炉火纯青之地步。总之，在之后的近千年里，牡丹文学乃至牡丹文化都只能在细枝末节上翻新，而始终无法超越北宋，足见北宋牡丹文学在整个牡丹审美文化史的重大意义与不可替代的历史地位。

第二章　牡丹与中国园林园艺

中国古代园林的鼎盛发展阶段也是在两宋时期，这与牡丹审美文化的发展繁荣轨迹有重合之处。牡丹作为园林之中贵重、时尚且不可或缺的植物元素，与园林发展同步，更直接代表园艺理论与技术发展的高度。因此，我们探讨牡丹与中国园林、园艺的关系，最为经典的案例还是两宋。两宋时期牡丹审美文化昌隆鼎盛，牡丹审美认识在这一时期也发展成熟，各种观赏活动空前活跃并进入自觉化、理论化阶段，出现了大量的谱录类专著，总结各种观赏的经验与理论，牡丹观赏文化得到了社会各界一致关注与热爱，同时也出现了大量笔记小说，探讨，猜测甚至编造牡丹的起源、发展种种故事。这一繁荣景象出现的原因除了社会政治经济文化背景外，更直接、更重要的原因是牡丹栽培育种技术及相关观念在北宋时期的普及与深入与不断革新。同时，牡丹园艺种植兴盛本身，也是牡丹审美文化兴盛最显著的标志之一。

然而自中唐牡丹进入人工种植观赏领域以来，各种文献材料中对牡丹自身性状、特色，牡丹种植经验、技术的总结比较少。更多的是对牡丹种植观赏狂热现象的描述，及对牡丹的物色之美宏观上笼统的如国色天香、艳冠群芳的夸饰。真正开始对牡丹种植观赏经验进行总结和理论升华，是在两宋时期，尤其集中在两宋十数部牡丹专题花谱，诸如欧阳修《洛阳牡丹记》、陆游《天彭牡丹谱》等之中。这些谱录之作广泛涉及与当时牡丹种植观赏诸多技术、文化、民俗各方面的信息，

图062 宋白釉黑花牡丹纹罐，日本五岛美术馆藏。

无疑是当时牡丹种植观赏诸多经验的总结，而两宋时期尤其是北宋，牡丹是当之无愧的百花之王，占尽天下士庶的喜爱，因而是天下公私园林中最为尊贵而不可或缺的娇客。牡丹的种植经验与园林配置理念自然也就代表着时代园林园艺理论与技术发展的高度。而宋代园林的繁盛，园艺技术的高超都达到了历史巅峰，园林方面，宋代公私园林发展登峰造极，文人园林更是异常繁荣；园艺方面，明清广泛应用的花卉嫁接、药培、保温、催花、保鲜等技术，在这一时期都有了成熟发展。因此，我们探讨古代园艺园林发展，仍要以两宋为例，而两宋诸多园林、园艺资料中，又以诸牡丹谱最有代表性与参考价值。本章以牡丹谱为主要参照对象，详细论述中国古代园艺园林中最为经典、重要的一段——两宋的发展状况，以此展示牡丹与古代园艺园林发展的密切关联及牡丹审美文化在中国传统园林、园艺发展中的真实地位。

第一节　牡丹种植规模的极致扩张与宋代园林的兴盛发展

众所周知，盛唐牡丹种植观赏已有过一次热潮，但此时牡丹种植中心仅限于京洛重地。这一时期虽已有牡丹种植，但规模与技术上都极为有限，所谓狂热很大程度上在于宫廷豪贵之奢靡风气与豪贵的逞奇斗富，时间上也基本限于暮春。而到北宋，这种情况得到了根本的改观。不仅牡丹种植由政治经济中心延伸到了全国各州县，规模上亦达到动以顷计、家家有花的地步。牡丹也由宫廷豪门之家走近了文人士大夫甚至寻常百姓家。由《洛阳牡丹记》可知西北丹州、延州，北部青州，南方越州都有牡丹种植。僧仲休还撰《越中花品》以记录越州牡丹新品，称“越之好尚，惟牡丹……豪家名族、梵宇道宫、池台水榭，植之无间。赏花者不问亲疏，谓之看花局”。种植观赏之盛可见一斑[①]。《文献通考·经籍考》称仁宗景祐年间河北沧州观察使《冀王宫花品》以五十种分为三等九品而潜溪绯、平头紫居正一品，姚黄反在其后[②]。就谱名可推测冀王宫中牡丹名品之众，然仅一宫之花定不足以代表沧州牡丹种植全貌，则说沧州牡丹种植在北宋小有规模也不夸张。文人赋咏中也不难发现牡丹种植与观赏的足迹已经遍及大宋疆域了。韦骧诗中咏及永阳州宅、县宅及王氏园牡丹，诗题说明永阳官植和私植牡丹都已足成景致；苏辙盛赞颖昌高皇庙牡丹为一城之冠冕，又反复申述自己在城中小园亲自侍弄牡丹之种种。这表明颖昌不仅有士大夫私园种植牡丹，还形成了牡丹景点（高皇庙）。另外，晁说之《题鄜州牡丹》等描述任职之地牡丹种植观赏之盛的作品在宋人集中也不在少数。宋史还载有郭延泽在真宗咸平年间致仕后闲居濠州刻书艺园为乐，并且“有小园以自娱，其咏牡丹千余首”[③]，则濠州私家园林已有牡丹是不争的事实。

由上文可知北宋时期牡丹已遍及全国公私园林，然而当时牡丹之盛莫过洛阳。洛阳是全国牡丹栽培中心，也是种植规模最大、技术最高的新品育种基地。洛人家家有花，牡丹花开之时满城“不见人家只见花”（邵雍《春日登石阁》），气势不同凡响。由于地理位置优越，洛阳园林盛极一时，牡丹成为其中最重要，最不可或缺的观赏植物。对此宋人作品多有记载。李格非《洛阳名园记》记载洛阳名园十九处，

---

① ［宋］陈振孙《直斋书录解题》卷一〇，上海古籍出版社1987年版，第297页。

② 《直斋书录解题》，298页。

③ ［元］脱脱等，《宋史》卷二七一，中华书局1983年版。

处处有牡丹。其中归仁园“北有牡丹芍药千株，中有竹百亩，南有桃李弥望”。还出现了牡丹专园天王院花园子有牡丹“数十万本”[①]。这个数量在唐代是不可想象的。《渑水燕谈录》卷一“帝德”载洛阳北寺应天禅院仁宗时“后园植牡丹万本，皆洛中尤品”[②]。而“洛阳相望尽名园”，名园处处种牡丹，这规模不可谓不惊人。宋次道《河南志》卷一中述及洛阳名园甲第、名公家园时，也常记其“牡丹特盛”“多植牡丹”[③]。欧阳修更在《洛阳牡丹记》中大赞其盛况，并推为“天下第一”。

洛阳牡丹有这样普遍的种植规模作基础，才能让春时“满城人绝烟火游之”得以实现；才能承受洛阳太守那奢华的万花大会；也才能让王宣徽等阔绰豪爽地寄赠友人。他曾以新奇牡丹品种寄赠宋庠、文彦博、欧阳修、韩琦、梅尧臣等多人，他们都有酬谢诗，如文彦博《诗谢留守王宣徽远惠牡丹》、梅尧臣《次韵奉和永叔谢王尚书惠牡丹》等；才能让年年驿路送花成为令洛阳人骄傲的太平盛事（北宋春时宫廷赏花活动特为频繁，虽有御花园往往供不应求，且新花多出洛阳，洛阳仍是宫廷赏花主要的供应源，史籍记载洛阳进花之事比比皆是，终北宋一代不绝，甚至有“今年底事花能贱，缘是宫中不赏花”之说，也从一个侧面印证洛花产量之丰）。这些相比唐人“一栏百本”可谓小巫见大巫。

若仅限洛阳一时一地之盛，自然算不得壮观。北宋牡丹观赏已突破了花开时节动“京城”的地域限制与长安“豪贵”惜春残的身份限

---

① ［宋］李格非《洛阳名园记》，中华书局1960年版，第7页。

② 《宋元笔记小说大观》第2册，第1227页。

③ ［宋］宋次道《河南志》，《宋元珍稀地方志丛编》第6册，第24页。

制，京洛之外又出现了杭州、陈州、西溪、成都、吴县等几个观赏中心，吸引南来北往的游客。这些地方牡丹赏会之盛也足见当地牡丹种植规模与影响之大。下面分别论述这几个著名牡丹种植观赏中心概况：

（一）京城牡丹。北宋东都汴京牡丹虽不如洛阳名气高涨，但《东京梦华录》《梦粱录》等众多相关资料中显示，其种植面积与观赏活动之热也是丝毫不逊色于唐都长安，甚至完全有过之而无不及的。“参差十万人家”（柳永《望海潮》）的繁华佳丽之地，处处遍植牡丹花。不仅皇城内苑多植牡丹以为装点，东京四座行宫御苑也广为种植以补充内苑之不足。这四大皇家园林——琼林苑、玉津园、宜春苑、含芳园作为皇家游宴之地皆规模宏大壮丽、奇花异木荟萃，气势非凡。其中种植最普遍即是时尚新宠——牡丹。宋徽宗有《宫词》“洛阳新进牡丹栽，金牌细字分品来”，按品目进贡牡丹多种在这四大苑中。宜春苑为皇家“花圃”。皇帝在此设宴赏牡丹、戴花饮酒、褒赐宠臣传为盛世美谈。

不仅宫廷广为种植，京城豪门、僧院道观乃至普通居民也竞相培植牡丹。《枫窗小牍》载“淳化冬十月，太平兴国寺牡丹红紫盛开，不逾春日，冠盖云涌，僧舍填骈”[①]，城中民间组织的花市热闹喧嚣、声名远播，《东京梦华录》卷六“收灯都人出城探春”在历数都城各探春赏花盛处之后，又讲：“大抵都城左近皆是园圃，百里之内并无闲地，次地春容满野，暖律暄晴，万花争出……”也可知牡丹在东都的种植观赏活动之盛。

（二）杭州牡丹。杭州牡丹种植观赏活动在北宋时期发展也十分

① 《宋元笔记小说大观》第5册，第4759页。

惊人。有沈太守《牡丹记》及苏轼《牡丹记叙》为证。沈氏《牡丹记》虽不传，然我们可从苏叙中略窥一二：

> 熙宁五年三月二十三日，余从太守沈公观花于吉祥寺僧守璘之圃。圃中花千本，其品以百数。酒酣乐作，州人大集，金盘彩篮以献于座者，五十有三人。饮酒乐甚，素不饮者皆醉。自舆台皂隶皆插花以从，观者数万人。明日，公出所集《牡丹记》十卷以示客，凡牡丹之见于传记与栽植、培养、剥治之方、古今咏歌诗赋，下至怪奇小说皆在……（叙二十五首其三）[①]

由苏记可知当时杭州牡丹种植技术已有相当积淀，品目种类也惊人眼目。仅吉祥寺一圃即有牡丹千本引万人观赏，蔚为壮观。此外“诸家园圃花亦极盛”（苏轼《惜花》小注）[②]，如吉祥院、赵园、郑园、李阁使家园等。各地牡丹已成景致[③]，可见当时杭州不仅形成了牡丹胜地，且各私家园林中牡丹种植也极为普遍。杭州人也赏花成风，花时摩肩接踵、遍游诸园，一片繁华喧嚣。

由苏轼、蔡襄、陈述古等诸多任职杭州的官员文士诗作唱酬来看，杭州牡丹当时最盛于吉祥寺，是以虽然杭州多有名寺古刹，春时众人唯蜂拥吉祥寺，为一睹天香风采。观之不足而至于再三徘徊不去，甚至不是花时也肯独来。可见杭州赏花风气之盛，人们对牡丹热爱之切。此外，杭州近郊的马塍更是宋代一个大型的牡丹种植基地，当地人种花如种粟，花木栽培技术名动天下，也无疑对杭州牡丹之盛有推波助澜之效。

---

① 《全宋文》第 45 册，卷一九三八，上海辞书出版社 2006 年版，第 251 页。

② 《全宋诗》第 7 册，第 9213 页。

③ 《全宋诗》第 7 册，第 4818-4819 页。

（三）陈州牡丹。陈州牡丹在北宋规模也相当之大，数量惊人，成为洛阳之外又一个栽培基地，品种传入各地。陈州人对牡丹的热爱也成风俗，其中以张邦基推崇最力。张氏作《陈州牡丹记》盛赞陈州牡丹，甚至以为其规模与品种新奇可超越洛阳：

洛阳牡丹之品见于花谱，然未若陈州之盛且多也。园户植花如种黍粟，动以顷计。政和壬辰春，予侍亲在郡，时园户牛氏家忽开一枝，色如鹅雏而淡，其面一尺三四寸，高尺许，柔葩重叠，约千百叶。其本姚黄也，而于葩英之端，有金粉一晕缕之，其心紫蕊，亦金粉缕之，其心紫蕊，亦以金粉镂之。牛氏以“缕金黄”名之，以籧篨作棚屋围障，复张青帟护之。于门首遣人约止游人，人输千钱乃得入观，十日之内，其家数百千。予亦获见之。郡守闻之，欲剪以进于内府，众园户皆言不可，曰：“此花之变异者，不可为常。他时复来索此品，何应之？”又欲移其根，亦以此为辞乃已。明年，花开果如旧品矣。此草木之妖也。[①]

一枝奇葩开在花工之家可反映许多问题。首先可见陈州牡丹栽培用功之深，因为牡丹新品变异是在精心养护之下出现的，名品的培育需要极大财力、精力的投入，无风气鼎盛的观赏之俗作基础，花工也不会加意呵护；其次可见陈州牡丹种植观赏风气之盛，一枝花开可让满城人不惜重金蜂拥而至乃至惊动郡守，若非园户阻止恐怕还要作为新品上供京城，惊动内苑。陈州牡丹在当时也是声名远播的。张耒曾寓居陈州牡丹花下，对此盛况也多有感触，诗中反复吟咏“谁见城南

① 《墨庄漫录》卷九，《宋元笔记小说大观》第5册，第4738页。

万朵新”（《同李十二醉赏王氏牡丹园》）、“城中万枝木芍药”（《春日怀淮阳六首》）[1]，可知不仅花工大量种植以求利，士大夫私园为吟赏所植也不可胜数。陈州牡丹无愧是北宋牡丹胜景之一。

（四）吴县牡丹。吴县即今苏州一带，北宋时这一地区牡丹种植已具规模，王禹偁贬官至此曾大饱眼福，不仅见到这里牡丹“年年三月千丛媚”，还亲自培植（《长洲种牡丹》），当时县衙厅前已有牡丹，冬天还盛放双开牡丹，令人惊叹，作者不免与友人唱酬一番，抒发惊艳感叹（《和吴县厅前冬日双开牡丹歌》）。下面一则材料也可见吴县牡丹盛况：

> 欧阳文忠公初官洛阳，遂谱牡丹，其后赵郡李述著庆历花品，以叙吴中之盛，凡四十二品：
>
> 【朱红品】真正红、红鞍子、端正好、罂粟红、艳春红、日增红、透枝红、干红、露匀红、小真红、满栏红、光叶红、繁红、丽春红、出檀红、茜红、倚栏红、早春红、木红、等二红、湿红、小湿红、淡口红、石榴红……[2]

文中所举四十余品牡丹与欧记、周记中洛阳牡丹品种没有重合，这充分体现出了北宋吴中牡丹种植栽培状况的繁荣。南宋范成大的《吴郡志》载北宋末年苏州朱勔家园“植牡丹数千万本”[3]，这个数目即使放在洛阳城中也是相当惊人的。又有《吴中旧事》说：

> 吴俗好花于洛中不异，其地亦宜花……吴中草木不可殚述，而独牡丹芍药为好尚之最，而牡丹尤贵重焉。旧寓居侯

---

① 《全宋诗》第20册，第13186、13284页。

② ［宋］吴曾《能改斋漫录》卷一五，上海古籍出版社，1979年版，第457页。

③ 《宋元珍稀地方志丛编》第1册，第1990页。

王皆种花，往往零替，花亦如之。唯蓝叔成提刑家最好事，有花三千株，号为万花堂，尝移洛中名品数种如玉杯白、景云红、瑞云红、间金之类……其次林得之知府家有花千株，胡长文给事、成居仁太尉、吴渔之代制家种花亦不下林氏，史志道发运价亦有五百株。如牛推官希文、韦承务俊心之属多则数百株，少亦不下一二百株，可以成风矣……[①]

稍有名位之家即成百上千，甚至一家三千株，确实蔚然成风，吴中牡丹之盛可见一斑。

（五）蜀中牡丹。蜀中牡丹北宋时已盛于成都，南宋尤盛在彭州，其繁荣景象集中体现在《天彭牡丹谱》中：

牡丹在中州，洛阳为第一；在蜀，天彭为第一。[②]

天彭人爱花之风有类京洛，也是家家种花，大家至千本。蜀中爱牡丹风气自然不是一朝一夕形成，其实自北宋始蜀中牡丹已很有名气，堪称一大景观，这一点在南宋胡元质《牡丹记》梳理最为精细：

大中祥符辛亥（1011）春……蜀自李唐后未有此花。凡图画者，惟名洛阳花……惟徐延琼闻秦州董成村僧院有牡丹一株，遂厚以金帛，历三千里取至蜀，植于新宅。至孟氏于宣华苑广加栽植，名之曰牡丹苑。广政五年，牡丹双开者十，黄者白者三，红白相间者四，后主宴苑中赏之，花至盛矣……蜀平，花散落民间，小东门外有张百花、李百花之号，皆培子分根，种以求利，每一本或获数万钱。宋景文公祁帅蜀，彭州守朱君绰，始取杨氏园花凡十品以献。公在蜀四年，每

① ［元］陆友仁撰，《吴中旧事》史部地理类，《影印文渊阁四库全书》本。
② ［宋］陆游《天彭牡丹谱》，《中国牡丹谱》，第197页。

花时按其名往取，彭州送花，遂成故事。公于十种花尤爱，重锦被堆，尝为之赋，盖他园所无也……千叶花来自洛京，土人谓之京花，单叶时号川花尔。景文所作赞，别为一编，其为朱彭州赋牡丹诗……今西楼花数栏，花不甚多，而彭州所供率下品。范公成大时以钱买之，始得名花。提刑程公沂预曾叹曰“自离洛阳，今始见花尔”程公故洛阳人也。①

图 063　豆绿，来源于网络。形色近欧家碧，可想见宋名花风采。

从胡谱可见，蜀地牡丹自晚唐五代发端，到北宋中期已相当繁盛。不仅品目繁多且赏会极盛，出现了种花求利的花户及如洛阳般送花的

① ［宋］胡元质《牡丹记》，《全宋文》第 260 册，第 390 页。

故例。更深受任职当地的文人宋祁、范成大等人倾情爱赏，并因此而声名显赫一时。对北宋蜀地牡丹的繁盛时人也多有反映：

自古成都胜，开花不似今。径围三尺大，颜色几重深。未放香喷雪，仍藏蕊散金。要知空色论，聊见主人心。（范镇《李才元寄示蜀中花图》）[①]

牡丹开蜀圃，盈尺莫如今。妍丽色殊众，栽培功信深。矜夸传万里，图写费千金。难就朱栏赏，徒摇远客心。（范纯仁《和范景仁蜀中寄牡丹图》）[②]

围绕范镇寄赠牡丹画的系列唱和集中反映了当时蜀地牡丹之繁盛及其声名之响亮。宋祁也曾镇蜀，在蜀地牡丹花下也留下不少佳话。更使得蜀中牡丹名闻天下，更是描绘出了当时蜀中牡丹种植的盛况：规模宏大、名品众多、赏会盛大，一派热闹祥和之气。

（六）西溪牡丹。对西溪牡丹的歌咏自北宋之后历代都有，至今牡丹仍是此地旅游一大亮点。北宋时西溪是个很有文化意义的地方，晏殊、吕夷简、范仲淹这三位名臣都曾担任过这里的盐官，且后来都官至宰相，被当地人称作“西溪三杰”。这三杰都曾徘徊于西溪牡丹花下，传为千古佳话。也正是这三杰之文化影响力，西溪牡丹自北宋至今仍受人瞻仰，推为胜景。西溪牡丹成名与北宋与上述三贤中吕夷简、范仲淹都深有渊源，两人各有《西溪见牡丹诗》：

异香浓艳压群葩，何事栽培近海涯。开向东风应有恨，凭谁移入五侯家。（吕夷简《西溪见牡丹诗》）

阳和不择地，海角亦逢春。忆得上林色，相看如故人。（范

---

① 《全宋诗》第6册，第4257页。

② 《全宋诗》第11册，第7415页。

仲淹《西溪见牡丹诗》）[1]

这两首诗背后还有一段西溪人至今津津乐道的佳话：

海陵西溪盐场，初，文靖公（案：吕夷简谥文靖）尝官于此，手植牡丹一本，有诗刻石。后范文正公亦尝临莅，复题一绝："阳和不择地，海角亦逢春。忆得上林色，相看如故人。"后人以二公诗笔故，题咏极多。而花亦为人贵重，护以朱栏，不忍采折。岁久茂盛，枝覆数丈，每岁花开数百朵，为海滨之奇观。[2]

二位名臣相继题咏让西溪牡丹成为一个意蕴丰厚的文化象征。虽其种植规模有限，尚不及洛阳普通花工家牡丹多且新，却深为人们爱赏。西溪在北宋文人看来算得海角天边，他们流落至此难免生失路之悲，在这些文人看来这里的牡丹也"应有恨"、不知"凭谁移入五侯家"。范诗虽旷达，仍无法掩饰身在"海角"心系"上林"的淡淡惆怅。因此，西溪牡丹除共有之繁华富贵之意，也染上了贬谪或者身处卑微的文人的无限感慨。吕、范之后还有李弥逊《同苏、阮二公晚春游西溪二首》"解咏疏影思和靖，忍见妖红似洛阳""酬花但促传杯手，冰炭君休置我肠"[3]也是歌咏西溪牡丹，其中都深含诗人感慨。千古文人也都难免这种忧愁，因缘际会徘徊西溪花下，追慕前贤，自然思绪万千。而这里的"洛阳"意象与唐人诗文中的"长安"意象含蕴是殊途同归的。刘禹锡《和令狐相公别牡丹》有："莫道两京非远别，春分门外即天涯"，牡丹性畏湿，在地势卑下的南方难以成活。唐人反复申述"此花南地知难

---

① 《全宋诗》第 3 册，第 1624、1881 页。

② 《渑水燕谈录》卷七歌咏，《宋元笔记小说大观》第 2 册，第 1281 页。

③ 《全宋诗》第 39 册，第 19309 页。

种”（徐凝《题开元寺牡丹》）[①]。到了宋代这种境况得到彻底改变，不仅江南盛极一时，形成上文述及的数个景点，西南蜀中，东南越州、福州等地都有大量种植观赏的记载。这不仅体现着宋人种植技术的提高，更表明种植规模的极度扩张：突破了经济发达地区，扩展至全国各地；走出了宫廷豪贵花园走近了文人士子，走入了寻常百姓、花工之家。牡丹花开万紫千红，引得人流如潮，已不再是一时一地之景，而成为一个遍及大江南北的社会风尚。富贵之花遍地开放展示着北宋社会的全面繁荣，也展示着牡丹园艺种植在这一时期的空前繁荣。

第二节　牡丹与古代园艺发展：以北宋栽培技术与观念为例

唐代牡丹观赏规模有限最大的一个原因即是技术的局限。而技术恰恰是宋代牡丹种植观赏之所以能够成为一种时代审美风尚，并最终上升为一种审美文化的关键因素。北宋牡丹审美文化的繁荣很大程度上要归功于一代代花工不懈的努力及其惊人的智慧。宋人牡丹栽培技术之高，不仅在于解决了唐代“此花南地知难种”（徐凝《题开元寺牡丹》）的问题，让牡丹开遍大江南北；也在于对牡丹品种选育、诱导与革新技术的自觉探索及其“变异百端、越出越奇”的神奇成效；更在于对牡丹品种性状的判别的自觉性与科学性，以及那些有高度科学性与文学性的谱录的大量涌现与繁荣成熟。宋人在牡丹栽培技术取得的成绩代表着整个封建时代牡丹种植技术所达到的高度，宋人品种观念、品种分类方法、新品培植技术、种植养护等方方面面的技术都

① 《全唐诗》第 14 册，第 5374 页。

图 064　花里爱姚黄。来源于网络。

为后代牡丹种植承袭，至今仍有相当的借鉴意义。翻看宋人谱录杂记，对牡丹种养技术经验的记载俯拾皆是，这种自觉的经验总结也体现着宋人栽培技术传承的自觉意识。牛家花、左花、欧家碧无不以花工姓氏命名，体现着明显的技术专利意识，这也正是栽培技术高度发展的必然结果与最佳证明。具体而言，北宋牡丹栽培技术之高妙主要体现在如下几个方面：

一、栽接之术精妙无比

唐人对牡丹观赏虽有浓厚兴趣，但在栽培种植的技术上却不甚着意，也没可靠记载显示其技术上的自觉性与创新意识。宋人却对牡丹栽接培植技术有着极高的热情，在技术革新的开拓上不遗余力。此时牡丹品种变异百端、层出不穷，便是他们尝试的成果。北宋栽接之术在整个古代牡丹园艺种植技术的成就最为卓著。不仅将栽接之术发展到成熟辉煌地步，还形成系列指导当时且传之后世的理论经验。宋人对牡丹种质特性有极为准确的把握，不仅发现牡丹“不接则不佳”，嫁接是培育良品的必由之路，且对何时接、如何接、可达到什么效果都有明确了解。不仅利用嫁接达到优化、推广品种的目的，且创造性地掌握了转接变异品种以固定自然变异，诱导开发新品种产生的技术。

欧阳修《洛阳牡丹记·花释名第二》载：“潜溪绯者，千叶绯花，出于潜溪寺……本是紫花，忽于丛中时出绯者，不过一二朵，明岁移在他枝，洛人谓之转枝花。”[①]这潜溪绯本是自然基因突变，有突发性与不稳定性的特点。但花工通过对这些变异品种的反复试验转接，累积其变异基因，最终使之成为一个常见而稳定的牡丹品种。这新品又出入宋人歌咏之中成为文人新宠，如欧阳修所谓：“四十年间花百变，最后最好潜溪绯”。由最初的自然变异成为一种固定常见的品种，标志着宋人花卉栽培的技术的一大飞跃。他们已经能够掌握花木生长规律，并且有意识地运用这些规律固定变异、诱导新品。对宋人接花技术的高妙，当代人已经不无骄傲地进行了一番总结：

> 色红可使紫，叶单可使千。花小可使大，子少可使繁。天赋有定质，我力能使迁……自矜接花手，可夺造化权。（游酢《接花》）[②]

“我力”能改变植物“天赋”，技艺何等高超！然而这并非吹嘘，色红可使紫虽无直接记载，花白能使碧却是宋人亲眼目睹的奇事：

---

① ［宋］欧阳修《欧阳修全集》，第1099页。

② 《全宋诗》第19册，第12867页。

洛中花工宣和中以药壅培于白花如玉千叶、一百五、玉楼春等根下，次年花作浅碧色，号欧家碧。岁贡禁府，价在姚黄之上。尝赐近臣，外庭所未识也。（《燕翼诒谋录》欧家碧条）[①]

白色的玉千叶等花可培植为绿色的欧家碧，想要花色加深，由红变紫自也不是难事。陆游《彭州牡丹谱》载，千叶花来自洛京，余花多取单叶花，本以千叶接之，单叶转为千叶。这种状况在北宋也是经常发生的。比较欧、周二谱还可见，许多品名重合的花都已经优化了：单叶变为多叶，多叶转成千叶。如名品一捻红，欧谱中还是多叶，周谱中已成千叶。可知叶单可使千对宋人而言也是平常。

姚黄（图064）初开时“开头可八九寸”（周师厚《洛阳牡丹记》），大观政和年间已“花头面广一尺”，号“一尺黄”[②]到了神宗时竟是“花面盈尺有二寸”，前引朱克柔《缂丝牡丹图》所绘也当是姚黄花，可以想见宋代此花规模。这种惊人眼目的变异，自然少不了花工的精心料理与山人妙计。对于如何使牡丹花头越开越大，宋人也给出了自己的方法：

常以九月取角屑硫磺，碾如面，拌细土。挑动花根壅罨，入土一寸，出土三寸。地脉既暖，立春渐有花蕾生如粟粒，即掐去，惟留中心一蕊。气聚故花肥，至开时大如碗面。（《清异录》卷上，抬举牡丹法）[③]

这即是所谓打剥之法，在现在的花木栽培技术中还是广泛运用的，

---

① ［宋］王栐《燕翼诒谋录》，《宋元笔记小说大观》第5册，第4656页。
② ［宋］朱弁《曲洧旧闻》卷四，《宋元笔记小说大观》第3册，第2983页。
③ ［宋］陶穀《清异录》卷上，《宋元笔记小说大观》第1册，第43页。

足见宋人之智慧，说他们“可夺造化权”诚不为谬赞。

应时花卉纵然争奇斗巧仍不免春去随流水，让爱花如狂的宋人倍感伤感。“不教四季呈妖丽，造化如何是主张”（韩琦《牡丹》），宋人对此时有抱怨奇想。不过虽然造化有自己的规则，从宋诗诸多相关题目中可见宋人还是在各地都能观赏到四时牡丹，潘阆《维扬秋日牡丹因寄六合县尉郭承范》、王禹偁《和张校书吴县厅前冬日双开牡丹依韵》、梅尧臣《九月二十八日牡丹》、韦骧《小雪后牡丹号朝天红者开于县宅西圃》、苏轼《和述古冬日牡丹四首》、夏竦《早春牡丹》等都是明证，不是花时也不误赏花，极大满足了人们好奇尚异、爱花惜花之心。四时花开的催花技术在北宋已不限于一时一地，由宋人诸多相关诗文记载其成果可知。具体技术宋人也有所论及，周密《齐东野语》载：

> 马塍艺花如艺粟，橐驼之技名天下。非时之品，真足侔造化、通神灵。凡花之早放者，谓之堂花。其法以纸饰密室，凿地作坎，緶竹置花其上。粪土以牛溲硫黄，尽培溉之法。然后置沸汤于坎中，少候，汤气熏蒸，则扇之以微风，盎然盛春融淑之气。经宿则花放矣。若牡丹、梅、桃之类无不然……[①]

这项技术显然不是杭州人特技，宋人对温室催花技术的掌握已相当成熟且广泛，方法不尽相同但确已能通过对局部温度的控制来创造适合花开的环境让非时之花随时开放。

栽培技术对种植规模的扩大有着直接而关键的意义，北宋牡丹审

---

① ［宋］周密《齐东野语》马塍艺花条，《宋元笔记小说大观》第5册，第5636页。

美热潮的形成也部分得力于此。如前文提到开封太平兴国寺冬日牡丹盛开、引得冠盖云涌；陈州牛家缕金黄惊鸿一现、引得游人如织，都离不开技术的进步。宋代牡丹审美文化主体在数量与地域上的空前扩张与此时高超的牡丹栽培技术保障下下牡丹种植规模的稳步扩大有密切的联系。

二、栽培技术的日新月异

种植与观赏规模的空前扩张，离不开栽培技术的高度发展。正是宋人在栽培技术上的不断探索与开发使得牡丹不论在其适应性还是品质优化上都有了极大的改善。在宋人的努力之下，牡丹不仅突破了原有的简单色系，日益复杂化、多样化，且在花型上也由单瓣进化为多叶、千叶。花期上也有很大程度的延长。还自觉利用生物种性，通过对土壤地力、温度的调控来实现对花期的自由控制，让牡丹四时开放。宋人继续研究出育种新思路，在野生品种的驯化、变异品种的固定、新品的诱导优育与开发中都有卓越成效。并在此基础上形成了明确品种观念与科学的品类意识，积极总结园艺经验并推而广之。于是牡丹发展到宋代陡然丰富多彩，不仅花型花色倍极明艳动人，而且品种变异百出，让人眼花缭乱。

宋人栽培技术之精首先体现在其育种技术之高明上。宋代牡丹花谱的一项重要功能就是总结先进栽培经验为实际种植提供指导。宋人流传着“弄花一年，看花十日”的说法，可见栽培技术的进步离不开他们对此明确的自觉意识。宋人对牡丹的接、种、养、浇、医、护都有详细深入的研究，且依据牡丹生物特性制定出了系列宜忌事宜，涉及牡丹生长方方面面，可谓事无巨细、一应俱全。宋人笔记小说乃至诗文中也时时流露出对牡丹种植技术的关注意识，关于牡丹栽培经验及其成果的记载俯拾皆是。既可见宋人博学广识，更可见宋人对牡丹栽培经验之关注，还可从中窥见宋人栽培技术的高度发展。欧阳修《洛阳牡丹记》载，“春初时，洛人与寿安山中坎小栽子卖，城中谓之山篦子。人家治地为畦塍种之，至秋乃接”，花后魏紫便是“樵者探山于寿安山中见之，坎以卖魏氏”，后经魏氏驯化培植而成；细叶、粗叶寿安也都出自锦屏山中；金系腰出�氏山中、玉千叶“景祐中开于范尚书宅山篦中”。这些后来都成为名动一时的新花，可见山野引种驯化是宋人一项行之有效且熟练精通的技术，为牡丹品种家族的壮大多有贡献。

宋人不仅自觉从山野中引种，驯化新品种，且不断在各地优良品种的选育杂交培育新品。名品鞓红即张齐贤“自青州以馲驼驮其种，遂传洛中”，玉蒸饼也是由延州引种至洛阳，经洛阳花工精心培育方跻身名花之列，繁盛过于当地。[①]各地向洛阳引进优良品种，改善本地牡丹资源状况也极常见，陆游所谓“千叶花来自洛京，谓之京花；单叶花为川花”，花工引种洛阳千叶品种嫁接使当地牡丹花由单叶迅速向多叶、千叶发展且形成自己的基因库。到了南宋，这里的花品已独立于洛阳花系。各地种植资源的交流融合中催发了更多变异的产生，牡丹品种的变异更新数量与速度都令人瞠目。不仅洛阳“四十年间花百变”，杭州牡丹也变态百出、务为新奇。陈平平《我国宋代牡丹品种和数目的再研究》整理统计了宋代牡丹品种数目，发现前后191种之多，足见宋人在牡丹育种上所费心力及其卓著成效[②]。以上种种都

① 本段所引均见于欧阳修《洛阳牡丹记》，《欧阳修全集》，1096-1105页。

② 陈平平《我国宋代牡丹品种和数目的再研究》，《自然科学史研究》，1999年第4期，326-336页。

体现着宋人在引种优育方面取得的卓越成就。

图 065　宋定窑白釉刻花牡丹纹盘，故宫博物院藏。

有时由于栽培护理方法得当，外在环境适宜，牡丹自身也会发生变异，产生出一些惊人的突变，如张邦基所记陈州那美艳新异过于姚黄的缕金黄。技术有限时，人们只能把它视为花木之妖，寄希望于天时地利再造奇迹。然而，少数优秀花工却努力探索其中的秘密，探求固定这种突发变异的方法，让这昙花一现的奇观能够年年再现。就现存资料看这项技术在宋代并不成熟，但却也广泛地运用在牡丹栽培育种中了。如欧谱中被称作转枝花的潜溪绯是极不稳定的突发型变异品种，到了周谱中已成为“民户传接甚众”的固定花品；花后魏紫最初也是浅红色被称作魏红，后来花工在变异选育中诱导其向深色发展，最终定型为深色魏紫。

由各种花谱对于同名牡丹记录的比较不难看出，随着时代推进，这些旧品无不得到更新，以更优良更新奇的面目示人。周谱中的左紫与欧谱相比，更繁密圆整，且有“含绫之异”，绝大多数单叶花都在这数十年间进化成了千叶，这其中自然少不了花工的心血。

三、品种观念的明确与理论化

据学者研究，宋前牡丹品种已达二十余种，但遍检唐人诗文，还没出现任何一个牡丹品名，表明唐人还没有自觉明确的品种意识（宋人笔记中所谓隋炀帝海山记中高大的楼台牡丹在李时珍《本草纲目》中才出现，可确认是杜撰；唐庄宗御花园中的尊贵黄牡丹，由黄色牡丹北宋方受重视也可推翻）。到宋代牡丹品种意识空前鲜明。宋人不仅将品种观念普及到牡丹种植观赏各个环节中，而且开创一套完整严密的品种分类理念。

他们纷纷为牡丹品种作谱立说，阐述其形状、来历、特色、品第，且将牡丹品种名目广泛地运用到诗文中。宋人诗文集中姚黄、魏紫、潜溪绯等品目层出不穷，极少笼统以牡丹代之。绝大多数宋人牡丹文学作品都着意于牡丹特定品目的描述、判别。这自然是根植于宋人文化精神中的理性精神使然，却从另一个方面体现出宋人在牡丹品种意识上的高度自觉性。

品种分类意识与实践的发展是在牡丹种植规模充分发展、种植技术足够进步、牡丹品种分化日益鲜明、繁多的基础上逐渐产生的，也是在实际种植培育过程中长期观察、反复实验并逐步总结出来的。没有种植规模扩大普及、栽培技术的高度发展与推广普及品种意识便不能得到普及与深入。因而品种分类意识出现的本身即标志着牡丹园艺

图066 [清]居巢《富贵神仙图》立轴，1865年作，私人收藏。牡丹寓意富贵、水仙花寓意神仙，合起来就是富贵神仙。牡丹与水仙都是粉白系，背后又画一枝红梅作衬，更显得淡雅别致。

技术的繁荣发展。同时品种观念与分类实践的繁荣发展，为宋人鉴定牡丹品种的优劣，确定品种培植方向，不断更新优化新品提供了理论指导。

宋人在长期栽培实践中明确了牡丹品种分类观念，且确立了牡丹品种分类基本理念即以花瓣繁复、花型硕大整齐、花色纯正鲜亮、有特异之处如含棱（左紫）、叶杪异斑（一捻红）、叶上金线（缕金黄）等为评判标准，以上各项在某一品种上表现越多，此品就越为世所重。终宋一代稳居花王至尊宝座，引得万人空巷，天下倾倒的姚黄则不仅占尽各项且样样高居榜首：凡花千叶已为奇妙，欧谱二十余品千叶才九品，而姚黄“其名虽千叶，实不可数，或累计有万余英，不然不足高一尺也”[①]；牡丹花型硕大端庄已压倒群芳，姚黄又胜过天下牡丹，少则“八九寸许”多则“盈尺”号“一尺黄”[②]甚至“花面盈尺有二寸”[③]；姚黄花色是尊贵正统的正黄色且“色极鲜洁、精彩射人”；牡丹殿春，姚黄为牡丹殿后，开在百花凋尽，芍药未开的青黄不接之时，不仅有深紫銶心之异且花型微微倾斜下屈，如王者雍容下士之态，暗合宋人谦逊内敛、藏才于中的德性追求。难怪宋人“花里爱姚黄”（扬无咎《好事近》），甘心“走看姚黄拼湿衣”（司马光《其日雨闻姚黄开戏成诗二章呈子骏尧夫》），不惜“千金买姚黄”（欧阳修《寄题刘著作羲叟家园效圣俞体》），难怪神宗见了姚黄也要抛下宫中奇品而“独簪以归”了！一旦确立了品评高低的标准，牡丹的身价便有了天壤之别。姚黄一枝千钱乃至无卖者，其他牡丹也按照等级品第各有身价，这就

① 徐积《姚黄》序，《全宋诗》第11册，第7563页。
② 《曲洧旧闻》卷四，《宋元笔记小说大观》第3册，第2983页。
③ 《铁围山丛谈》卷六，《宋元笔记小说大观》第3册，第5124页。

刺激了宋人“按谱新求洛下品”的兴致，也推动了新品的培育开发与推广。往往是新品一出，豪门争相重金邀请花工上门传接，各地名流也蜂拥而至一睹为快，各地花工也想方设法引种培植占领市场、满足需求。一场观赏热潮也随之兴起。在明确的理论指导下，牡丹的品种变异选育方向也更为明确，其发展就更为迅猛而至于变异百出、层出不穷。品种观念的强化对牡丹品种的优化与推广、牡丹种植观赏的深入发展意义重大。

宋人确立了结合牡丹花色、香、味、神韵及产地、园主花工等因素综合命名的方法。比唐人纯以花色表目，先进之处不言而喻。宋人的牡丹名目不仅包含着丰富的信息，且往往生动形象、雅致贴切。这些品名既体现宋人对牡丹生物特色把握之准确，也能体现宋人的审美观念。姚黄、魏紫、牛家花自是以花工姓氏标志技术专利；鹤翎红、一捻红、彤云红栩栩如生、鲜活动人；寿阳妆、玉玲珑、状元红则清雅别致、引人遐想……宋人不仅在品种命名上为后人提供了许多可供借鉴的经验，更以绝大的气魄与实力引领了一个牡丹种植经验理论化、科学化的新时代。自北宋牡丹品种观念普及之后，芍药、菊花等花卉名目也纷纷出现，形成一个秩序井然、锦绣缤纷的花卉谱系王国。宋人所创立的牡丹品种分类方法体现着宋人善于观察、勤于实践的理性精神，也有着相当的合理性与科学性，标志着这一时代园艺理论的重要成就。不仅对后代影响深广，对我们现在研究宋代农业科技发展现状也有着重要的意义与价值。

第三节　代表古代园艺理论高度的牡丹花谱：以两宋谱录为例

花卉园艺理论是花卉园艺种植活动得到了高度发展并走向成熟完备的必然结果，也是适应日益繁荣的园艺事业的需求出现的。园艺理论的高度发展、园艺经验的丰富与扩散、相关诗文杂记的涌现与谱记文学体制的成熟与完善，标志着牡丹园艺种植技术的繁荣与成熟。最能代表宋代牡丹园艺理论成就与价值是首创并成熟于宋人之手的牡丹谱记。细搜现存各种宋人文史资料，宋人各种牡丹谱记达十四种之多，其中北宋就有十一种，还有两种存世。其他综合性花卉书如《洛阳花木记》《全芳备祖》等无不将牡丹置于极醒目的位置，并以极大篇幅详述牡丹种植品目种种情况。这些作品不仅有着极大的历史文献价值，可从中窥见宋代社会文化生活的种种讯息，也有很大的科学价值，是现代人评价宋人在科学技术取得的成就与达到高度的可靠的物质证明。

宋代也是中国历史上最早的一部牡丹专书是约作于986年的仲休《越中牡丹花品》，共记录了牡丹名目三十二种，按书名可知所列是越州的牡丹名目。可惜这个花品仅存残序一篇，在南宋学者陈振孙《直斋书录解题》卷一〇农家类中，全文如下：

越之好尚，惟牡丹，其绝丽者三十二种。豪家名族、梵宇道宫、池台水榭，植之无间。赏花者不问亲疏，谓之看花局。泽国此月多有轻雨微云，谓之养花天。俚语曰：“弹琴种花、陪酒陪歌。”丙午岁八月十五移花自序，丙午雍熙三年也。[1]

① ［宋］陈振孙《直斋书录解题》，上海古籍出版社1987年版，第297页。

这篇序反映了宋初越中牡丹种植观赏已有很大的发展，越人对牡丹的狂热也成风成俗。虽原文已佚、仅存其序，仍具有极大的史料价值。

第二部也是现存第一部完整的、最有价值的、影响最深远的是欧阳修《洛阳牡丹记》。此谱作于嘉祐间欧阳修任西京留守推官时。此谱分为花品、花释名、风俗记三个部分。全面反映了当时洛阳牡丹种植观赏各种情况。文中不仅探讨了牡丹起源与繁盛的渊源且提出了洛阳牡丹天下第一的观点，还详述了洛阳在牡丹种植面积、栽培技术及其民风民俗上的极度繁荣状况，并记录了当时盛行的二十四品牡丹的形状、产地、渊源、品第、命名由来等状况，又记录了洛阳人在牡丹栽培养护方面的所积累的种种宝贵经验，阐述了洛阳人对牡丹的贵重爱护之意，观赏喜爱之切。体制谨严，明白流畅，在内容与形式上都堪称典范。后来出现的各种牡丹谱记都或多或少可以看出对欧谱的承袭借鉴。谱中记录的种种洛阳民俗、牡丹品第习性渊源、栽培技术经验等也都有极重要的文献史料价值，对我们了解当时洛阳牡丹发展状况有着极为关键的作用。

欧谱之后又一部存世的是邱濬《牡丹荣辱志》[①]。这部花谱没有牡丹花品具体性状及其相关史实的记载描述，重在品第牡丹高低。作者将牡丹按照宫廷等级制度分为王、后、妃、嫔、命妇等，将牡丹名品按照严格等级制度一一加封。体现出宗法伦理制度影响，并声明“为天下嗜好之劝”。文中出现了牡丹名目39种，按照姚黄为王、魏紫为后，优者居上的原则，层层分封。体现了正统的封建等级意识。这与宋代外患频仍、春秋之学尊王攘夷之说的盛行不无关系，也体现着宋代皇

① ［宋］丘濬《牡丹荣辱志》，《左氏百川学海》癸集中，第031册。

权观念、封建等级意识对社会生活的渗透。因为这篇花谱迥异于欧谱，卓有特色而得以流传至今，影响也很是深广。南宋张镃《玉照堂梅品》对其体式风格不无借鉴。

周师厚《洛阳牡丹记》是继两者之后又一部存世的牡丹谱名作，约作于1082年周氏任职洛阳之时。文中详细记载了四十六种牡丹的产地、来源、性状、命名等各种状况，为我们了解在欧谱之后数十年中洛阳牡丹的发展、取得的成就提供了条件。周氏在品种阐述当中流露出的对牡丹性状及其品种变异沿革的根源的探究意识，体现出了宋人在培育新品中获得的新经验、取得的新进步。序言中还提到此谱之前存在着一部范尚书牡丹谱，为我们了解宋代牡丹谱录发展全貌有重要的意义，也为古籍辑佚工作提供了线索。在文献整理与农业科学研究中都颇具价值。

张邦基《墨庄漫录》卷九还有一篇《陈州牡丹记》：

> 洛阳牡丹之品见于《花谱》，然未若陈州之盛且多也。园户植花如种黍粟，动以顷计。政和壬辰春，予侍亲在郡，时园户牛氏家忽开一枝，色如鹅雏而淡，其面一尺三四寸，柔葩重叠，约千百叶。其本姚黄也，而于葩英之端，有金粉以晕缕之，其心紫蕊，亦金粉缕之，牛氏以“缕金黄”名之，以籧蒢作棚屋围障，复张青帘护之。于门首遣人约止游人，人输千钱乃得入观，十日之内，其家数百千。予亦获见之，郡守闻之欲剪以进于内府，众园户皆言不可，曰：“此花之变异者，不可为常。他时复来索此品，何应之。”又欲移其根，

亦以此为辞乃已。明年花开果如旧品矣。此草木之妖也。[1]

严格来说，这算不得一篇牡丹谱，只是一篇述及陈州牡丹之盛与名品之特异的小品文。然而其中对陈州牡丹种植规模“动以顷计”，新品“缕金黄”的性状及其引起的轰动情景的记载，证实了陈州牡丹在北宋时期的种植、观赏空前的盛况。关于牛氏因名品乍现而暴富的记载对研究北宋花卉经济发展也很有价值。此外据《曲侑纪闻》载：

张峋撰《花谱》三卷，凡一百一十九品，皆叙其颜色容状，及所得名之因，又访与老圃，得种接养护之法，各载于图后，最为详备。韩玉汝为序之。[2]

又据苏轼《牡丹记叙》载：

熙宁五年三月二十三日，余从太守沈公观花于吉祥寺僧守璘之圃中花千本……明日，公出所集《牡丹记》十卷以示客，凡牡丹之见于传记与栽植培养剥治之方、古今咏歌诗赋，下至怪奇小说皆在。余既观花之极盛。与州人共游之乐，又得观此书之精究博备，以为三者皆可纪，而公又求余文以冠于篇。[3]

张谱《宋史》《直斋书录解题》等都有记载，沈谱虽不存，谱前苏序却流传至今且广为转引。由上述记载可知张、沈二人花品的规模都不小，结构上也基本是效仿欧谱又大为扩展，在当时也有着不小的影响。两谱都较为完备，尤其是沈氏谱还“栽植培养剥治之方、古今咏歌诗赋下至怪奇小说皆在”，如若存世对我们了解杭州牡丹及其牡

---

① 《墨庄漫录》卷九，《宋元笔记小说大观》第 5 册，第 4738 页。
② 《墨庄漫录》卷四，《宋元笔记小说大观》第 5 册，第 2983 页。
③ “叙二十五首”其三，《全宋文》第 45 册，第 251 页。

丹文学的发展状况必定大有裨益，只是不幸都未能保存至今。

此外。还有两部亡佚花谱值得一提，一是钱思公花品、一是范尚书花谱。

首先是《钱思公花品》。思公是北宋名相钱惟演的谥号。钱氏与牡丹的关系甚密，苏轼《荔枝叹》所谓“洛阳相君忠孝家，可怜亦进姚黄花”，说的就是他。虽言辞中颇有微词，也向我们透露了钱惟演家园牡丹繁盛、育有奇品且以花王进献宫廷的讯息。钱氏多年定居洛阳花下，自然受洛人爱花之风的熏染。他对牡丹的喜爱及他对牡丹品种的关注在同时代人的著述中也不时可见。尤以欧阳修《洛阳牡丹记》述之最详：

> 余居府中时，尝谒钱思公于双桂楼下，见一小屏立坐后，细书字满其上。思公指之曰：欲作花品，此牡丹名，凡九十余种……钱思公尝曰：人谓牡丹花王，今姚黄真可为王，魏花乃后也。[①]

据上述文字可知，钱氏对牡丹情有独钟，在花品搜集上曾费心力。不仅有作花谱的动机，甚至连前期工作——花品名目搜集都已在进行中。虽“钱思公花品”没有流传下来，甚至当时都没有明确文献材料证明它真实存在过，但是许多人仍以为有过《钱思公花品》。宋及后人的书录、笔记中多有著录、提及可为明证。钱惟演是北宋前期的名臣，也是当时的文坛盟主，史载他“雅好文辞，又喜招徕文士、奖掖后进”，对欧阳修等文坛新秀多有提拔奖掖之功。他开创的西昆文风风靡宋初近百年文坛。在宋初钱惟演是一个极有影响力的人物。他对牡丹的极

① ［宋］欧阳修《欧阳修全集》，第1096页。

图 067 ［宋］徐崇嗣《牡丹蝴蝶图》，美国弗利尔美术馆藏。此图即徐氏自创新体所画“没骨花”的代表作。在花朵的画法上摒弃墨笔勾勒，以粉彩点染，似进一步摒除了工具对表达的限制，花朵更加逼真，姿态更加雍容富丽。掩仰之间，尽显牡丹花瓣繁多、花头硕大而致似不胜其力的娇姿艳态。

力推崇，热衷于对花品的搜集整理评定，有意作花谱，还勤于向宫廷进献名花，对牡丹地位的上升、影响的扩散功不可没。因而这样一个存疑的花品也更有论述的价值。

其次是范尚书花谱。这部花谱虽已散佚，但《广群芳谱》《中国农学书录》等众多文献中都有著录，其源头主要是周师厚《洛阳花木记自序》：

> 余少时，闻洛阳花卉之盛甲于天下，常恨未能尽观其繁盛妍丽，窃有憾……元丰四年（1081），余莅官于洛，吏事之暇，得博求谱录。得唐李卫公平泉花木记、范尚书、欧阳参政二谱，按名寻访，十得见其七八焉。然范公所述五十二品，可考者才三十八，欧之所录者二篇而已……[①]

周氏言之凿凿，历来倒是少有人怀疑这部记载了五十二品牡丹花且三十八品得到了周师厚的印证的花谱存在的真实性。人们只是纠结于作者范尚书所系何人。遍及史料，北宋时期的范尚书有三：曾任兵部尚书的范仲淹、曾任礼部尚书的范雍、曾任吏部尚书的范纯仁。三人在时代上皆与周师厚有交集，似乎难以抉择，然细细分析却又并非如此。

首先应该排除的是范纯仁。此人与牡丹最是投缘，不仅创作了不少牡丹题材诗词，一生之中也多有流连花下的闲暇与志趣，也在洛阳长久徘徊并在牡丹花下流传下了不少故事。然周师厚所言的范尚书却并非范纯仁。周师厚自序作于元丰五年（1082），而范纯仁被称作范尚书是元祐元年（1086）升任礼部尚书之后，就时间而言，周序中的

---

① ［清］汪灏《广群芳谱》卷三二，上海书店 1985 年版。

范尚书不可能为范纯仁。另花谱正文中还提到名品玉千叶，说其景祐年间出于范尚书家山篦中，此范尚书与自序中的范尚书显系同一人。景祐年间（1034-1037），范纯仁（1027-1101）才十岁左右，这更印证了花谱作者范尚书绝非范纯仁。

其次是范仲淹（989-1052）。他在皇祐四年（1052）年辞世后被追赠"兵部尚书"，被称作范尚书也有可能。然据史料记载，范仲淹虽与洛阳关系深切，但是他生前从未在洛阳买田置地。那个宅中出奇花的范尚书、那个有闲情搜集整理牡丹名品、创作花谱范尚书显然也不大可能是这个一生忧以天下、乐以天下，鞠躬尽瘁、死而后已的兵部尚书。且这个尚书是他 1052 年死后的追谥之一，景祐年间他因反对宰相吕夷简而被革去官职，跟尚书之职更是沾不上边。当时正处在政治斗争风浪中，自然没有闲心也没有精力去侍弄花草。综上种种，周谱中这个范尚书也非范仲淹。

最后也是可能性最大的一个是北宋时期洛阳人范雍（981-1046）。范雍在 1039 年左右曾任礼部尚书且祖籍洛阳，对有名的洛阳花的赏爱观察更是近水楼台。且这个范雍是有名的军事上无能平庸的"大范老子"，一生流连花草诗词倒也符合他的风格。更重要的是宋人宋敏求《河南志》载有："净保寺尼院，礼部尚书范雍宅，雍与知府厚，园亭甚佳。"[①]这正印证着周师厚记中提及的那个园中艺出名花的范尚书宅。范雍是这三位北宋的范尚书中唯一一个在周师厚提及的景祐年间已被称作尚书，也是唯一一个当时在洛阳有宅院的人，同时，他也是这三个范尚书中与洛阳渊源最深，在洛阳花下徘徊最久的人。因此，范雍

---

① 《宋元珍稀地方志丛编》第 6 册，第 24 页。

是周师厚笔下的范尚书最合理的人选。

图 068　宋白色珍珠地划花牡丹纹枕，故宫博物院藏。

上述对范尚书的论述证据并不充分，还需要新材料的发现。我们的论证只为澄清事实并借此机会述评几位范尚书对牡丹审美文化作出的贡献。

宋代的花谱还有沧州观察使《冀王宫花品》、李述《吴中花品》、胡元质《牡丹谱》等，这些花谱无不记录着当地牡丹发展状况及技术经验等，代表当地牡丹园艺种植最高水平。这些花谱滋长于牡丹种植观赏繁盛的土壤上，不仅是实际种植事业高度发展的代表也指导着实践事业进一步繁荣。

花谱中包含着关于牡丹的各方面信息，既可为樽前花下的谈资以示博学多识，也可为实际种植观赏活动提供指导以辅助栽培活动的顺利进行，还可供案头典藏以随意采撷为诗文素材。它们的大量出现、广泛流行体现着整个社会对牡丹种植观赏的兴致高涨。且这众多花谱联合起来就是一幅完整的北宋牡丹种植观赏盛况全图，也是一部完整的北宋牡丹栽培技术史。同时出于那些博学多才的文人之手，不仅内容上旁征博引、精深幽微，体式行文上也是简洁有法、灵动流畅，有很高的文学审美价值。

总之，北宋牡丹园艺种植达到了牡丹种植史上的一个辉煌巅峰。这一时期牡丹种植的面积极度扩张，打破了南北地域界限与门第等级限制，处处移来处处开，为一场全民参入的审美热潮奠定了坚实的物质基础。同时在大规模的种植实践中，种植技术也得到极大的提高。不仅在传接栽培方面卓有成效，在诱导培育新品方面也多有创举。宋人更积极地积累、传播先进技术经验，热衷于为牡丹著述立说，记载牡丹种植观赏方方面面的情况及其相关时代文化风尚。这些记载见证着北宋牡丹审美风潮之盛，也以其宣传影响之力，进一步推动这一风潮的成熟以至于繁荣巅峰。

南宋时期继续了北宋谱录繁荣的局面，也出现了不少牡丹谱，如陆游《天彭牡丹谱》、胡元质《牡丹记》、张邦基《陈州牡丹记》等。其中最有代表性的即是陆游的《天彭牡丹谱》，记录了当时天彭牡丹种植、观赏状况。谱录中记载了 65 个品种，并对四川牡丹在南宋的发展有清晰的梳理：

牡丹，在中州，洛阳为第一。在蜀，天彭为第一。天彭之花，皆不详其所自出。土人云：“曩时，永宁院有僧种花最盛，俗谓之牡丹院。”春时，赏花者多集于此。其后，花稍衰，人亦不复至。崇宁中，州民宋氏、张氏、蔡氏，宣和中，石子滩杨氏，皆尝买洛中新花以归。自是，洛花散于人间，花户始盛。皆以接花为业，大家好事者皆竭㞦其力以养花。而天彭之花遂冠两川。今惟三井李氏、刘村毋氏、城中苏氏、城西李氏花特盛。又有余力治亭馆，以故最得名。至花户连畛相望，莫得其而姓氏也。天彭三邑皆有花，惟城西沙桥上下花尤超绝。由沙桥至堋口，崇宁之间亦多佳品。自城东抵蒙阳，则绝少矣。大抵花品种近百种，然著者不过四十，而红花最多，紫花黄花白花各不过数品，碧花一二而已。①

南宋时期，牡丹种植观赏中心已经由洛阳转到南方的彭州，春天赏花之人大多聚集在这里。北宋末年崇宁、宣和间都有彭州人从洛阳买花回四川。此后四川牡丹兴盛起来，花户开始倾力种花，彭州牡丹开始成为四川牡丹种植中心。这里还善于营造园林，花户相望，繁盛至极。除了基本保存了洛阳牡丹各种名品，还培育出了很多新品如富贵红、叠罗红等。而且“然花户岁益培接，新特间出，将不特此而已。好事者尚屡书之”，“岁益培接，新特间出”，可知南宋时期牡丹品种培育技术持续的发展。

总结上述论述，可知宋代的牡丹谱代表当时植物谱录发展的高度，宋人的牡丹性状观察、分类技术，也代表着当时生物学、植物学等科

① [宋]陆游《天彭牡丹谱》，《中国牡丹谱》，第197页。

学知识的高度，这些牡丹谱录中所记载的牡丹种植、栽培、养护诸技术，更代表着当时园艺种植技术的巅峰。这些牡丹花谱不仅总结了当时的牡丹种植栽培各种经验，极具科学价值，还多有“风俗记”等条目记载相关风俗民情，从花谱名称的变化我们甚至可以看出两宋牡丹种植重心是随着经济文化重心的南移一路向南的。则这些牡丹谱的文献价值也不可小觑。更重要的是这些谱录出自名公巨流之手，本就是流芳百世的文学精品，其文学艺术价值更是丝毫不弱于诗文作品的。以欧阳修《洛阳牡丹记》为例，这部花谱，可谓开花卉谱录之风，此后花木谱录大量涌现，欧阳修功不可没。为了他的花谱能传之久远，他精心撰写之余还特意请好友，当时著名的书法家、文学家蔡襄（今人仍普遍公认他是宋代书法四大家之一）为他抄录，以传布天下。这种名臣、文宗、书法家齐来造势宣传的盛举，是牡丹审美文化在宋代登峰造极的前提也是最好的表现。因此，诸多牡丹花谱并非仅仅牡丹审美文化的载体，更是牡丹审美文化盛行最为直接的表现及成果。

第三章　牡丹与中国艺术

上述各章论述了牡丹审美文化发展的基本状况及其发展轨迹与时代背景。虽然基本能够揭示出中国牡丹审美文化的基本风貌，然而还有一点不得不提，即是这一时期民俗、绘画领域牡丹题材的发展。

作为一种审美文化，牡丹文化是种上下沟通互动式的观赏文化，广大民间群体以迥异于上层文人的文化观念与审美趣味影响着整个审美文化的发展方向。因而虽作为牡丹观赏文化重要主体的宫廷文化与士大夫文化对牡丹文化的塑造与传承自然有着关键意义，然而还有一种不可忽视的力量在牡丹文化发展中占据极为重要的作用，那就是民间文化。民间文化群体虽在牡丹文化中不占主导，但却是影响牡丹文化最终得以成熟定型的数量最多、范围最广因而对牡丹审美文化扩散之影响最为广泛的群体。广大劳动人民以自己喜闻乐见的形式表达对牡丹的喜爱，从建筑到雕塑；从纺织到陶瓷等，几乎一切民间工艺美术形式中都有牡丹的存在。尤其是北宋中期牡丹种植得到全面普及之后，牡丹纹样更蔓延到民俗生活的方方面面。北宋时期牡丹题材绘画更是取得了独特成绩。本文仅就民间装饰艺术中牡丹纹样与园林造景的观念、形式两方面对民俗艺术在牡丹审美文化发展中的意义稍作探讨。同时，简要分析与之密切相关的牡丹题材绘画的发展。

第一节　牡丹在传统民俗艺术中应用

牡丹国色天香、繁艳雍容，与民俗中求祥纳瑞的心理相合；牡丹象征富贵荣华、太平昌盛，更是人们表达对生活的良好愿望，祈福求吉的绝佳选择；同时牡丹还富丽堂皇、大气端庄，是极富于装饰性的素材，因此在民俗、艺术领域有着广泛的应用。广大劳动人民不仅以自己喜闻乐见的形式表达他们对牡丹的喜爱，从建筑到雕塑，从纺织到陶瓷等，几乎一切民间工艺美术形式之中都有牡丹的存在；更以他们的思想观念与审美情趣在不断丰富与开创着牡丹审美文化，创立了与文人为主体的正统文化迥然不同的质朴清新的民间艺术传统，给牡丹审美文化注入新鲜的气息，对牡丹审美文化的成熟与成熟做出了巨大的贡献。

在民间艺术中，牡丹纹是典型的工艺装饰纹样。自唐代以来，牡丹颇受世人喜爱，被视为繁荣昌盛、美好幸福的象征，三彩等工艺作品上已多有呈现，从晚唐五代出土的墓葬形制考察的结果来看，牡丹在当时的壁画、石刻、木雕、砖雕中都有广泛的应用。北宋时牡丹更被奉为花王、盛极一时、深入人心。故成为瓷器、漆器、陶器、木雕、石刻、纺织物等器物上最普遍、流行的装饰，上至皇家贵族奢侈品、下至百姓日常寝处用具上随处可见牡丹倩影，这一点在现存的众多遗址、文物中可见。洛阳的北宋墓葬石棺上处处有牡丹纹，各地出土的宋代瓷器、陶器、纺织物等器物上的牡丹纹、各种史料记载的牡丹纹饰在民间诸艺术形式中的应用皆是明证。

牡丹纹饰虽唐代已出现，彼时还主要应用在宫廷贵族，表现形式

图 069　宋牡丹纹瓷枕，南京博物馆藏。

也相对单一，这是牡丹作为装饰出现在工艺器物上的起点，意义重大，然而成就却远不如两宋。经过五代的酝酿，到了北宋时期牡丹审美文化十分成熟，相应的牡丹题材工艺艺术发展也走向了成熟。其表现在于牡丹纹样的广泛应用，突破了贵族的垄断，普遍出现在民间日常用具中；也在于表现形式的多样与技法的纯熟。这一时期牡丹纹样的表现技法有刻花、印花、绘画等；形式有独枝、交枝、折枝、缠枝等。在此基础上千变万化，幻出宋花卉装饰艺术最亮丽的一道风景。两宋之后明清时期牡丹在工艺美术领域得到了更加普遍的应用，牡丹题材工艺美术的表达技巧与思想也得到了发展。

一、民间装饰艺术中牡丹纹样及其寓意

唐宋，尤其是北宋时期民间装饰艺术中的牡丹纹样已经得到了极为广泛的应用。自中唐以来，牡丹纹样就成了包括建筑、雕刻、陶瓷、

漆器、纺织等民间装饰艺术中应用广泛且深受喜爱的艺术形式。民俗艺术中有着与上层牡丹文化相对独立自足的艺术观念与表现形式。这一层面中的牡丹文化是牡丹文学发展在上层文人精英文化之外的又一精神根基。相对于精英文化，民俗文化视野中的牡丹更加单纯稳固因而更深入人心。现存北宋文物古迹上牡丹纹十分普遍，记载比较多的是《洛阳市志·牡丹志》[①]，以下从中选取数例以佐证牡丹纹样北宋时期应用之广泛：

洛阳发现的北宋墓室画像石棺上多刻牡丹图案。崇宁五年张君石棺，棺楣中央阴刻一花盆，盆内植两株牡丹，布满棺楣。棺两侧饰以大朵连枝牡丹，间以攀枝童子和骑兽童子。棺门楣、棺盖两侧均用减地平雕手法，刻出牡丹花朵和枝叶，再以细密的阴线刻出多重花瓣和叶脉。棺身前挡浮雕门窗，其上方两侧阴线刻牡丹花；政和七年乐重进石棺周饰牡丹纹。后档上方、左右阴刻缠枝牡丹，下刻卷云纹、棺左右两帮各刻十幅烈女孝子图，边饰缠枝牡丹。北宋器物上也多有牡丹纹，瓷器、漆器、陶器上皆用牡丹为饰，各种瓶、罐、壶、炉、杯等器物上牡丹纹也随处可见。无论在应用范围还是表现方式上都大大超出唐代牡丹纹样，表现出了这一时期牡丹题材在传统民俗艺术中的繁荣发展。

宋代瓷器也多饰以牡丹纹，不仅在宜阳、新安宋瓷窑址中屡有发现，洛阳宋代墓葬中也多有出土。其中宜阳窑址出土的青釉碗，多印缠枝牡丹纹或折枝牡丹纹，或交枝牡丹纹。定窑器上常出现单朵牡丹，耀州窑瓷器上多见花朵两两相对，磁州窑枕面上还可见随云头形曲线

---

① 洛阳市地方史志编纂委员会《洛阳市志·牡丹志》，中州古籍出版社 1998 年版。

图 070　明洪武釉里红折枝牡丹纹花口盘，故宫博物院藏。

绘牡丹，如故宫博物院藏宋白色珍珠地划花牡丹纹枕（图 068）。事实上，现存的宋代瓷枕中，以牡丹纹为多。多为白地黑花如日本五岛美术馆宋白釉黑花牡丹纹罐（图 062）、南京博物馆宋白地黑花牡丹纹瓷枕（图 069）或黑地白花。

明清时期牡丹图案在工艺美术方面得到了极致的发展，牡丹纹样带着它特有的浓郁的民族气息占领了花卉装饰纹样的主导地位。这些牡丹纹样组合方式丰富多样，但无不以其绚丽饱满、光彩夺目的形态展示着古代人民对于美好生活的向往，对富贵繁华的牡丹花的喜爱。如故宫博物院藏的明洪武年间釉里红折枝牡丹纹花口盘（图 070），与同一时期的青花缠枝牡丹纹玉壶春瓶（图 071），都有种典雅秀丽的美，令人赏心悦目。

明清人在唐宋发展下来的牡丹传统纹样基础上又有了更多的创新组合，更丰富了牡丹富贵吉祥的寓意，在“图必有意，意必吉祥”的时代。明清人不仅极大发展了宋代官私各大名窑的工艺，在陶瓷上，广泛应用牡丹纹，装饰方法上也突破了宋代以刻划花，白地黑花为主，讲究

图 071　明洪武青花缠枝牡丹纹玉壶春瓶，故宫博物馆藏。

对称；纹饰单一，多采用缠枝、折枝等方法等的局限，技法更丰富纯熟，表达更复杂精细，色泽也更丰富，出现了如青花釉里红瓷（图 070）、釉上五彩、粉彩瓷画（图 072、图 073）等更多的艺术表现形式，将牡丹题材工艺美术的发展推动到了一个新的阶段。牡丹花的造型表达上也突破了宋代以单朵造型为主的模式，有了更多的组合，甚至百花满地，琳琅满目，用更多花草来烘托衬托牡丹的雍容华丽。织绣艺术上，也将宋人以缠枝牡丹为主的单调造型扩展为广泛与其他植物、动物组合，形成更有文化意蕴的图案组合，如与凤凰组合的“凤穿牡丹”、与万字纹或蔓草组合的“富贵万年”、与各式博古纹[①]组合的“平安富贵”等。

图 072　清雍正五彩锦鸡牡丹纹碗，故宫博物院藏。

明清牡丹题材工艺美术发展的极致是将传统工笔绘画意境与布局应用到工艺美术中，在青花牡丹瓷器上运用当时盛行的水墨画、粉彩绘画等技法运用到各种瓷器、服饰、家具中。如清代乾隆黄地粉彩镂空干支字象耳转心瓶（图 106）镂空部分的“玉堂富贵图”，又如雍正

① 博古纹：宋大观中，徽宗命王黼等编绘宣和殿所藏古器，成《宣和博古图》三十卷。后人将图绘瓷、铜、玉石等各种古器物的画，叫做“博古”，也有添加花卉等点缀的，纹样寓意清雅高洁，广泛应用在明清家具、器用、服饰中。

图 073　晚清体和殿款黄地粉彩缠枝牡丹大钵缸，故宫博物院藏。

五彩锦鸡牡丹纹碗（图 072），把牡丹花与锦鸡、山石相结合，改变了唐宋花卉题材工艺美术中花卉、动物纹样各行其道的惯例，将花鸟画组合应用到工艺装饰中，极大丰富了工艺纹饰的艺术容量。这种构图不仅使得器具更加形象生动、精美可观，更使得工艺美术也有了文人画的品位与思想。牡丹与锦鸡的组合，在宋代院画中已是惯用的主题，其“功名富贵”的寓意到明清早已是司空见惯，用在工艺美术中自然使得日常器用在实用功能之外，又多了审美功用，丰富了民俗艺术的表达形式与思想内容。

如上诸多实例可见牡丹纹样不仅在墓葬、建筑等领域应用广泛，在雕塑、陶瓷、纺织等工艺形式中是十分常用的图样。在现存的各种形式的北宋时期的艺术品中，牡丹纹是最为常见的一种装饰花纹。从中我们也可以总结出一些形成共性的牡丹审美文化观念，从中发现民俗艺术观念对牡丹审美文化的影响及其意义与价值所在。这些花纹不仅美观大方，平添许多艺术气息，更深刻反映着民俗情感、民俗审美观念。民俗艺术中的牡丹有着与上层牡丹文化相对独立自足的艺术观念与表现形式。这一层面中的牡丹文化是牡丹文学发展的在上层文人精英文化之外的又一个精神根基。相对于精英文化，民俗文化视野中的牡丹形象更加质朴单纯、清新明丽。为了了解民俗艺术观念对牡丹文化意义，首先我们来搜检一下民俗装饰艺术中牡丹纹样的构图方式及其寓意。

月生选编的《中国祥瑞象征图说》[①]一书中共搜集祥瑞图案两百多种，其中包括牡丹图案十六幅。这些图案分别有如下含义：国色天香（寓富贵繁华）、官居一品、富贵长春、长命富贵、富贵神仙、白头富贵、富贵寿考、白头富贵、正午牡丹（寓富贵全盛）、富贵全盛、富贵耄耋、富贵万代、富贵平安、满堂富贵、玉堂富贵、荣华富贵。与之相配的是象征青春常在的长春花、象征长寿的猫与蝴蝶、谐音华堂之堂的海棠、寓意天长地久之白头鸟、寓意平安之竹。这些组合在北宋就已广泛存在，由《宣和画谱》花鸟门[②]所载画题也随处可见。在存画题的156幅牡丹图中，牡丹图40幅，牡丹与太湖石组合的有17幅，牡丹与猫组图的有14幅，牡丹与鸡组合有5幅。单独以牡丹构图寓意为一品天香、国色天香、富贵繁华等；太湖石寓意长寿太平，牡丹与太湖石组合寓意富贵太平、太平盛世；猫蝶谐音耄耋，象征长寿，

① 月生《中国祥瑞象征图说》，人民美术出版社2004年版，第76-90页。
② 潘云告主编《宣和画谱》，湖南美术出版社1999年版，第310-394页。

牡丹与猫寓意长寿富贵，富贵不老；公鸡象征功名，牡丹与鸡组合寓意功名富贵，荣华富贵……可见民俗观念对正统宫廷画院绘画观念的重大影响，因而也有助于追溯宫廷绘画审美观念的来源。

同时由以上现象分析我们也不难发现在民俗艺术中牡丹寓意是单纯而集中的，仅指向富贵繁荣一意。这自然与民间祈福向瑞的心理是相契合的。牡丹在民俗文化中主要承担了传递平凡百姓渴望过上幸福美满生活的祈愿。这些图案中的牡丹之形多是重瓣，在所组成的图案中总占据主体地位，是整幅图的重心与灵魂。整体上看那些牡丹图画面无不雍容大气，尽显王者风范，把牡丹的繁荣富贵之象展现得淋漓尽致。牡丹的富贵繁华气象最初不是起源于民间，但却是在民俗文化中得到强化与深入的，并且最终自下而上渗透到文人意识中并表现在文学作品中。我们还可从中看出民俗文化与文人士大夫主导的正统文化的差异，即民俗文化的淳朴真挚以及其似俗而雅的本色之美。民俗中剥离了文人赋予的道德伦理意识的牡丹审美文化现出别样的清新的美。

二、传统园林构景中牡丹的应用及观念

牡丹作为观赏花卉，存于园林，盛于园林，因而牡丹与园林的关系直接而密切，牡丹审美文化与园林文化也有着深刻的内在契合，我们可从现存史料中钩沉出这一时期牡丹在园林构景中地位及其所反映的民俗文化观念在牡丹审美文化中的地位。北宋是园林事业空前发展时期，相关章节已有详述。这里仅就园林与牡丹审美之关联作分析。

首先，牡丹是北宋园林中最普遍而不可或缺的一种花卉。这当然离不开牡丹审美热潮的兴起。当牡丹作为时尚新宠进入人们视野之中，引发了一场不分上下的审美狂潮之时，牡丹种植的普及也成为一种必

然。李格非《洛阳名园记》就说洛阳凡园皆植牡丹，其他的地方自然也望风竞效，当园林遍及天下，牡丹也即遍及天下。

韩琦镇守相州兴建园亭，远购牡丹，“百品名花手种来”（《栽花》其二）；苏辙在陈州家园中侍弄牡丹，声称“爱此养花智”（《移花》）；曾巩也曾在小园中亲手种牡丹，指望“明年待看花”（《种牡丹》）；王禹偁在长洲“偶学豪家种牡丹”也见“数枝擎露出朱栏”（《长洲种牡丹》）；洛阳名流司马光的独乐园、邵雍的独乐园、富弼的花园牡丹都足成景致……这是士大夫园林中的牡丹，其特点是规模、品种都有限，但是与园林结合紧密恰当，配合文人园林的精巧别致、辅助凸显文人园林的萧散风神。洛阳天王院花园子，无它花及园亭，仅植牡丹数十万本[①]；苏州朱勔家园“植牡丹数千万本”；吴中蓝叔成提刑家“有花三千株，号万花堂”[②]；沧州冀王宫中牡丹名品即有五十种，这是豪贵园林牡丹，其特点是规模宏大、品种繁多，配合豪门园林之壮丽堂皇，尽显奢华豪侈气概。杭州吉祥寺的牡丹有数千株，远近闻名，引苏轼、蔡襄等名流徘徊不去；陈州牡丹之盛首推高皇庙，苏辙子弟花时还联骑探花；东都太平天国寺牡丹也称名胜，冬日花开引得“冠盖云涌，僧舍填骈”[③]；洛阳北寺应天禅院“后园植牡丹万本，皆洛中尤品”（宋次道《河南志》）[④]，这是僧院牡丹，其特点是种植集中、有一定规模并有着明确的招徕香客的目的，种在佛阁、禅院，为佛家庄严肃穆之气之外平添几分神秘娇艳的气氛，配合僧院布道意

① ［宋］李格非《洛阳名园记》，中华书局1960年版，第7页。

② 《吴郡志》，《宋元珍稀地方志丛编》第1册。

③ 《枫窗小牍》，《宋元笔记小说大观》第5册，4759页。

④ 《宋元珍稀地方志丛编》第6册。

图而植也因而染上了佛香禅韵。

洛阳暮春时节“万沟流水一城花”；陈州花户“种花如种粟，动以顷计”[1]；杭州马塍花农也种花如种粟，橐驼之艺名闻天下；蜀地民间有花户张百花、李百花之号，皆种牡丹以求利，“每一本或获数万钱”，这是市民种花，其特点是规模不一，以盈利为目的，是在商业经济高度发展与市场需要的刺激下产生的，种花为求利，因而所植之园也极尽简陋之能事，园亭多为花时观赏宴饮之临时铺设，过时则复为废墟。

另外，官府郡宅花圃等公共园林在北宋也是极为普遍的，王禹偁所见吴县厅前冬日双开红牡丹，韦骧永阳所见《小雪后牡丹号朝天红者开于县宅西圃》《八月二十四日州宅牡丹》等皆是明证。这些官府园林是为了美化环境也是为了官员送往迎来，对丰富官员休闲生活、推广牡丹审美活动及相关观念多有贡献。相对于唐前牡丹的湮没无闻，唐五代牡丹的皇家权贵垄断及其政治中心局限，北宋牡丹可谓是真正的大繁荣。不仅遍及京城公私园林而且扩展到全国各地，四方园林不论大小必种牡丹，皇宫内苑、豪门苑囿、官府郡宅、僧寺道观、文人别业士人私园，处处可见国色天香之风采。北宋人据园林的大小，发明了灵活多样的牡丹种植方式，牡丹在各类园林造景中往往有着众星捧月、画龙点睛之用，不仅凸显出了园林构造之精深秀雅，也更体现出牡丹之尊贵繁华。具体而言，北宋时期牡丹在园林造景中主要有如下几种方式：

一是牡丹专园。这种园林有着规模大、名品集中的优势。牡丹花

---

① 《墨庄漫录》卷九，《宋元笔记小说大观》第5册，第4738页。

图 074　［宋］佚名《宋仁宗皇后像》，台北故宫博物院藏。图中侍立两侧的宫女头上姹紫嫣红、花团锦簇，细看牡丹、梅花、桃花、菊花、茶花等，四时花卉种种皆有，这大概就是陆游所说的“一年景”。

开之时，徜徉于一片牡丹花海之中，看万紫千红、争奇斗艳，分品列第、品评高低，恍如仙境，让人豪气顿生，是给人以无与伦比的审美享受的真正的视觉盛宴。这种园林虽无亭台楼阁、山水烟云之胜，却以国色天香壮观而奢华的美给人以极大的冲击，带来无法言喻的快感。

这类园子的代表是李格非《洛阳名园记》中所记的“天王院花园子”，其中无它花及池亭，唯有牡丹数十万株。花开之时，倾城游赏，游人络绎不绝，热闹非凡。花时一过则复断井颓垣、一片荒芜。这类园子的观赏价值对牡丹花期有着直接的依赖关系，因而暮春一过，审美价值就极为有限了。宋末苏州朱勔家的花园“植牡丹数千万本”亦是此类，明代张惠安牡丹园“其后牡丹数百亩，一圃也，余时荡然藁畦尔。花之候，晖晖如，目不可极，步不胜也”[①]，数百亩一望无际的牡丹花海，无疑是这类专园的极致。同时也是富贵豪奢的极致，因为这类园子需要强大的物质实力作支撑，因而数量不多，但若有一即足以证明当地牡丹种植观赏风气之盛。

牡丹专园是牡丹在园林应用中最为常见的构景模式。它是花王，艳冠群芳、傲视群伦，本不需要被衬托、被渲染，完全可以独立成景。而一片花海给人的震撼正如“大北胜”带来的时代自豪感与自信心一般，更能让人体会牡丹富贵繁华寓意的缘起，与清代张潮《幽梦影》所谓“牡丹令人豪”的真意。

二是牡丹专区。辟出专园种牡丹自非人人可及的奢华，然在自家小园中辟出一角对于颇受优待、生活丰裕的宋人而言却并非难事。因而牡丹专区是宋代园林中最常见的构景方式。宋人往往在园林山水掩映之间植上数十百株牡丹并辅以牡丹台、牡丹亭等观景建筑，构成一幅牡丹山石、亭台交相辉映的美好图景。这种景象饱含文人审美观念与理想。以假山流水之清雅萧散风神冲淡牡丹之繁华浓艳，体现君子淡泊功名、高洁自守的高风亮节；以太湖石、孔雀白鹇作牡丹太平昌盛、

① 《帝京景物略》卷五，惠安伯园，第199页。

富贵繁荣陪衬，体现宫廷豪门奢华闲适、荣宠昌隆；以亭台楼阁、珠帘翠幕之香软温柔、风流蕴藉环绕牡丹之尊贵雍容，体现主人家族之昌隆鼎盛、福喜安康。园子往往规模不大，却极富艺术气息，一山一石、一草一木都是服务于园林构景需要、主人审美理想，不同风格的园林对牡丹种植有着不同的设置方式，却同样都显示着主人以花明志，借花抒情之匠心。这种园林最具观赏价值。

司马光独乐园中数株牡丹与紧凑文雅的亭台正是主人孤高傲世心态的外化。张岱梅花书屋“西瓜瓤大牡丹三株，花出墙上，岁满三百余朵”，也与古人的古雅闲逸相映成趣。这种牡丹专区的设置不以规模取胜，更注重的是主人心性、志趣的表达。牡丹作为这类文人园林的有机组成部分，引人注目的自然不仅是其物色之美，更多的是它所营造与参与的高标文雅的氛围所表达的文人风雅妙赏。

此外，皇家园林也多是辟出专园来种植牡丹，如南宋临安皇城中慈宁殿前的牡丹园，又如《春明梦余录》所载元代皇宫“后苑中为金殿，四外尽植牡丹”，清颐和园中的“国花台”等皆是其例。宫苑中雕梁画栋、富贵奢华的场景正与牡丹雍容华贵的气质相称。

三是牡丹与其他花卉的组合混植。这种构景方式往往应用于中小型园林之中。规模最小，甚为精巧，三五成丛笑傲群芳之中，彰显花王之尊贵气度。其实最主要的是牡丹花期短，春去则无可赏，人们往往将不同花时之花混植，以达到此起彼伏，花开不断之效果。因而园中往往是牡丹芍药同植，花王凋而花相盛，牡丹酴醾并列，此花落而彼花荣。合理配置花期连续的花卉，使得彼此首尾相连，这样就避免了牡丹芳华委地给人带来太深的触动与感伤。四时常有花可赏，花开可乐，花谢不伤，正是宋人以乐为美，追求闲适优雅之审美艺术人生的绝佳体现。这种构景方式有着鲜明的时代特色，体现着宋人的生活态度与审美观念，同时也使得宋人的园林更加灵动亲切，富于主观情感色彩与审美韵味。这种类型的园林也是北宋园林中的精品。明人高濂《遵生八笺》“粉团花二种”一节中就提到白绣球花适合种在牡丹旁边来衬托牡丹的艳丽：“其白粉团，即绣球花也，宜种牡丹台处，与牡丹同开，用为衬色，甚佳。”

四季花卉的组合混植，不仅是在实用意义上可以使得四季错落，“一年长占断春光”，更能在荣盛衰谢中感悟生命与物理的流转，体会观物之乐。宋代妇女服饰、头饰中已出现齐聚梅、牡丹、兰、菊等各季花卉的所谓的“一年景”（图074）[①]，这种对四季美景齐备的追求自然也会体现在园林配置中，上编所引《武林旧事》卷一〇“张约斋赏心乐事”条所记的“赏心乐事”139件中，月月有乐事，不辜负一年中任何一景。这种观赏的前提自然是在园林中合理配置花卉资源，尽量齐全地将一年中所有美景全面呈现出来，让人尽可能多地享受春夏秋冬各色花木萃集的韶华之美。

总体而言，牡丹贵为花中之王，在各种场合中都是至尊无上的。无论是专园还是混合园林中，牡丹都是主角。它可以单独成园、成观赏专区，也可以令芍药、蔷薇为相、为妾婢，享受王者尊宠。无论单独成景还是混合种植，古人对牡丹的设置都是恰到好处的，既充分显示其尊贵无双，又不因其尊贵而影响其他元素的发挥。总之，在各类型园林中对牡丹这一构景元素的运用都体现出一个和与雅的观念。这

① 陆游《老学庵笔记》卷二：靖康初，京师织帛及妇人首饰衣服，皆备四时。如节物则春幡、灯球、竞渡、艾虎、云月之类；花则桃、杏、荷花、菊花、梅花皆并为一景，谓之“一年景”。

是文人园林构景的核心理念，也是宋代园林成就辉煌的基础。求和的观念使得牡丹在园林构景中的运用处处体现一种和谐圆润之美，没有倨傲的一枝独秀、没有张狂的漫山遍野，而是隐身山水草木间，潇洒闲逸、从容大度。求雅的观念则使得牡丹种植剥离了唐五代那种百宝妆栏的奢华豪侈习气，重返天真自然之意态，在山水林亭之间含芳吐艳，见证天地造化之工巧与万物之生机勃发。洗净奢侈淫靡、功名利禄之虚名，彰显清雅高洁、端方雍容之品性。可以说在文人求雅尚清的审美理想的影响下构造的清雅幽洁的园林，正是牡丹脱胎换骨，洗尽铅华之处。牡丹审美文化的升华乃至于成为崇高的文化象征，离不开它所栖身的园林及对它濡染浇溉甚深的园林文化。

文人园林虽是古典园林文化的主流，但却并非唯一。尤其是市民阶层崛起并繁荣发展的明清时期，园林也成为富豪、商贾甚至僧院观赏经济文化中重要的组成部分。文人爱花，却迫于游宦漂泊无定，未必都有精力亲自设计园林、侍弄花草，多是就花工、花户，皇家园林、富豪花圃游赏。而这些地方的牡丹种植相比文人园林就少了匠心或曰刻意，更显天真。从现存的古代园林文献上来看，这类园林所占的比重在唐宋以后尤其是明清时期是相当大的。这类园林往往并未精心设置，多就地随势而成园，种植面积一般都是相当大，少则数百株、多则数百亩，蔚然花海，在空地搭台设宴饮酒，或盖楼阁便于登高俯瞰。这就是明清戏曲小说中广泛、频繁地出现“牡丹亭”这一意象，并最终成为男女私情萌发圣地的象征的契机(牡丹亭畔花气熏人，香艳旖旎。从植物性状上来讲，作为落叶小灌木的牡丹植株高度适宜。既不如松柏竹林之遮天蔽日、幽暗阴森，又不似草本的兰花芍药等低矮柔弱、无可荫蔽，确实是私会的上佳地点）。牡丹种植规模越大，越是需要高台俯瞰感受花海的美感带来的震撼，牡丹亭成为大量种植的牡丹园的标准配置。而牡丹类专园的发达，使得牡丹亭成为一个普遍而常见的物象，进而是富于文化意味的意象，最终发展成为美好青春爱情的象征等。牡丹在园林中的应用及园林理论对牡丹种植的影响，都对牡丹审美文化观念的最终形成与繁荣发展大有裨益。

第二节　唐宋牡丹题材绘画艺术的发展

花鸟画肇端于魏晋，独立于中唐时期，并在五代时期初具规模。到了两宋得到了极大的发展，并登峰造极。牡丹画的发展历程与花鸟画历程基本相合。五代花鸟画兴起时，牡丹作为一个极为重要的绘画题材在花鸟画史上占领了一个极为有利的地位。草创时期的边鸾等人的牡丹花已初具规模。而到了花鸟名家黄荃、徐熙手中，牡丹绘画更是形神兼具，其神品佳作如徐熙《玉堂富贵图》（图 014）已堪称百代规模、传世国宝。到了北宋时期牡丹题材绘画更是得到了登峰造极的发展，不论艺术表现技法还是在主题内涵设置都体现出鲜明的时代特色与高妙的艺术品位。

宋代花鸟画家极注重对动植物形象情状的观察研究，并为此而养花养鸟。赵昌清晨绕栏谛玩，对花调色写生；易元吉深入荆湖深山，观察猿猴野生情状；韩若拙画翎毛，每作一禽，自喙至尾、足皆有名，谙熟解剖结构。宋代花鸟画家画花果草木，有四时景候、阴阳向背、笋条老嫩、苞萼后先，务求生动逼真。因而评画者视画中猫之瞳孔为竖线而指出《牡丹狸猫图》（如图 078 富贵花狸图）系画正午景候，农民指出名画《斗牛图》中之牛尾应下垂而不应上举的错误以及赵佶对孔雀升墩必先举左足的论述都是要求形象真实合理。这种务实求真的画风也反映在牡丹题材绘画中。宋代牡丹画既有精工富丽的黄氏体，也有笔墨简拔、富有江湖意趣的崔白、吴元瑜体，也有直接抒发士大夫情趣，专写墨竹、墨梅等的文人墨戏体，且各种体式都是成就斐然的。

一、牡丹题材绘画艺术发展历程

唐代之前，花鸟在绘画中只是作为人物画与山水景物画造景材料，是种陪衬。到了中唐时期，花鸟画已经渐渐脱离了其他题材的限制而独立出来。到了五代时期，这一新兴的绘画题材已经以迅雷不及掩耳之势横扫画坛，创造出了一片热闹非凡的景象。这为两宋时期花鸟题材绘画的最终成熟与辉煌成就奠定了坚实的基础。五代人在花鸟画中积淀的丰富经验，由五代入北宋时期的画家及其后继学习者带入北宋并得到了有效的扬弃，将宋画发展到了繁荣之巅峰。牡丹绘画艺术发展过程与此基本重合。

中唐时期进入绘画视野的牡丹在唐代鼎盛的牡丹文化的强大感召力下一直风头极劲，一路走入五代牡丹深处，为牡丹绘画添上了浓墨重彩的一笔。五代牡丹绘画中所谓黄家富贵、徐家野逸，说的就是五代也是中国花鸟画史上最杰出的两位画家黄荃与徐熙。这两个人在牡丹绘画中开创出的典雅繁华、精工艳丽的富贵之风与徐熙开创清雅隽秀、萧散朴野的野逸之风统领着北宋画坛近百年，并在宋代画家的继承与开创中继续发挥其影响、延续至甚至百年不衰。两宋牡丹绘画继往开来，达到了前所未有的巅峰。这一时期的牡丹绘画已经不是个别天才独当一面的小繁荣，而是整个社会整体绘画艺术的巨大提升的背景下群体的大繁荣。在崔白、易元吉、赵佶、李迪、赵孟坚、吴炳等一大批画家的努力下，牡丹绘画无论在神韵、意蕴上还是在绘画技巧上都达到了炉火纯青的地步。下面我们就循着牡丹绘画发展历程，对古典绘画中的牡丹题材绘画史作一梳理，体会两宋牡丹画的特色、成就及其在整个花鸟画史上的地位。

（一）宋初百余年间，大体遵循五代绘画传统。北宋开国后，汴京一带成为绘画艺术中心。宫廷画院先后集中了西蜀的黄居寀、黄惟亮、赵元长等，南唐的董羽、徐崇嗣等及中原的赵光辅、高益等画家。院体花鸟画以黄家富贵体为规范，花鸟画则有赵昌、易元吉、王友等。这些画家的创作实践，酝酿着北宋绘画风貌的新变化。这些由五代入宋的画家大多精于花鸟题材尤其是牡丹题材绘画，尤其是黄居寀等人的牡丹题材画更以其实绩充实了牡丹审美文化内容。这一时期是牡丹绘画的起步时期，也是其在继承五代艺术经验的基础上创新求变的开创期。

（二）熙宁和元丰之际，出现了以崔白为代表的花鸟画。他们在内容及艺术上都展示出崭新的风貌，都具有精湛的技巧和深厚的修养。李公麟以单纯朴素的白描形式，精确地表现了不同阶层、民族、地域人物的特征，特别是在刻画士大夫生活形象和情趣上，获得极大成功。崔白和郭熙都可以不经起稿而放手作画。崔白描绘季节气候变化中禽鸟的情态，善于表现败荷凫雁的荒情野趣，突破了宋初以来画院内黄氏体制的规范，取得了更为自然生动的效果。这些都显示出这一时期绘画艺术活动的活跃。牡丹题材绘画也在这一活跃中得到了极大的发展，在绘画技法与观念上都达到了成熟的境地，为后世留下了众多可贵的艺术精品与丰富的艺术经验。

（三）徽宗赵佶、高宗赵构统治时期，是宋代宫廷画院最为繁荣的时期。徽宗时画院制度已相当完备，社会上民间画家艺术水平普遍提高，也出现了不少优秀画家。此时画院高手云集，善画百马、百雁的马贲，开南宋山水画新风的李唐，善画风俗界画的张择端，善画花鸟翎毛的韩若拙、孟应之等。徽宗时内府书画收藏极富，公卿士大夫收藏家也甚多，《宣和画谱》反映了当时宫廷收藏的盛况。牡丹题材绘画作为其中重要组成部分，也取得了很大的成就，画谱中所载牡丹画中有不小一部分创作于这一时期。靖康之变，大批画家南渡，又成为南宋高宗画院中的骨干力量，将北宋牡丹绘画观念与技巧带到南宋，促进了南宋绘画的发展。

二、北宋时期牡丹题材绘画的成熟与巅峰时期

牡丹入画的时期，一度被人们推至魏晋时期。顾恺之的《洛神赋图》、杨子华的牡丹画是有记载可上溯的最早的时期。然而，由于史料的缺失还是不可尽信的，因而对于牡丹绘画的追溯最好还是不要超出唐代。唐代牡丹入画有实物为证的应属唐周昉的《簪花仕女图》（图019）、徐熙的《玉堂富贵图》（图014）及晚唐诸多出土壁画（图016、017）等（可参看上编第二章第三节）。这些绘画证实了牡丹作为观赏植物已经进入宫廷日常生活中，此后牡丹入画就很常见，牡丹专题画也开始出现，牡丹文化所蕴含的富贵吉祥之意也开始明朗地表现在花鸟画的取材、配景之中。

宋代的牡丹画则远远突破了唐代花鸟画的规模，不仅在数量上有了极大的提高，在技巧、立意上也有了巨大的进步，代表了整个封建时代花卉画艺术的顶峰，也代表着牡丹题材绘画史上的巅峰。现存的北宋牡丹画已为数不多，很难见出当时牡丹绘画艺术及其相关观念的全貌，但是所幸作为北宋绘画艺术活化石的《宣和画谱》流传至今且保存完整，其中收录唐五代至北宋牡丹画共 146 轴，其中北宋 64 轴。作为北宋牡丹题材绘画成就总结的《宣和画谱》是我国历史上第一部系统品第宫廷藏画的专著，书中记载了花鸟在内的十个绘画门类。广泛采集各家画论、史实记载，结合御府所藏，按时代先后，对画家一一品第。其所品第者皆为魏晋以来名画，共 231 家，6396 幅画。宫廷藏画自然无论在构思立意还是笔法技法上都是上品。因而《宣和画谱》不仅体现着宋代宫廷藏画之盛，品第言辞间也体现着宋人的审美观念。同时宫廷所藏牡丹画名品的数量之丰、作者之众可见其在花鸟画作中的地位。我们可从中尽力勾勒北宋牡丹题材绘画的发展历程与成就影响。下面我们就以《宣和花谱》所载为依据、以时间为顺序，列举在牡丹题材绘画上卓有成就的代表画家及其作品稍作介绍：

（一）说到北宋牡丹题材绘画，我们不能忽视几个由五代入宋的大师的奠基与转移风气的贡献。五代及宋初时期，出现了很多牡丹画家，无论在画风还是技法上较之前代都有了进一步发展，为北宋牡丹绘画艺术的成熟奠定了基础，黄荃、徐熙等更以其观念、技巧笼罩了北宋初近百年画坛。

黄荃，成都人，后蜀名家，是这一时期花鸟画家成功代表，也是牡丹绘画成就最高代表。宋人对他的评价极高，《宣和画谱》称赞他“荃画兼有众体之妙，故前无古人，后无来者。凡山花野草，幽禽异兽，溪岸江岛，钓艇古槎，莫不清绝”。可谓推崇备至，其画风独特，与徐熙并称“黄家富贵，徐熙野逸”[①]，代表五代绘画最高成就。《宣和画谱》载黄荃画 349 幅，其中牡丹画 16 幅，如《牡丹戏猫图》《太

① 《宣和画谱》卷一六，第 330 页。

湖石牡丹图》等，从画题即可看出这些画中的题材组合是有一定意义的。然仅存题目，已无法评判其艺术技巧与风格特色，只能从古人画论窥其一二。但古人的推崇溢美不难想见其绘画技艺之精、对花鸟画艺术的贡献之大。如此技巧应用于牡丹题材绘画中，对牡丹审美艺术发展的意义可想而知。北宋画院百年间即以黄家富贵为规范，可见其影响之深广。他和次子黄居宝、季子黄居寀形成绘画世家，家传风范。不仅在五代北宋时期自成一家、成为画坛主流、成就卓著，在整个绘画史上也是有着里程碑意义的艺术文化巨人。

徐熙也是由五代入宋的名画家。他善写生，写花卉以落墨枝蕊萼，然后傅色，骨气风神天下无双。与黄荃齐名而又兼黄筌之神、赵昌之妙，艺术上似更胜一筹，在古代绘画史尤其是花鸟画史上有着崇高的地位与巨大的影响。宋宣和御府所藏徐画共249幅，只牡丹就有40幅，近六分之一。从画谱所存题目看，几乎每幅都有特定寓意。牡丹寓富贵、鹁鸽寓和平、桃寓高寿等。徐熙画风独特、技巧娴熟，许多作品都堪称绝世经典，如其《风牡丹图》中有叶千余片，花只三朵，一在正面，一在右，一在众枝乱叶之背，枝叶花摇曳于克风中，静中有动，情态逼真。至今仍存于世的《玉堂富贵图》（图014）则以牡丹、海棠、玉兰三者造景，满纸铺染。画面舒展雍容、色彩华丽充满繁缛奢华的宫廷气息。这种宫廷文化奢华审美决定的富艳画风直到北宋中后期仍在整个花鸟画坛中有相当的优势。

（二）北宋中期是牡丹题材绘画的繁盛期，这一时期牡丹种植迅速扩展，以洛阳为中心，遍及中原。牡丹题材绘画名家也大批涌现，代表画家有徐崇嗣、徐崇矩、黄居寀、赵昌、易元吉、崔白、乐士宣，赵仲等。

徐崇嗣，徐熙之孙，也工于写生，长于草木禽鱼，绰有祖风。然当时黄家富贵之风一统天下，徐亦学黄家画风，已无多少隐逸之风。他作画不用描写，只以丹粉点染而成，号“没骨图”。这种没骨花技法在北宋画坛广为流传，也有很大的影响。宋御府藏其142幅。对这种没骨花技法，宋人是备极称赞的。然而，他的作品未能流传下来，到北宋中后期已无人知其真面目。图067《牡丹蝴蝶图》是后人仿作，可以推测其风格之一二。他在北宋画坛上的地位与影响是无可置疑的。

黄居寀，黄筌之子，他画艺敏赡、妙得天真，画风富贵华丽。当时人争相购藏。他是继承五代传统、黄家规范并取得成就的代表画家，他的绘画技巧被北宋初百年画坛视为标准，直接影响了北宋一代画坛风格及其发展方向。他是北宋初画坛的领袖人物，更是北宋牡丹题材绘画的杰出代表。宣和画谱载其花332幅，其中46幅为牡丹图，可以说是古代牡丹题材画史上高产的作家。这些牡丹题材绘画作品集中反映了北宋时期牡丹题材绘画的基本风格，因而也基本反映了北宋牡丹题材绘画所达到的艺术成就。

另还有赵昌、崔白等。赵昌画，宣和御府藏154幅，其中牡丹图12幅。史载赵昌的画十分有特色，他擅长画折枝花，画风极为生动，色彩明艳动人。崔白，善花竹之类，尤长写生，所画《湖石牡丹图》《牡丹戏猫图》流传于后。他的花鸟画打破了自宋初百年来黄家富贵为标准的工致富丽风格范式，开宫廷绘画之新风。以其风格的活泼、清淡一新时人耳目，因而深受人们的推崇，后学甚众、影响巨大。崔白的画给人以野逸、荒冷、简峭之感，丰富了花鸟画的表现技法和内容，为当时的花鸟画注入了新的活力。他的画作笔致工细明丽、清新动人。

这种风格与艺术对牡丹题材绘画的成熟也有一定的影响。[①]从现存史料来看，北宋的牡丹图在应物象形、意境营造、笔墨技巧等方面都臻于完美。着重在花冠硕大、重瓣层叠、娇艳华贵上用功。精工富丽、美不胜收，构图丰满，设色艳而不俗。无论是后人对宋人绘画成就的总结还是当今绘画艺术研究成果，都表明宋代是绘画艺术的成熟与繁荣时期，牡丹题材绘画也在这一潮流中得到巨大发展。

以上述画家为代表的北宋时期是花鸟画发展的辉煌时期，这一时期花卉画不仅形成了专门的画科，相当规模的画家团体且取得了极高的成就，是公认的花卉题材绘画的巅峰时期。北宋牡丹题材绘画存世作品不多，但是据史籍记载品评这些作品在花卉题材占有相当重要的分量，众多杰出的花鸟画家的参与与热情创作以及他们的杰出作品在花鸟画史上有着无可替代地位，对后世牡丹题材绘画乃至花鸟画都有极重要的影响。

由上述内容，我们不难窥见民间审美文化与文人正统审美文化风味之别。民间工艺美术领域的牡丹纹样充满民俗、乡土气味，与鲜活生动的日常生活气息，体现下层百姓的愿望与审美情趣。故而偏重牡丹审美中世俗功利、祥瑞喜庆的一面，有着纹样搭配组合上诸多的美好寓意。这跟那些以士大夫为主体的园林主人的求清雅、重自然的情趣就有明显的不同。属于上层文化领域的绘画也是另一番景象，无论宫廷的富贵繁艳还是文人的野逸疏放，皆体现着雅致高洁的审美准则。

诚然，随着宋代士人群体的世俗化、平民化以及宋代文化的繁荣，人们文化素质的普遍提高，所谓民间与文人的区别并不是可以简单概

① 本节所引作家资料均出自《宣和画谱》，第310-394页。

括的。如上文相关章节提到，宫廷贵族、文人大大夫与民间文化群体之间是相互交流、有着频繁互动的，民俗艺术及绘画领域的发展，也离不开种植观赏事业的高度繁荣发展，离不开各个阶层各个观赏群体的共同推动。而种植观赏活动又借助宫廷、文人与民间群体的喜爱而得以迅速发展，同时又以其技术与规模的不断扩展而丰富着文学与艺术的内容与领域。如此种种因素融合，由上层与民间共同推动，才促成牡丹审美文化的全面繁荣。

因而，我们说牡丹审美文化在民俗、绘画领域的繁荣发展与前数章所论之种植、观赏、文学诸多领域所取得的辉煌成就共同组成一幅壮丽恢弘的图景，构成了北宋时期牡丹审美文化发展的基本面貌，也从不同的侧面展示着这一时期牡丹审美文化超越前代、卓立千古的风姿。

第三节　明清牡丹题材绘画发展概貌

在牡丹绘画领域，北宋是当之无愧巅峰时期，南宋时期可谓是梅花的时代，以画牡丹闻名的画家已经少之又少，存世作品也几不可见。这主要是牡丹的雍容华贵与南宋时期素雅淡远的艺术趣味不投机。到了明清时期牡丹题材绘画又重新恢复了生机。一方面，随着明清文人的积极探索，水墨画艺术观念也发生了新的转变，牡丹也成为水墨画中的重要表现对象之一。调和了牡丹审美文化中“雅”与“俗”的冲突对立，将牡丹题材文人画发展到一个新的阶段。另一方面，随着明清社会文化、思想风气的进一步世俗化，牡丹的世俗层面的文化内涵也得到了进一步的发掘与拓展。牡丹作为富贵吉祥、太平繁华甚至青春、爱情美好的象征，在书画领域也得到了充分的展现。因此，明清时期出现了大量的牡丹画家及绘画精品，如前文已提到的唐寅《题牡丹图》《牡丹仕女图》（图 010、047），又如徐渭《水墨牡丹图》（图 075）、恽寿平《牡丹图》（图 080）、吕纪《牡丹锦鸡图》（图 076）等。牡丹题材艺术也得到了繁荣发展。明清牡丹题材绘画主要有两大类，一是水墨牡丹，二是工笔牡丹。

图 075　［明］徐渭《水墨牡丹图》，故宫博物院藏。

水墨艺术方面的代表人物是徐渭。徐渭（1521-1593），字文长，号青藤老人。是明代著名文学家、书画家、戏曲家。他是“泼墨大写意画派”创始人，其画水墨淋漓、不拘形似，是文人画的巅峰。他与博学天下第一的杨慎、四库总编解缙并称“明代三大才子”，是明代牡丹的专家，一生最爱牡丹，创作很多的牡丹诗文、画作。他的牡丹画豪放疏朗，淡泊高远，直接开辟了水墨牡丹，将牡丹题材绘画的艺术提升到又一个巅峰状态。

以其现存故宫博物院的《水墨牡丹图》（图 075）为例，此画牡丹用蘸墨法内浅外深点出花瓣，用重墨点花蕊。布局疏阔、笔墨泼辣豪放，气势逼人。墨色润泽，极富生意，水墨淡雅中却仍是传出了牡丹富贵庄严，是徐渭代表作之一。画面右上还有自识云："四月九日，萧伯子觞吾辈于新复之兰亭，时费先生显父至自铅山，李兄子遂父至自建阳，并有作。余勉构一首，书小染似伯子：命驾皆千里，流觞复九回。马嘶不出谷，鸟影屡横杯。分水邻封会，双珠明月胎。今朝修禊地，益见永和才。天池中漱者渭。铅建两道，首尾相接，共分水一关，故颈联云。"这是一段淡而有味的小品文，记录一次风流云集的盛宴，交代此画的背景。同时，清雅的文笔与通脱的书法、豪放俊逸的泼墨牡丹交相辉映，极具情韵风味。兰亭雅集最经典地代表着古代文人的风雅生活：与志同道合的文朋诗友相聚名山胜水，效仿任真旷达的魏晋名士，曲水流觞、饮酒赋诗，优哉游哉。这种集会既是文人结交同辈、逞才斗奇、相与为乐的场合，亦可"仰观宇宙之大，附察品类之盛，所以游目骋怀，足以极视听之娱，信可乐也"，能让陷身尘网中的文人们心灵得到自由与解放。名花风采与书法墨迹及文字间淡雅情致共同构成文人"清赏"的艺术生活一景。

工笔艺术方面的代表人物则是吕纪及其现藏中国国家美术馆的代表作《牡丹锦鸡图》（图 076）。吕纪（1477-?）主要活动于明弘治年间，以擅画被召入宫，官至锦衣卫指挥使，以花鸟著称于世。

吕纪的花鸟画继承两宋"院体"，多以凤凰、孔雀之类瑞兽为题材，杂以浓郁牡丹花树，工笔重彩、华贵绚丽，为明代宫廷工笔花鸟画家

图076 ［明］吕纪《牡丹锦鸡图》，中国国家美术馆藏。画面浓墨重彩，颇有“浓郁璀璨夺目”之观感。锦鸡华丽、牡丹富贵，又透出吉庆祥瑞的画意，突出了宫廷画的审美趣味。

图077 ［清］沈铨《孔雀玉兰牡丹图》，立轴，绢本设色，作于1714年。此画设色浓丽，工致华美，画面写实。孔雀翎毛细致入微、栩栩如生。牡丹花朵五色绚烂、花瓣舒展雍容，艳光照人。整幅图画画风谨严、造型生动。玉兰、牡丹组合是传统玉堂富贵吉祥寓意素材，而华丽的珍禽孔雀更配合与强化了这一富贵祥瑞主题的表达。色调浓郁的孔雀也调和了牡丹与海棠的素淡，获得了和谐之美。

的杰出代表。此图细腻地表现了锦鸡的娴雅体态和牡丹的富贵特性，画面吉祥富贵，体现出皇室艺术的审美趣味。清代花鸟名家沈铨在画学上就师承于他，从上图（图077）看，两人的风格确实有一脉相承之处。

第四章 牡丹与中国审美文化观念的演进

以上数章皆是对空前繁荣的牡丹审美文化种种外在表象的描述，这些现象都是在漫长的历史进程中经过无数人的努力而不断明确成熟的，也是在中国人对牡丹的审美认识逐步发展的基础上最终形成的。牡丹由一个名不见经传的植物上升为一种风雅的审美时尚，并且逐步升华出精神文化意蕴，最终在中国文化中形成了一种至高无上的精神象征，成了国人心中的花王，承载着人们对于繁华昌盛、太平气象的祈求，标志着一种端庄从容、高洁坚贞的德性品质。这些都有赖于古人在漫长的历史时期中对牡丹审美认识的不断深入、不断开拓。在这一历史过程中，两宋是个关键时期。流传至今的牡丹之象征意义与文化内涵的基本概念几乎都是在这一时期形成的，牡丹的花王地位也是在这一时期最终奠定的，两宋时期可谓牡丹审美文化发展之巅峰时期。明清时期的牡丹审美文化活动包括种植观赏在内都极为繁盛如前文相关章节所述，然其牡丹审美文化观念相对于两宋只是激其流而扬其波，推波助澜而已。因而本章论述牡丹审美形成的各个关键时期，重点是两宋时期牡丹审美中所体现的中国传统民俗观念，以及各时期优秀文人对牡丹文化诸象征的发展成熟做出的贡献。

第一节　唐人牡丹热与牡丹审美观念的萌发

在隋唐以前漫长的历史时期内，牡丹这种古老的植物就隐遁在深山之间，被用作药材、伐为薪柴。到了盛唐时期才逐渐广植长安宫廷内苑与豪富家园之中。人们才惊觉世间竟有如此尤物，对其追捧至于“一国如狂不惜金”的程度。到了宋代牡丹种植观赏状况更加壮观，不仅洛阳牡丹盛极一时，甲于天下，越州、杭州、吴县、蜀地等地也无不是牡丹花开满城若狂、繁盛至极的场面。从最初的默默无闻到唐时的满城若狂，再到北宋的风行天下、至尊无双，牡丹向我们展示了一个文化意象的产生发展以至于繁荣的完整过程，成为解析花卉审美文化的历史演进的一个重要标本。

唐人对牡丹的审美认识主要体现在物色方面的体认与推崇上。众所周知，大唐盛世是一个繁华热闹、绚丽多姿的时代，繁华富丽的牡丹引起这样一个追慕繁华的时代的注意是自然而然的。从太白的清平调三章开始，牡丹就被唐人等同于杨贵妃那样尊贵雍容、艳极无双的绝世美人。这种比附在于对牡丹之国色天香、娇艳无比的色相之美的极致推崇，所谓“何人不爱牡丹花，占断城中好物华”（徐凝《牡丹》）、“香遍苓菱死，红烧踯躅枯”（王建《赏牡丹》）、“金蕊霞英叠彩香，疑是少女出兰房”（周繇《看牡丹赠段成式》）无不是着眼于牡丹的色、香等外在物色特征。到了中晚唐时期，人们对牡丹的审美认识也有了一定的发展，初步突破了物色特征而深入到其整体形态、神韵之美，刘禹锡的《牡丹》最有代表性：“庭前芍药妖无格，池上芙蕖净少情。唯有牡丹真国色，花开时节动京城。”这里称赞的国色已经不仅是指

图078 ［宋］佚名《富贵花狸图》，台北故宫博物馆藏。画中牡丹敷色素雅，姿态飘逸，自然清新，并无骄奢傲物之俗态，这就是宋人所理解的富贵。

其容色娇艳明丽还涉及其气质神韵之超凡脱俗，这是牡丹审美文化精神升华的萌芽。

同时，随着时代变迁、盛世不再也让晚唐人在牡丹题材文学中灌注了一种反思精神，他们也初步认识到“花艳人生事略同”（杜荀鹤《牡丹》）、“看到子孙能几家”（罗邺《牡丹》）等牡丹与世道人生盛衰的关联，郑谷有“乱前看不足，乱后眼偏明。却得蓬蒿力，遮藏见太平”（《中台五题·牡丹》）[1]将牡丹与太平相联系，但是这种情况在唐代极为罕见，远不足以形成文化观念。但是，这些都是宋人提炼出牡丹的繁荣太平之象、盛世之兆、人生胜事等系列象征意蕴的起点。同时，唐人还提炼出了牡丹的功名富贵之象，认为牡丹是俗世荣华富贵的代表。唐人在牡丹审美认识中开创的这种种契机，都为宋人审美认识的发展提供了借鉴与启发。为宋人承继了唐人之开创之绩并依据自己的审美观念进行着扬弃和改造，形成自己的审美观念并开创出一个牡丹审美文化鼎盛发展的新时代作好了准备。

然而由于唐代牡丹种植规模及其栽培技术的局限，牡丹未能广泛进入文人生活视野而未能形成普遍而深刻的审美文化意蕴；也由于唐人尚乎其色、着意浓姿艳态的物质感官享受的审美观念与征奇逐艳、追求富贵功名的社会思想的偏向而未着意于牡丹在精神文化象征上的崇高意义的塑造。由于以上种种，唐人对牡丹的审美认识并没有太大的进取。唐人的价值在于将牡丹推向审美观赏领域，对牡丹各种生物特性有了一定的认识，并且由此推导出一些契合于唐人文化审美观念诸如功名利禄、富贵繁华等意义，宋代出现的各种象征如太平盛世、雍容高雅诸多因素也在中晚唐逐渐萌芽，尽管这些成果唐人并未能充分发展与固定，但已为北宋牡丹审美文化的发展成熟奠定了基础。如刘禹锡“唯有牡丹真国色”已接近宋代那尊贵无极的花王形象。虽然这只是唐人的分散的个性表现，还远未达普遍公认的程度，但在牡丹

---

① 《全唐诗》第20册，第7705页。

审美认识的发展上，唐人的开创之功还是不可轻视的。

牡丹审美在大唐的萌芽而并未深入与大唐的文化氛围是密切相关的。尽管唐人也曾经历安史之乱与晚唐衰颓，在整体上是富庶繁华，审美文化上也是乐观开朗、宏伟壮阔的。在这种文化底色的影响下，大唐人的审美意识上也是偏于粗放豪阔的。陈子昂慷慨悲凉的幽州台歌、岑参壮丽新奇的边塞诗，李白斗酒十千的诗情，杜甫一览众山的壮志；张旭放浪粗豪的狂草，颜真卿浩气长存的楷书，周昉笔下丰腴肌肤，吴道子手中的衣带当风，皇宫中盛行的危险刺激的马球比赛，处处都透露着唐人的审美偏向：壮美雄浑。唐人并非无细腻冷静之作，牡丹审美中也出现各种哲思反省，但这些都淹没在一片国色天香的颂歌中，并未受到时人重视。不是唐人不善于感受和思考，而是他们心胸和视野都在塞外山巅，在银河落九天、波撼岳阳城。他们在牡丹雍容华贵、国色天香中感受到了一种雄浑甚至有野性的美，这种美激发了唐人骨子中的异域情怀。另一方面大唐文化重心在北方，受游牧民族影响的豪放与北地险峻山河地理养成的贞刚气息，与后来文化重心日益南移，审美心态日益趋于柔婉纤细，因而在牡丹审美上日精细化、哲理化的宋型文化在整体上是截然不同的。

第二节　北宋在牡丹审美文化内涵的形成中的作用

北宋时期牡丹审美认识的发展已经远远突破了唐人的物色观赏，深入到了审美文化层面，并且在这一领域继续深入开垦，推举出了牡丹尊贵雍容、高洁贞刚之人格美及其繁华极盛的人生佳境、太平昌盛的盛世之象等崇高的文化象征意义。这一过程也是北宋文人尤其文化精英对牡丹审美认识的不断深化、不断涵咏赋意、生发开掘的过程。本节以时间为序、以北宋牡丹审美认识发展过程中有着关键意义的人物、观念为线，串联起北宋牡丹审美认识的发展成熟过程及其基本内容，从而达到对北宋时期牡丹审美认识发展历程的整体而全面的把握。

一、宋初：牡丹富贵说的发展

虽然唐人文学作品中已有牡丹身价如“数十千钱买一棵”“万物珍那比，千金买不充”等说，但多直陈事实而并未引申到牡丹的富贵象征。牡丹之荣华富贵的凡俗意象却在民俗文化中萌芽。五代时期的绘画中以牡丹为富贵象征的应用已经十分普遍，尤以徐熙《玉堂富贵图》为典范。民俗文化中的牡丹富贵之说到了北宋时期才开始明确。宋人从牡丹“管弦围簇天生贵”“障行施烂锦，屋贮用黄金”，盛极于京洛富贵之家的认识中逐步明确出牡丹富贵繁华之象征。并进一步深化与升华，融入雅化的文人视野，极大的发展与繁荣。牡丹为富贵花最早见于周敦颐名作《爱莲说》：

> 予谓牡丹，花之富贵者也；菊，花之隐逸者也；莲，花之君子者也……菊之爱，陶后鲜有闻；莲之爱，同予者何人；牡丹之爱，宜乎众矣！[①]

菊花是隐逸者如陶渊明之最爱；莲花是君子之喻；而牡丹这富贵之花却拥有众多人的喜爱。品评这三种花卉，实即论其所象征的三种思想价值观念。隐逸思想与道德品格观念只在某一特定时期、群体中通行，而富贵思想却是古往今来上下一致的。牡丹的雍容富丽深刻契

---

① 《全宋文》第49册，第279页。

图079　［明］陈鹤《牡丹图》，上海博物馆藏。陈鹤，字鸣野，一作鸣轩，一字九皋，号海樵，一作海鹤，又作水樵生，山阴（今浙江绍兴）人。他最擅画水墨花草，明朱谋垔《画史会要》称赞他的花卉画“能独出己意，最为超绝”。此幅牡丹画，纯以水墨点染而成，淡雅清新。配上俊秀的行楷，确实极具个人特色，有卓异于时代之处。“岂是此花能富贵，芳名元在万花先”，题诗有意避开牡丹富贵花的“俗名”，强调其先于万花、高出群卉的卓绝美名。意在颂扬牡丹的花王超绝地位，拔高其沉沦于世俗富贵的地位。这与水墨牡丹画的意境倒是融合无间、浑然一体。

合着奢华尊贵的上层社会富贵意气；牡丹之尊贵雍容也要求有富贵奢华环境相映衬。“千金一朵卖姚黄”（张耒《漫成》），难怪宋人姚宽《西溪丛语》卷上“花中三十客”说将牡丹尊为“贵客”。

在宋人为代表的古人看来，牡丹之富贵是富而无骄、贵而不挟，充满君子气度与品行之美（如图 078）。牡丹所象征的富贵虽然是产生于这种富贵的阶层的奢华生活，却获得了古今社会各个阶层一致的推崇，得到了最广大的人民长久热烈的喜爱。其原因即在于人类内心深处对于不断改善物质文化生活，达到个人富足、家道昌盛、国家太平繁荣的共同心愿。富贵一词上古时期已经形成，所谓“不义而富且贵，于我如浮云”（《论语 · 述而》）、“富贵不能淫、贫贱不能移、威武不能屈”（《孟子 · 滕文公下》）皆非否定对富贵的追求而是以儒家义理来将这种追求规范在合礼的程度之内，否则孔子也不会说“富而可求也，虽执鞭之士，吾亦为之”（《论语 · 述而》），这些言辞出现的本身也反映着先秦人对富贵的追求之热忱。唐人追求功名富贵、建功立业是学界的共识。宋人诗词中体现出的富贵闲雅之气及对物质享受的精致化、艺术化要求都建立在富贵的基础上。可见对富贵的追求是古今共同的社会理想，也是社会发展的基本动力。

北宋时期人们虽然重视砥砺道德名节，但是却也同时重视俗世物质富贵繁华生活的享受。他们把富贵、享乐等人类隐秘的追求合理化、公开化、雅化。宋人之所以能够对有着富贵繁华之象征的牡丹倍加推崇而不畏惧其对道德品行的影响，就在于他们对富贵的态度的转变，他们不再视富贵、享乐为洪水猛兽，而是将其视为优雅闲适生活的自然需求与点缀。古人的理想是“修身齐家治国平天下”，修身为齐家治国平天下作准备，齐家为了家道兴旺、福祚绵长，治国平天下的归宿在于天下的太平昌盛、百姓的富足安康，可以说人类一切努力的归宿都在于创造物质财富与精神财富，在于追求个人、家庭与社会、时代的富贵，这是历史前进最直接最强大的动力。对富贵的肯定，对牡丹富贵象征的推崇不仅表现了北宋人思想上的成熟也透露出了北宋人上下一致热切的一个基本原因，即是北宋人对牡丹所蕴含的富贵繁荣含义的肯定。宋人针对富贵的牡丹开于富贵繁华的大唐盛世又极盛于本朝富贵繁华中心京洛地区，进一步总结出了牡丹与世道时运、国家气象的联系。他们认为富贵花开富贵地，太平花盛太平时。富贵繁华之牡丹盛放在北宋也就昭示着北宋王朝的繁华富庶、昌盛太平。爱赏牡丹就不仅是满足耳目之娱或祈求富贵功名，而更在于在其中体味盛世太平的气象。象征富贵太平之牡丹常开则富贵太平常在是人心所向的，无怪“牡丹之爱，宜乎众矣”！

这种重视物质享受，推崇富贵闲雅的生活方式的审美态度，源于宋代社会结构变化影响下的主流审美心态的改变。门阀士族在晚唐以后已经开始崩溃，到了北宋时期由于科举大兴，统治阶级“与士大夫共治天下”，宋史上尤其是北宋历史上做出重大贡献的名流如欧阳修、范仲淹、宋祁等，无不出身贫寒，而终于身居高位，新兴的平民阶层崛起了。这一阶层有着与前代迥然不同的审美风尚。他们信心昂扬，有着强烈的责任感与入世精神，但是完全依附皇权的阶层是脆弱的，强烈的忧患意识表现在公则是对自我阶层的努力巩固，强化师友关系，互为臂助，共同抵御政治风雨；于私则是推崇奢侈享受，及时行乐，珍惜眼前的富贵繁华。宋代的宴乐集会活动的繁荣，园林文化的兴盛，宋词的异军突起，包括宋代花卉审美文化的繁兴都是这种心态下的产物。北宋时期奉牡丹为王，热爱这富贵花，推崇这花中富贵，也是理所当然。

二、北宋中前期（一）：欧阳修对牡丹审美认识的扩展

欧阳修是牡丹审美文化发展史上的里程碑。他的成就绝不仅在于花谱典范《洛阳牡丹记》以及诸多相关文学创作，他以文坛主盟之对地位对牡丹审美文化的推崇之意义更为深远。这里就其在牡丹审美认识上的贡献作一深入讨论：

欧阳修对牡丹审美认识上的第一个贡献就是对洛阳牡丹的大力推举。在欧阳修之前，洛阳还和其他地方如越州、青州等一样是众多分散而规模有限的牡丹种植地之一。自欧阳修反复推举称颂洛阳牡丹的天时地利的优势，极力融合洛阳的历史文化内涵于牡丹的时尚文化因素，将洛阳牡丹塑造成一个文化典型，最终上升为一个文化象征。在洛阳牡丹这一既象征着大宋太平昌盛气象，又深蕴天时地利、风云际会的人生佳境的文化符号的形成中，欧阳修贡献极大。

欧阳修 24 岁初官洛阳，曾在洛花下度过了他一生中最为自在得意的三年。这三年中，他在西京留守钱惟演的幕下深受赏识，过着逍遥闲适的生活；他初露锋芒便已名动天下，广受尊重；他结交了梅尧臣、刘敞、石介、谢绛等一大批有着相同志趣爱好的知交好友，他们相互切磋相互推重，在诗文革新运动迈开了关键的一步；他“每到花开如蛱蝶”，饱览牡丹艳色、伊洛风物，创作了大量优秀的文学作品，在诗歌思想与艺术上都有了长足的进步，为其今后主盟文坛打下了坚实的基础。这三年可以说是欧阳修一生事业的起点也是欧阳修生命中最辉煌快乐的一段时光。此后漫长的岁月里，他总是频频回忆起这段徘徊牡丹花下的少年得意、逍遥安乐的时光，因而在怀念洛阳时他也深切怀念着那里繁艳娇媚的牡丹。此后每每看到牡丹，他总是想到那段

时光。这即是洛阳牡丹在欧阳修笔下被虚化为青春年少、少年得意的人生乐境的内在动因。

谓我尝为洛阳客，颇向此花曾涉猎……盛游西洛方年少，晚落南樵号醉翁。（《谢观文王尚书举正惠西京牡丹》）

年少曾为洛阳客……自笑今为白发翁。（《答西京王尚书寄牡丹》）

忆在洛阳各年少，对花把酒倾玻璃。（《寄圣俞》）

这里牡丹不再是普通的晚春芳物，供人赏玩以愉情悦目，而是打入了欧阳修自身强烈的主观情感与观念。当年牡丹花下的青春年少、踌躇志满与今天流落荒远的白发衰颓、失意感伤对置，昔日牡丹花下的欢会的畅快与今日亲友零落的凄凉对立。不难体会在欧阳修心里，牡丹这一意象是美好青春、少年得意、人生佳境的象征，因而他说“直须看尽洛城花，始共春风容易别”（《玉楼春》），历尽了人世美好、生命佳境，再面对离别苦难就有了许多勇气。牡丹意象在此因承载了欧阳修对于知己交亲的深切感念，也染上了深厚的知己情谊。这里欧阳修追念的去年的花丛也不是单纯的花丛，而是花丛下那段美好的欢聚时光，花丛下那些知交好友情谊的寄托。

这种寄托在宋人心中是极易引起共鸣的。虽然相对于前人，北宋文人士大夫更显功名易致、尊贵闲逸，但是这种功名富贵的得到总是以个人的个性自由的牺牲为代价，而且在那个政治风云变幻莫测，文人要忧国忧民、忧生忧世，要治国平天下，要在官场颠沛沉浮，要在权力倾轧下挣扎求生，能够摆脱俗累、任性使气、潇洒闲适的纵情欢赏的机会并不多。有知己携手同进退尤为难能可贵。青春年少、少年得意、交亲环绕、把酒言欢的那段美好时光总是匆匆而过，剩下的就是漫长庸碌的岁月里对它的反复叹咏追念。

这种追念在不同的时代、不同的人有不同表现，欧阳修将其寄托于洛阳牡丹。从这一意象在欧阳修作品中出现的频率，我们可以明显看出这种寄托是欧阳修有目的、有意识的选择。这一选择对牡丹审美认识的升华、牡丹崇高文化象征的形成都有着极大的影响。欧阳修之前文人赏牡丹，是赏其艳冠群芳之美；其后人们赏及牡丹时也不免联想到欧阳修，联想到他赋予牡丹的那种美好意蕴，也为这种美好意境所感发动摇而激发出更多的情怀。在欧阳修及那些追随者的笔下，牡丹所象征的那种昔日青春的繁华美好、辉煌绚烂的意蕴日渐明确。

由唐人的物色征逐到欧阳修的象征人生佳境、生命美好，这是牡丹审美认识的一大进步，也是牡丹象征形成的第一步。牡丹突破了普通时节芳物上升为人生美好的象征。从此诗人在观赏牡丹时不再仅见“国色朝酣酒，天香夜染衣”之绝代姿容，更穿越这繁华外表体味牡丹所象征的那份人生得意美好，在得地得时而盛放的牡丹中看到那个意气风华、青春得意的曾经或未来，同时也体味牡丹花下同行同止的那份难得的情谊，来安顿现实中平庸苦难的灵魂，抚慰生离死别时浓浓感伤之情。

宋型文化较之唐人审美，最大的不同就是更加细腻、理性，这是学术界有公论的。表现在牡丹审美上不仅是对牡丹的认识上由唐人的“何人不爱牡丹花”的粗放型整体性认知，发展至对牡丹品种的分辨，花朵颜色、性状、名称、沿革、优劣品评等方方面面的精细化甚至科学化认知上，也表现在审美上的进化。这里的欧阳修就是在以宋人的敏感与理性，体悟牡丹的荣谢与人生的荣悴之间的关联，所谓“花艳人生事略同”，理学的观物精神，文人的敏感睿智，宋代士大夫阶层在面对人生得失，生命盛衰时的理性哲思与感伤怅惘都在其中。可见北宋中前期宋人在牡丹审美方式与态度上已经有了突破，他们开始借牡丹来对人生与生命作哲理式的感悟与反思，这种“老成”与“早熟”正是宋代文化特色之一。

三、北宋中前期（二）：邵雍与太平花

邵雍对牡丹审美认识的发展的贡献在于以理学家观物态度对牡丹观赏方式、观念的批判与新创及在牡丹富贵繁艳中明确生发出牡丹的太平昌盛的盛世气象。邵雍笔下的牡丹是天地生气的代表、国家气运的体现、太平盛世的象征，醉眠牡丹花下是逍遥快活生活的极致之乐。

邵雍是北宋著名理学家、诗人，也是受人尊重的隐者贤者，他学识渊博，对宋代理学、文学都有很大的影响，被世人尊为“邵先生”。这邵先生是个牡丹迷。他隐居洛阳天津桥下牡丹花畔的安乐窝中三十余年，每当花开就驾车游赏洛城大小花园。他为牡丹作诗三十余首，提出了“花妙在精神”的观赏理念，认为牡丹繁盛正昭示时代之盛，徘徊花下也是“且为太平装景致”。南宋人已注意到邵雍与牡丹的情缘，将他许为牡丹知己：

> 曩在吴门幕府，有人问余曰：“莲以周子为知己，菊以靖节为主人。牡丹，名花也，独未有所属，舒元舆一赋甚丽，君许之乎？”曰：“否。比德于色，花之羞也。康节邵子其牡丹知己乎？”因为时曰：洛花古来称第一，人人爱花几人识。惟有天津桥下观物翁，独向根心验生色。四时之春四德元，惟花与翁天其天。春陵无人，彭泽不可起。千载识花一邵子。

（宋家铉翁《牡丹坪诗并引》）[1]

人们提及牡丹就想到这个花下逍遥快活的邵雍，封他为真识花之牡丹知己。邵雍对牡丹审美认识的发展有如下两点贡献：

首先是对牡丹太平昌盛之象的明确。邵雍一向以自己的时代为傲，认为北宋是足以比拟唐尧而藐视汉唐的文物风流的盛世。他曾经列举北宋五件“太平盛事”，认为“帝尧下固无之”（《邵氏闻见录》卷一八）。他反复吟唱“看了太平无限好，此身老去又何妨”“身老太平间，身闲心更闲”，临终时还写下了“生于太平世，长于太平世。老于太平世，死于太平世”这样的句子，极力称赞世道繁华。这种逍遥闲游于牡丹花下的生活方式正是出于邵雍对宋世太平的体认，他是个思想领域的建设者，他认为他的任务即是引导时人体认太平，以自己的方式向世人宣告盛世的风情气象。徘徊牡丹花下做个逍遥快活的太平闲人，“奇绝花畔持芳醑，最软草间移小车”“日来月往都不记，只将花卉记冬春”就是邵雍所选择的“且为太平装景致”的方法。因而牡丹也就成了太平盛世之象征，醉眠牡丹花下的逍遥安乐也正体现着世道之繁华昌盛。

其次是对牡丹观赏观念的“花妙在精神”的观赏理念的提出。邵雍是以理学家的身份自居的。观花弄草，吟赏风月对他而言绝不仅仅是耳目之娱，更是体会天地生气真意、观物致知的方式，所谓“生生之谓易”（《周易·系辞上》）、“天何言哉，四时行焉，百物生焉”（《论语·阳货》）。他认为“赏花容易识花难”，在观赏牡丹之时，邵雍强调理学之流与凡俗之辈之不同，“我辈游胜庶士游”，并自诩为“善识花人”，坦言“太平先生善识花”，也是以牡丹之知己自居的。

① 《全宋诗》第64册，第39940页。

邵雍所谓的“善识”，到底“善”在何处？他自己也有分说：

赏花全易识花难，善识花人独倚栏。雨露功中观造化，神仙品里定容颜。（《独赏牡丹》）

造化从来不负人，万般红紫见天真。满城车马空缭乱，未必逢春便得春。（《和张子望洛城观花》）

人不善赏花，只爱花之貌。人或善赏花，只爱花之妙。花貌在颜色，颜色人可效。花妙在精神，精神人莫造。（《善赏花吟》）

赏牡丹仅见其国色天香之貌，在外物色的繁艳动人，实在非善赏花者。有才、有道之士看花，重在品赏花的精神之美。要在牡丹开落之中体会天理之运行，着意生机活泼之物理，以表现圣贤气象，方可谓善赏。花的精神在半开半闭之时，那种郁然勃发的天地生气之美体现出的天地造化之玄妙，令人动容。赏花人要能“万般红紫见天真”，知“真宰功夫精妙处”，感悟宇宙运行的真意，体会万物为一、民胞物与的天地情怀。

这一即物究理的思路为牡丹审美带来了崭新的价值理念，它赋予了牡丹以理学本体的象征意义。牡丹是天道的载体，在它的开落、荣悴中，善于赏花的雅士可以观造化、知天理。这种观赏模式与理念，深刻体现出邵雍作为一个理学家的仁者乐物、化成天下的博大胸襟与道德境界，这是邵雍作为理学家对牡丹审美认识的贡献。这种理念为后来的朱熹所继承，发展成了“月印万川”“理一分殊”的理学观，开一代理学规模。

邵雍在牡丹之富艳繁华中抽象出了太平盛世之象征；摒弃其国色天香的形骸之美，提出了牡丹之美在于内在的天地生气、勃然生机深

图 080 ［清］恽寿平《花卉图册》之“宫袍上紫”，湖南省博物馆藏。此写生花卉图册展现了恽寿平“拟北宋徐熙赋色”的“没骨花卉”画的基本风貌，淡雅精妙、赋色明秀。所题一联极好体现了牡丹之富贵：“色借相公袍上紫”，色是权贵高门衣袍色；“香分太极殿中烟”，香是皇宫内苑香。一身贵气，自然不凡。

契理学观物之机括，观赏牡丹可知天理化成之秘、可见仁者化成天下的胸襟与道德境界，实在是一件妙而又妙、雅而又雅的美事。牡丹的审美认识又向道德伦理象征靠近一步。而另一方面，可以看出，宋人对传统花卉比德的审美模式也有了拓展，他们一方面沿袭已有的意象推波助澜，一方面开始创造符合时代精神需求的新的象征。牡丹太平观念的宣扬与推崇，结合“最软花间移小车”的乐享太平心态，显然并非单纯的审美活动，也有借花卉吟咏来做一种生活方式乃至精神状态上的示范，将观赏花卉的行为上升至移风易俗，宣导民情的目的。这种在日常生活方式中渗透教化思想，重视个人影响力的发挥，也是宋代士大夫阶层重视精神层面的“行为世范”（语出《世说新语》卷上之上）的一个表现形式。

四、北宋中前期（三）：韩琦与花王标格

韩琦对牡丹审美认识的最大贡献在于将牡丹与其尊王攘夷的维护封建正统观念结合起来，将象征中原正统、王室尊贵的牡丹推向花王的位置，确立了牡丹之雍容大度，尊贵从容的王者之风，君子胸怀之象征。

韩琦是北宋仁宗至神宗几朝出将入相的元老重臣，文学上也算行家里手，作诗千首，风格独特；还是个耿介正直、坚贞不阿的德高长者。他是北宋极有影响的人物，世人敬为韩公。这个无论在政坛还是疆场上都能驰骋纵横的能人对牡丹分外亲睐。无论是任职何地，他的庭园中总有牡丹，即使在边境也积极引种栽培牡丹，让“无限边人见牡丹”。相州的昼锦堂、阅古堂他都曾“百品名花手种来，复寻嘉艳及时栽”“名园尝已植群芳，更得新株补旧丛”（《栽花二阙》），亲力亲为侍弄牡丹。在亲自种植中，他体悟到了牡丹“姚黄性似天人洁，粪土埋根气不平”之高洁，认识到其不择地而开、随接随活的随和之贵。他首先推举出了牡丹贵而不骄的“格”：

移得花王自洛川，格高须许擅春权。管弦围绕天生贵，天地功夫到此全……（《北第落花新开》）

国艳孤高岂自媒，寒乡加力试栽培。当时尚昧随和贵，今日真逢左魏开……（《同赏牡丹》）

牡丹繁华艳丽，有人以为它是华而不实的芳华俗物，韩琦也曾讥笑它接头容易，随世俗所好。然而当他亲自种植牡丹时，就完全改变了这样的看法：他发现了牡丹之格，虽繁华富丽、娇艳无双却并不恃宠而骄；孤高自重不肯献媚自媒，却又随和从容，随遇而安。即使在荒寒之地，只要用心栽培，也能报以繁华满眼。尊贵至极而归于平和从容，一派王者雍容气度。

至此，牡丹不再仅以繁艳压倒群芳，更以内在的尊贵雍容品性德行独领春风；不再是轻佻浅薄的世俗繁花，而是孤傲高洁的晚春名花。这一点得到了宋人的一致赞同，不仅表现在宋代牡丹题材文化中频频出现的对牡丹高格、高洁之性、坚贞孤傲、不同流俗的品行的歌咏上，更典型地体现在宋人对武则天与牡丹的关系的附会上。《事物纪原》卷一〇中记载：

> 武后冬月游后苑，花俱开，而牡丹独迟，遂贬于洛阳。故今言牡丹者，以西洛为冠首。[①]

这则记载清人纪有功在《唐诗纪事》已断言其妖妄，今人郭绍林在《关于洛阳牡丹来历的两则错误说法》中也明确否定，显系宋人的杜撰，然杜撰的动机是对牡丹的喜爱也出于对唐人牡丹热潮之好奇。这杜撰本身即可体会出宋人在牡丹的芳姿艳态之外寻找其深层次的精神文化象征意蕴的尝试。但宋人却坚信武后若有此举，牡丹也必坚贞不屈。她的不俯就、不妥协、不媚俗正是北宋人尊重与歌颂的品质。因此清人汪灏《广群芳谱》卷三二花部牡丹部分在引用了《事物纪原》这个说法之后，还特意加了一句“则不特芳姿艳态，劲心刚骨尤高出

① ［宋］高承《事物纪原》，中华书局 1989，第 551 页。

图081 ［清］邹一桂《牡丹图》，私人收藏。邹一桂，清代官员，画家。政治上有声誉，花卉画更是足以名家。曾精心绘制百种花卉，每花题一诗，集成《百花卷》献乾隆，深受赞赏，乾隆亲为其《百花卷》题了百首绝句。作为恽寿平之婿，他得尽真传，画风清润秀逸、别具一格。

万卉”，这种“高出万卉”“劲心刚骨”的品质与宋人歌咏的牡丹之“天教国色傲春华，不肯争先伍凡花”（宋·洪适《梁子正有诗谢牡丹及聚仙花次其韵其一》）精神是一脉相通的，是道德伦理意识风行下，韩琦等士大夫对牡丹孤傲高洁品性的发掘与弘扬的必然结果。

在此基础上，韩琦将牡丹推向了花王宝座。韩琦牡丹诗二十余首，直接用到花王意象以代称牡丹有十余处如“风养花王接舜薰”（《观王推官园牡丹》）、“春来栽槛首花王”（《昼锦堂赏新牡丹》）、“一春颜色与花王”（《赏北禅牡丹》）、“移得花王自洛川”（《北第洛花新开》）、“正是花王谷雨天”（《北第同赏牡丹》）等，不再以转述与推测的口气述说牡丹王者身份，而是斩钉截铁以花王待之。这是牡丹审美认识的一个突破，此前牡丹题材文学作品中虽屡有冠群芳的说法，但限于其妖艳浓丽外表，总也无法将其与至尊王者相联系。韩琦一举打破了这个僵局，遗落牡丹的艳极无双而专主其内在雍容尊贵气质，将其推向花王的至尊地位，在精神品格上凌驾百花之上。如其《牡丹二首》：

真是群芳主，群芳更孰过。
艳新知品少，开晚得春多。
防日瑶姬梦，平生金缕歌。
寒边今幸活，风雨莫相魔。

青帝恩偏压众芳，独将奇色宠花王。
已推天下无双艳，更占人间第一香。
欲比世终难类取，待开心始觉春长。

不教四季呈妖丽，造化如何是主张。[①]

这是牡丹成为崇高文化象征的极为关键的一步，自韩琦之后花王之称开始广泛地用于文人牡丹赋咏之中，成为一种深入人心的审美观念，最终升华为民族精神的一部分。

这一步由韩琦迈出，是时代精神、他本人的特殊身份地位及其学养使然。韩琦是北宋王朝的栋梁之臣，在朝堂内外都有着举足轻重的意义，是中央皇权与中原正统的辅佐者与维护者。他一生身处政治漩涡中心，国家民族意识、皇权忠君意识是这个名臣人格的绝佳表现，即使在私生活的宴乐游赏活动中也时刻不忘。他极力推崇牡丹的尊贵雍容的王者风度，夸耀牡丹的从容优雅的气质，将其推为花王。以象征中原正统王权的花王宣扬大国国威，震慑外夷维护中央王权的尊严。与宋初人以牡丹为“大北胜”来弹压茉莉之“小南强”[②]，借以宣扬大宋声威异曲同工。他积极在边地栽培牡丹，以独盛京洛重地的名花来向外夷炫示中原王权气势之象征的花王品性、风姿的意义可见一斑。韩琦不仅在牡丹生物特性外发掘出了牡丹之孤傲高洁，并且赋予牡丹以雍容随和的王者气质，将其推向了不仅外形能弹压群芳且在精神品格上也高众花一筹的花王至尊地位。这对牡丹审美认识的发展有十分重要而深远的影响。

五、北宋中后期：苏轼对牡丹审美认识的深化

苏轼是个传奇人物，他不仅是大文豪、大官僚还是才华横溢、博学多艺的天才，潇洒风流、极有生活情趣的智者、仁者、达者。他以艺术家、文学家高妙的审美眼光与特殊丰厚的生活经历来关照牡丹，

① ［宋］韩琦《安阳集》，《宋集珍本丛刊》第6册，第433页。

② ［宋］陶穀《清异录》卷上，《宋元笔记小说大观》，第7页。

在赏花咏花之中融入个人的身世之感、人生体悟、个性风度，自然极大地扩展、加深了牡丹审美认识。如上文论述，洛阳牡丹是欧阳修生命中美好的图腾，对苏轼而言，杭州牡丹也有着相似的意义，徘徊在吉祥寺牡丹花丛中那段潇洒文雅的生活，那个俊赏风流的形象在后来九死一生、流落蛮荒的苏轼生命中有着极其珍贵的意义。苏轼一生爱花，海棠、梅花、杨花都曾引他叹赏、歌咏。然而他最钟情的莫过于牡丹，在他的三十余首牡丹诗中处处流露出对牡丹的珍爱，对曾经徘徊牡丹花下那段美好时光的留恋：

明日春阴花未老，故应未忍着酥煎。（《雨中明庆赏牡丹》）

未忍污泥沙，牛酥煎落蕊。（《雨中看牡丹三首》其一）

小槛徘徊日自斜，只愁春尽委泥沙。（《牡丹》）

清明过了，残红无处，对此泪洒尊前。（《雨中花》）

满眼“未忍”“愁”“泪洒”，怜惜珍爱之意溢于言表。在当时道德伦理意识空前强烈，世人纷纷比德牡丹，赋予其崇高德性之象征的。苏轼没有盲目跟风，他立足于牡丹的芳华艳质，从中体味其兴衰荣谢之间透露出的繁华易逝、青春难驻的人生况味，发掘牡丹惊世骇俗之美与生命、青春的繁华之美的共通之处。这是对其业师欧阳修对牡丹的认识的发扬。牡丹被他虚化为青春繁华美好、人生顺境的象征。一再叹咏牡丹之易残也就是叹息人生好景不常、青春美好难驻，繁华易逝的生命无奈。这展现着苏轼达观洒脱之外敏感深沉的一面，牡丹花下繁华一梦以后，花开花谢之中年华暗换、白发苍颜弹指而至，再看花开花落，敏感的诗人自感触良多。这种心情最典型地体现在其《惜花》中：

吉祥寺中锦千堆，前年赏花真盛哉。道人劝我清明来，腰鼓百面如春雷，打彻凉州花自开。沙河塘上插花回，醉倒不觉吴儿咍。岂知如今双鬓摧，城西古寺没蒿莱……夜来雨雹如李梅，红残绿暗吁可哀。[1]

诗中苏轼回忆了当年在吉祥寺赏花欢会中热闹繁华的景象，当时心情是明朗的。尽情的欢赏、大醉而归，那个头戴牡丹、醉态可掬的潇洒文人形象不仅活在文学史上成为佳话，更是深深印在苏轼自己的心底，当沧海桑田之后，回望当年那个洒脱风流的自己，感慨是深沉的。一夜风雨、红残绿暗，流年似水冲走不仅是红艳更是那段青春年少、得意逍遥的时光。作者惜花自然也不仅是怜惜牡丹更是追念花下那段美好过往。

苏轼虽然屡受打击，却毕竟是个智者与达者，他没有被困在悲哀感伤中，而是以极洒脱通达的态度对待挫折苦难，用平静乐易的态度对待山川风月，尽情地享受生命的美好。人们赏牡丹时也往往会想到曾在牡丹花下这个达观潇洒、豪纵俊逸的风流名士。请看他的《吉祥寺赏牡丹》：

人老簪花不自羞，花应羞上老人头。

醉归扶路人应笑，十里珠帘半上钩。[2]

这一形象堪比《江城子·密州出猎》中“西北望、射天狼”的豪迈旷达形象，极好地表现出了苏轼那种豁达乐观的一面。尽管历经沧桑也不哀怨感伤、悲观低落，以放旷疏狂的态度生活，以寓物而不留于物的态度接物。无法阻挡韶华流逝就啸傲白发，无法主宰自己的命运就在颠沛沉浮中掌握自己的心态，做个精神强者。那个醉颜酡红如

① 《全宋诗》第7册，第9213页。

② 《全宋诗》第7册，第9152页。

童颜，戴花道路中、任性疏狂、引万人随观的老人，那个游园赏花、诗酒逍遥“醉吟不耐欹纱帽，起舞从教落酒船”的天真烂漫、风流潇洒的老人所展现出的那份洒脱是历尽人生风雨之后的坦荡不羁。人生难免苦难流离，如何面对才能得到内心的宁静安乐，苏轼给出了这样的回答“此心安处是吾乡”（《定风波·南海归赠王定国侍人寓娘》）。“无论天涯与海角，大抵心安即是家”（白居易《种桃杏》），随遇而安，享受生命过程。站在苏轼巨大身影后的那些颠沛流离的灵魂由此得到了安栖之所。他曾钟情、寄情牡丹，牡丹也沾上了他的疏狂脱洒之气质。游心牡丹花下也就成了文人豁达乐易、宠辱不惊的潇洒气度的体现，牡丹也有了文人潇洒通达气概的象征。在牡丹审美认识上，苏轼的贡献在于将牡丹之繁华美艳与人生顺境、生命青春美好联系。同时，他还流连牡丹花下，以消解人世悲哀无奈，闲适放旷，在诗文中塑造了一个潇洒豁达、豪纵俊逸的戴花老人的形象，突出了牡丹文雅风流、疏狂脱洒的文人气质，使得牡丹审美认识向精神象征又迈进一步。

总之，北宋时期对牡丹审美认识由唐时的艳极无双的晚春芳华上升为人生佳境、富贵繁华、社会太平昌盛的象征；并且形成尊贵雍容、从容大度，高洁自持的品性道德等崇高的文化象征，完成了牡丹审美认识的飞跃与繁荣。这一时期最大的成就在于突破了唐人重牡丹外在物色之美转而着意于其“富贵繁华”、人生美好之象，“天地生气”、造化玄妙之征；并由取其意进而取其德，推崇牡丹尊贵雍容、随和大度的君子气度、王者风范，以及劲心刚骨、高洁坚贞的德性之美。最终将牡丹推到德高、品正的花王，成为一个崇高的文化象征，昭示着盛世太平也体现着民族精神中雍容优雅、坚贞高洁的种种风格。这些审美认识都是构成牡丹审美文化的基本因素，宋人的审美认识反映着整个古代牡丹审美文化发展的基本面貌。明清时期虽还有起伏热潮，已仅是沿着宋人开创出的思路，激其流而扬其波而已。北宋在牡丹审美文化史上的意义与价值极高。牡丹审美认识到了北宋达到了全面成熟，审美文化也随之走入了辉煌。

小　结

牡丹热潮盛唐已经甚嚣尘上，宋人不过激其流而扬其波，何以牡丹文化内蕴在唐代未能深入发掘，到了宋代却一路直升，并形成崇高的文化象征。宋人观赏牡丹何以能够脱略形骸、遗神取貌，开发出牡丹文化向上的一途并将其推至辉煌巅峰；促成牡丹审美文化形成并升华为文化的一系列文化风习如享乐奢侈之风、闲适优游之习、重文崇雅之风是何以形成并成为一代之风格……如此种种都与宋人的思想有着直接而深刻的关联。道德伦理意识的复兴、君子比德意识的强化，崇雅尚格思潮的深入，三教合一的思想圆通、乐易精神的发展是北宋时期社会思想的几个突出特点。牡丹文化形象的确立与提升、最终成为崇高的文化象征根本原因即在于以宋人为代表的中国古人思想上的如下几大时代特色：

首先是道德伦理意识的复兴、君子比德意识的强化，赋予了牡丹尊贵超凡、高洁贞刚的德性之美。北宋时期士大夫的地位得到了极大的提升与保障，文人成为整个社会的主导文化力量。正如程杰师《两宋之际梅花象征生成的三大原因》所言："士大夫作为社会政治、经济体制的既得利益者，对维护和强化封建伦理秩序有着更切身的体验和自觉的责任，特别注重于自身的思想建设，由此激发了修身齐家治国平天下的道义精神，尤其是道德品格意识的普遍高涨。两宋时期士大夫意识形态的各个层面都离不开这一思想建设的课题，都从不同的角度、程度不等地体现着道德政教强化的时代精神。”[①]反映在审美生活上即是道德意识的渗透，比德观念的全面深入发展。在花卉观赏中不仅出现了“岁寒三友”“花中十二友”等说法，宋人开始以花为师、以花为友，将个人道德理想诉诸花木。认为“凡人之寓兴，多得其近似之者，因是可以观其人”[②]，莳花艺木不仅是赏心悦目的物色之美，更是彪炳风节、修养德性的精神享受，突破物色之美的肤浅赏爱上升到对花木审美精神之美的体认最终确立为崇高的德性之美的象征。牡丹也是沿着这条路步步升华的。

道德意识不断深入促使宋人对牡丹的认识不断“不取其姿，而取其意，不取其意，而取其德”（宋曾协《直节堂记》），遗落其娇艳华丽的外表而由其“百处移来百处开”的生物适应性及其殿春开放的生物特性推导出其雍容、随性的王者风范；进一步由其尊贵繁华、荣华富贵之祥瑞意象将其推向富贵繁荣、太平昌盛的象征；由其珍异花木的本性不会轻易改变以适应俗好总结出其劲心刚骨、高洁清雅之品性。将牡丹由唐人追捧之奢侈豪华之物色享受上升为宋人珍重之雍容大度、坚贞高洁的品性德行之美，最终定格为一个崇高的文化象征。这一升华之思想根源即在宋人对道德品行的极度推重，花卉比德思想的深入发展。正是花卉比德思想在花卉审美观赏过程中影响力的持续

① 程杰师《两宋之际梅花象征生成的三大原因》，《江苏社会科学》2001年第4期。

② 《全宋文》第219册，第51页。

发展，才使得宋人开始注重牡丹可比附于理想德性之美的特色。他们专注牡丹晚春开放的生物特性，生发、推崇其“敢让百花先”“敢殿群芳后”的君子之德；在唐世盛衰与牡丹种植观赏的兴废中提炼出牡丹的富贵繁华、太平昌盛之象征；他们在牡丹随着时尚潮流风行全国，随接随活、变态百出的适应性特质中推导出了牡丹随和大度、从容优雅的王者风范。比德于梅，得其清、贞；比德于菊，得其隐逸；比德于牡丹，则得其大度雍容的君子气度、尊贵不凡的王者德业。比德意识的盛行对牡丹文化象征地位的提升大有裨益。

其次，文人士大夫为主导的北宋社会呈现着求雅尚格的复雅意识，这种复雅思潮的深入使得牡丹由大红大紫、俗艳繁华之芳物上升为繁华太平、人生佳境之美好象征。如上文提到，随着文人政治经济条件的优越，主体意识得到了空前的强化，这种主体意识表现在审美文化领域则是对文学艺术乃至于日常生活求雅的追求。文学上的复古崇雅旗帜的打出、诗词精雅隽永意境的沉潜；艺术上萧散淡雅的山水画的推崇、文人水墨的产生；日常生活中园林花木、琴棋书画、诗社文会等风雅休闲方式的普及与深化，无不体现着宋人复雅观念渗入的痕迹。宋人笔下的牡丹是“国艳孤高肯自媒”，孤高雍容、不肯追随时好，从容大度，尽显王者尊贵雍容气度与君子从容高洁气质。花时赏会上也剥离了奢华糜烂之气，熔铸清雅高洁之风，花下饮酒赋诗、花前行吟座谈、花中浅斟低唱，无不闲适淡雅，这种观赏欢会成了雅集，观花成了雅事，牡丹花自然也成了文采风流、太平风物的象征。在崇雅观念的影响下，牡丹种植与观赏方式都得到了极大的改变，注入文人优雅高洁之风。宋人不再以百宝、四香、金铃、富丽堂皇的宫室殿宇来装饰牡丹，而是将其纳入文人那匠心独运、雅洁精秀的园林当中。

花下吟诗作赋、舞文弄墨、烹茶品茗、把酒谈笑都充盈着潇洒风流的文人优雅气氛也映现着盛世太平的繁华昌盛气象。牡丹由奢靡陋习、芳华俗物一跃而成为王者风范、文人品格的象征再而成为盛世太平昌盛之象的崇高象征离不开宋人求雅观念的步步深入、层层浇铸。

复次，三教合一的思想圆通、乐易精神的发展又完善了牡丹之风雅俊逸、达观潇洒的文人气质。中国古典文学中流行着诸如“发愤著书”“不平则鸣”等观念，悲哀是文学一个永恒的主题。其根本的原因即在于封建社会文人在理想与现实、在君主专制中夹缝生存的心理状态，以及种种人生苦难忧愁带来的忧患意识与思想矛盾。宋前之人往往在逃匿于佛老与许身儒学济世理想中徘徊挣扎，到了宋代儒、释、道三教开始融通合一，宋人建立了一套以儒治世、以道治身、以释治心之圆通健全的人生哲学。在履行社会责任、实现经世济民“为万世开太平”同时也不忘坚守个人操守、恬静适志，不以功名系心；进则尽忠职守、鞠躬尽瘁，退则花木山水自娱，逍遥闲适。不再进退失据、忧心忡忡。文人游心道艺，以博学高洁自期，更排斥穷愁怨楚之态。因而宋代文化普遍呈现一种乐易安闲、从容优雅的气魄。这种气质熏染到宋人社会生活的方方面面。包括文学上讲求平淡精雅，富于翻案精神，扬弃悲哀、主张乐易；艺术上推崇闲散恬静的风格，轻松愉悦的花鸟题材大行其道；生活态度也多倾向于随缘自适、怡情花木山林、淡漠功名富贵。这种思想深入发展到花木种植观赏领域，则是园艺园林繁荣发展，社会各阶层侍花艺木成风、花卉观赏活动的普及与日常生活的精致化、雅化以及花卉审美观念的深入开掘与推举。

宋人将牡丹观赏纳入审美观念领域，将自身对于道德理想风度诸多理想倾注于牡丹之上，所谓“主翁兼种德，要与子孙看”（宋王十朋《牡丹》），文人种牡丹即“种德”“要与子孙看”，将自身德性之美传于子孙；花下一言一行皆可成为佳话，牡丹自然也就熏染了那种潇洒风流的情韵。

两宋总体太平繁华，澶渊之盟后百年承平、南宋议和后中兴盛景，皆是内忧外患不至倾覆却足以让有识之士纠结于心。政坛官场波澜诡谲、风云变幻。人生忧患、百年苦短等众多困扰古人千年的难题也仍煎熬着宋人灵魂。然而宋人却能平和乐易，冷静达观。在对待个人荣辱得失中，体现出了极大的理性知性色彩。忧乐不系于心、旷达超脱的心境使得宋人能够随时随地饱享花木风月之美，体验自然人生之趣。不以物喜、不以己悲，万事不系于心，处处得内心自在，时时得风月真味，这就是宋人“诗意的憩居”的乐易逍遥风神。正是这种精神的盛行才使得牡丹观赏活动在北宋得以迅速铺展开来，并且风行天下；牡丹观赏活动剥离了唐人那种逞豪炫富的争竞之习与穷奢极欲的糜烂之风并打入了文人闲雅超脱、高洁孤傲之气；比德之风渗入牡丹观赏活动之中，牡丹的崇高德性风范得以明确推崇最终上升为文化象征。因此我们可以认为，北宋时期社会各阶层主要是文人阶层的乐易精神、超脱的气质是牡丹得以升华为文化象征的关键原因。

综而言之，无论道德伦理意识的复兴、君子比德意识的强化，师友花木的观念发展深入；崇尚雅格远韵，追求雅化生活思想的发展还是乐易达观、随缘自适的生存观念的深入，都让我们感受到宋代文人的德行兼备、风雅潇洒、达观乐易的仁者情操、达者胸怀与智者风范。正是在这样的思想背景下，牡丹观赏活动成为宋人文化审美生活的一部分，脱略繁华俗物、功名利禄等世俗观念，逐步雅化并升华为崇高的文化象征。

图082 ［明］陈嘉选《玉堂富贵图》，上海博物馆藏。浓艳富丽，瑞气袭人。

正是宋人思想观念的发展对牡丹审美文化的再认识与选择性的塑造使得牡丹象征不断升华并成为崇高文化符号，从而促成了牡丹审美文化的繁荣。中华文明之盛造极于赵宋，牡丹审美文化也是如此，自先秦已经萌芽至宋人登峰造极的植物比德传统背后的中国知识分子精神与操守在对牡丹意象的推崇甚至塑造中比较全面地体现出来了。牡丹审美文化发展历程中确实是可以体味传统民族精神的细部的。

第三节 “牡丹亭”意象与元明清审美趣味世俗化、平民化

中国古代文学整体上经历了一个不断世俗化、平民化的过程，在文学方面由先秦散文向汉赋，六朝骈文到唐宋散文，唐宋诗文到词曲的盛行，元明清戏曲、小说的发达的不断发展变化中，这一脉络清晰可见。而我们观察中国古代牡丹审美文化发展规律时，也发现了与这一历程相近的发展脉络。牡丹盛行于中国雅文学的巅峰时期，同时也是俗文学方兴未艾的时期。牡丹审美文化一开始就埋藏着世俗化的种子。三衔九陌、红尘滚滚，牡丹作为“富贵花”依赖人间烟火，自然也沾染人间烟火。唐人“争赏街西紫牡丹”的“争”字就道出了牡丹文化中“热闹”的一方面，而“何人不爱牡丹花”的反问又道出了牡丹最广泛的群众基础。它从来就不是清冷孤高，独处幽谷的品类，它雍容华贵、千娇百媚，它从来都是众人专注的焦点。然而在唐宋雅文学仍占主流的时代，人们还是尽力发掘这种“世俗”之花的出尘高雅之处，邵雍等将他与国运相联，欧阳修等将她与青春时光对应，苏轼更爱它“游蜂非意不相干”的冰清玉洁，南宋一代文人更将它视为最能寄托自己身世家国兴亡之感的知音。牡丹作为“文人四雅”之“赏花”项目中最为主要的素材，充斥在他们日常生活的边边角角。他们赏它

的“精”，品它体现的物理与天意，体会它与文人生命情感中幽微的共振。牡丹高高在上，不可亵渎，就连落蕊都要“和酥煎”，不忍它沦落尘俗。而到了元明清时期，牡丹意象却发生了变化，元曲里大唱“便是牡丹花下死，做鬼也风流”（珠帘秀《玉芙蓉》），将牡丹与平民儿女情长相联；并将牡丹作为平民爱情的见证与信物，让它广泛参与在元人歌颂的有情人故事之中，牡丹渐与风月扯上关系。到了明朝，汤显祖一曲《牡丹亭》名动天下，元曲就已经开始广泛应用的“牡丹亭”意象真正成为一个深入人心的观念。作为青年男女追求自由爱情的象征与见证，代言了时代的进步、青年的心声。牡丹花下风流鬼的意象，也成为牡丹审美文化发展的主流。

牡丹审美文化世俗化的发展历程，在元明戏曲中有清楚的踪迹可循。庄一拂《古典戏曲存目汇考》[①]中记录了牡丹题材戏曲 15 种，大致可以分为三类，一是风月爱情剧，一是神仙度脱剧，一是牡丹剧。

风月类牡丹剧有元睢景臣的《莺莺牡丹记》，“事出《青琐高议》别集《张浩花下与李氏结婚》，因以牡丹诗手帕为媒介故名《牡丹记》”[②]；明潘家霖《牡丹记》“谱梁山伯、祝英台故事”[③]；明吴炳《绿牡丹》“演谢英、顾粲籍文会得佳偶事，前后具以绿牡丹作眼目，故以为名”[④]。由题目及简介可知，这些风月爱情故事都发生在牡丹花下，情节发展也以牡丹花作为重要推动因素“眼目”。这些故事的盛行，为汤显祖《牡丹亭》题目产生的思想基础，有了这些故事对牡

① 庄一拂《古典戏曲存目汇考》，上海古籍出版社 1982 年版。以下本节牡丹剧材料皆引自本书，仅注页码。

② 《古典戏曲存目汇考》，第 333 页。

③ 《古典戏曲存目汇考》，第 914 页。

④ 《古典戏曲存目汇考》，第 1075 页。

丹与男女风月情事之间对应关联的反复渲染、张目，明人才能见而知意，明了《牡丹亭》必是风月爱情剧，不会误会其为讽谕历史兴亡的历史剧之类著作。同时这些爱情剧中对“牡丹”意象的发展，也与《牡丹亭》中的牡丹意象是一脉相承的。

《牡丹亭·游园》一出，红娘的“是花都开了，唯有那牡丹还早呢”引发杜丽娘“那牡丹虽好，它春归怎占得先”的感慨，是作者对戏曲以牡丹为名，故事发生在牡丹亭边的最为直接的解释，也是这类风月爱情剧对牡丹意象最大的奉献：牡丹象征着少女苏醒的青春意识、生命意识。姹紫嫣红开遍，却空付断井颓垣，如同青春少女蓬勃的生命火焰熊熊燃烧，却只能照亮自己闺阁绣楼中清冷孤单的身影。牡丹虽好，却占不得春光之先，就是青春大好，却辜负空老，眼看春残花渐落，别人都在绚烂绽放时，牡丹仍寂寞冷清，顾影自怜。

牡丹这种暮春花卉，它的开放给人带来的并非春暖花开、万物复苏的生之喜悦，而是绚烂之极，强弩之末的惶恐痛惜，可谓是伤春文学的极致表达。而伤春文化本身就起源于对青春和生命美好而短暂的惆怅。用牡丹来形容闺阁中的贵族女子如杜丽娘等再合适不过，她们都是美艳而有才情，却被锁在高楼深院中，红颜弹指老，青春好像从不曾开始就已结束。不抓住这刹那芳华，一切都将成为灰烬，何其可惜可恨。所以牡丹花下的女子都如此勇敢，非如梅花下的梅妃凄楚自怜，无可奈何。牡丹审美文化发展至元明时期，已经高度成熟、定型以至于符号化，“国色天香”“百花之王”等艳冠群芳的观念也早已深入人心。试问还有什么其他名花能比牡丹花更能譬喻处于人生美貌与青春巅峰的佳境与眼看红颜将逝的贵族少女对生命的怅惘、对爱情的渴望、对人生美满的追求呢？

图 083 ［清］虞沅《玉堂富贵图》，南京博物馆藏。浓墨重彩，富丽堂皇，充满喜庆吉祥的烟火气息。

神仙度脱剧有元吴昌龄《花间四友东坡》一剧，叙东坡用妓女白牡丹诱佛印返俗，而反为皈依；《吕洞宾戏白牡丹》，白牡丹可确定其与宋元时妓女经人度脱出家者。明吴元泰《东游记上洞八仙传》小说，即叙洞宾度脱白牡丹事[①]。如上都是以白牡丹为妓女之名，牡丹艳冠群芳，以之为名极言名妓的美貌。而这些美貌的女子在这些度脱剧中都被设定为误落凡尘，痴迷不悟者，经过神仙点化，她们都得以脱离苦海。白牡丹本质纯洁却不幸误落凡尘，这种观念的本质仍是认为牡丹作为花王本是世外仙葩，却误落红尘，成为人人可以亵玩的“富贵花”，可惜可怜。混迹红尘、寓意富贵都是俗情，牡丹意象也由文人雅文化领域的东君偏爱、劲心刚骨的花王渐走下神坛，成为虽艳冠群芳，皮相之美达到极致，却沉沦世俗，需要超脱的名妓。既沉沦世俗，自然备受世俗摧残，天下人对牡丹的敬畏之心尽去、轻佻之意顿生。牡丹审美进一步世俗化，在明清小说甚至现实生活中，牡丹都成了花魁专名。更有甚者明清艳情小说中类似“滴露牡丹开”之类充满性暗示的比喻也广泛应用，将牡丹的世俗化发展至于极端歧路。

在元明散曲与民歌中，牡丹审美文化的世俗化也有着明确的表达，元代杰出的戏曲演员珠帘秀散曲套数《正宫•醉西施•玉芙蓉》一支词云：

> 寂寞几时休？盼音书天际头。加人病黄鸟枝头，助人愁渭城衰柳。满眼春江都是泪，也流不尽许多愁。若得归来后，同行共止，便是牡丹花下死，做鬼也风流。[②]

这种许愿罚咒式的诉求，将痴情女子内心的痛苦与渴望表达得淋漓尽致。牡丹在此就是“同行共止”的“有情人终成眷属”的美好生

① 《古典戏曲存目汇考》，第573页。

② 隋树森《全元散曲》，中华书局1964年版，第354页。

活的实现。明代民歌中也有类似的表达，《挂枝儿》“私部”一卷《咒》之二有：

俏冤家，近前来，与你罚一个咒。我共你、你共我，切莫要便休，得一刻乐一刻还愁不勾。常言道“牡丹花下死，做鬼也风流”。拼得个做鬼风流也，别的闲话都丢开手。[①]

以赌咒发誓的姿态宣扬对爱情的积极自主态度，拼得个做鬼风流，活画一个泼辣勇敢的热恋中的女子的形象、这里的“牡丹花下死”也值得是男女私情的满足。将这些资料联合起来看，就可以深刻理解为何元明清戏曲、小说中那么多美好的爱情故事都发生在牡丹花下，也不难理解为何汤显祖偏偏将杜丽娘的故事安排在“牡丹亭”下且以《牡丹亭》为故事命名。牡丹一方面作为暮春花卉，代表春归去，在伤春传统中春归就是青春老大、红颜将逝，极为典型地代表着传统闺阁女子对青春、生命的觉醒，对爱情自由的渴望；一方面又极其艳丽美好，如同美好爱情所象征的生命最大的愉悦，为之而死无怨无悔，方不辜负青春的绚烂美好。《牡丹亭》中的杜丽娘为了追求梦中理想的爱情而死，又为了爱情而复生，这种“至情”不就是“牡丹花下死，做鬼也风流”的生动体现吗？

《牡丹亭》是足以傲然位列中国古代文学中最为优秀的作品中而无愧色的，在牡丹审美文化中也是一座丰碑，它意味着牡丹审美文化的世俗化的最终完成，也以其高超的艺术技巧，读来口齿生香的清雅辞藻，将牡丹文学的艺术成就提升到又一个新的境界。《牡丹亭》对牡丹审美文化更大的意义在于，真正将牡丹意象与青春、生命、爱情

---

① 周玉波、陈书录编《明代民歌集》，南京师范大学出版社2009年版，第233页。

等永恒的主题紧密联系起来，随着《牡丹亭》出世之后在社会上掀起的巨浪，如冯小青读之，伤感而死，作绝命诗感叹“人间亦有痴如我”，名伶商小玲上演《寻梦》时气绝而亡，娄江女子俞二娘读《牡丹亭》后，自伤身世，悲愤而亡。众多闺阁女子都被这个故事唤起内心对青春与生命的感伤，对自由美好生活的向往。牡丹作为青春、爱情象征的形象也因此更加深入人心。

这些读者虽然未必都如杜丽娘一般是相府花园千金，在暮春良辰美景中徘徊牡丹亭下顿悟生命青春真意，但她们都一样是蕙质兰心的闺门女子，一样对青春和生命有着敏锐的感受能力，因而对杜丽娘“牡丹虽好”的叹息感同身受。不同的是她们生活在现实社会父权、礼教的严密监控之下，比杜丽娘更绝望，纵是为情而死，也绝无可能得鬼神的谅解、辅助而重生团圆。想以“牡丹花下死”博取“做鬼也风流”也不可得，她们的或伤感或悲愤而死是无声的呐喊，她们以生命表达自己的愿望，呼唤一个“有情人都成了眷属”不再是美好愿望、“牡丹花下死”也不再是大逆不道的新的时代的到来。她们和《牡丹亭》一起，将牡丹审美文化的发展推动到一个新的阶段。牡丹与平民的感情连接更加紧密，它不仅作为“富贵花”代表人民普遍的对于物质生活安乐富裕的追求；更作为美好青春、自由爱情的象征，唤起青年男女对于封建礼教的反抗的勇气，牡丹花下死而无悔的坚决斗志。

牡丹走出宫门内苑，走入久为人忽视的闺阁、绣房，在某个午后的花园里向思春少女讲述关于春天与生命、青春的美好。牡丹亭上三生路，追寻的就是这一点生生死死不能磨灭的至情。牡丹亭意象自然发展出了更加接地气的，与平民生活、情感联系更加密切的世俗化一途。这种审美趣味的世俗化对当时的文人花鸟画也是有影响的，最直接的表现即是明清出现了大批用色繁艳媚俗，铺陈绚烂非常，而至于与文人画哪怕宫廷院画派都讲究的淡雅风格诉求大相径庭的作品，如明人陈嘉选及清人虞沅的《玉堂富贵图》（图 082、083）。

随着这种观念的深入，牡丹意象的一支渐与文人高雅艺术品位分道扬镳，如明代画牡丹的大家徐渭在《跋水墨牡丹一图》中说：“牡丹为富贵花，主光彩夺目，故昔人多以钩染烘托见长。今以泼墨为之，虽有生意，多不是此花真面目。盖余本窭人，性与梅竹宜，至荣华富贵，风若马牛，弗相似也。”[①]牡丹已经被打上了“富贵花”花的世俗标签，与文人的清高本性已格格不入。徐渭虽然酷爱牡丹，也不得不承认自己淡雅的泼墨手法表现不出牡丹真面目，可见牡丹的世俗化已经深入人心，成为约定俗的集体意识了。这种集体意识的产生，显然是时代审美风潮影响下的文学艺术领域的创作观念的转变。随着牡丹意象的世俗化，我们可以看到封建社会后期平民阶级不断壮大对社会精神文化的影响，他们将世俗化、平民化的审美趣味提升到了与传统贵族高雅文化相对立甚至以隐然胜出的姿态，改写了中国传统审美文化的历史进程，丰富了传统文化内涵。

① ［明］徐渭《徐渭集》，中华书局 1983 年版。

第五章 牡丹与中国传统民俗文化

花卉象征的形成与其自身的生物特征有着密切的关系，牡丹能够得到古今上至帝王，下至平民百姓一致的喜爱，被奉为花王、推为群芳之首，形成悠久而深入人心的“牡丹情结”，首先是有其生物种性上天独厚之处的。这一点是我们探讨深层文化思想动因的前提与基础：

（1）花型。牡丹花型之大在整个花卉王国之中可以说是独一无二的，它的花面直径可达 10 至 30 厘米甚至以上。《铁围山丛谈》卷六所载神宗独簪以归的那枝姚黄“盈尺有二寸”，直径即达 40 厘米，不可谓不惊人。且牡丹多为重瓣，葩英重叠、层层高起，往往一枝便能独领东风。魏紫、左紫、潜溪绯等名品无不是重楼叠起且开头硕大、端庄圆整。梅花、桃花、杏花、桂花等传统名花直径 2-5 厘米且多为单瓣，依靠枝干与花团锦簇成景致，与之相较牡丹之丰硕可知。没有花型上的硕大圆整、气压百卉，便很难得到牡丹花王之称，这生物优势对于牡丹成为花王有着直接的意义。同时，雍容端庄之态、富丽堂皇之态也是得力于其花型硕大、层层叠起，圆整端丽之特性给人的审美心理冲击。

（2）花色。牡丹花色之繁复明艳更是少有可比。人们很难从花色中概括牡丹之特质。白牡丹高洁素雅、超凡脱俗，有着梅花般遗世独立之清贞风骨；黄牡丹尊贵高雅、充盈着皇家至尊无上、从容优雅之气度；紫牡丹端庄柔美、王后贵妃般美艳不可方物又有不容侵犯之气象；红牡丹百媚千娇如贵妃醉酒、举世无双。另外还有二乔牡丹等复色牡丹更是艳极无双。正是牡丹花色上的变幻百端、明艳动人才使得人们为牡丹痴狂。花色上的复杂繁多也显出牡丹之繁华富贵、坚贞高洁、优雅端正等诸多特质，其融通合一铸就了牡丹之至尊无上之文化象征。

图 084 ［元］王渊《牡丹枝图》，故宫博物院藏。

（3）花香。就生物学规律而言，古人有“历数花品，白而香者，十花八九也”（《春渚纪闻》卷七）的说法，花大、色艳则又往往无香，海棠色艳却无香引无数骚客叹息不已，皆是此理。然而牡丹却似乎是个例外，兼具国色与天香。唐人说她“香遍苓菱死”“并香幽蕙死”，宋人赞她“清香足以荐樽罍”“清香宜引玉飞钱”。牡丹之香有称为浓香、馨香，宋人笔下则更多是清香，虽然是国色无双，却没有俗艳浓烈的香气，而是清雅素淡，朦胧幽玄，极好地传递出一种淡雅闲静的精神气质与风格神韵。牡丹之淡雅清香也是其能脱略妖艳浓丽之形骸得清净闲雅之韵致与高格之寄托的原因之一。

（4）花期。牡丹也称谷雨花，往往要到暮春谷雨之后才次第开放。在百花竞发、争奇斗艳的盛春它默默无闻，等到群芳凋零才缓缓盛放，这更是彰显其特立独行之处。宋人由其殿春，推导出其不与百花争艳的高洁秉性，“敢让百花先”之君子气度；提炼出其雍容大度，退避残春，“敢殿群芳后”、让百花出头的王者气魄；升华出其从容自持、优雅达观的尊贵品质。宋人以为牡丹高掩群芳，若是盛开百花丛中，定使得群芳失色，敛容退避。有如此天赋异禀却并不恃才傲物而是谦恭地退居残春。不仅避免了在百花丛中争艳之俗，又有力挽残春，消解春愁的功德，实在不愧是尊贵雍容之王者、谦恭和顺之君子。牡丹花期晚是牡丹品格塑造中一个十分关键的因素。

（5）生态条件。牡丹喜欢温暖干燥的气候，高温高湿、风雨霜雪对其有着致命的损伤；对土壤地力也有较高的要求，花工的养护在牡丹的花卉开放大小、品种变异有着十分直接的意义。宋人即有“弄花一年，看花十日”之说，体现出了牡丹的贵重难致。由于她的娇弱，养护措施也总是伴随种植观赏活动展开，“上张帷幄遮，旁织篱笆护”，深处雕栏画阁、重帘叠幕是其常见的生存环境。所谓“管弦围簇天生贵”，这份天生富贵是蓬门陋户无力承担的奢侈，也就显示出了牡丹之富贵繁华本质。牡丹这种娇弱的生物特性对生态条件的特殊要求显现出的尊贵气质是其繁华富贵、太平昌盛象征的一个重要来源。同时，牡丹作为最主要、最时尚的园林观赏花木，在其主要生存环境之园林被士大夫雅化之后也熏染了闲适自得、萧散随性之神韵。生态条件剥离了奢华豪侈之贵族习气，也因此让牡丹熏染了文物风流、优雅天成的文人气质。

图 085　清金掐丝点翠镶银胎宝石凤凰牡丹寿字纹宫廷盆景，故宫博物院藏。

总之，中国人对牡丹审美地位与象征意义的发掘并非无的放矢，牡丹生物条件的优越性保障了其审美地位的飞升。色、香、形、韵、花期等诸多生物特色使之既能有淡雅高洁、清香幽远之梅花的超凡脱俗、坚贞高洁；又有其自身花开晚春，礼让群芳，高洁自守、雍容大度的气概；虽然雍容富贵无双，却也从容闲雅无比，艳而不骄，贵而不恃，一派君子坦荡胸怀与王者尊贵雍容气度。

牡丹崇高象征形成正是社会、思想及其自身生物因素这几大因素综合作用的结果。正是有如此天生丽质及在生物种性上与时代世风之契合，牡丹才得其繁华富贵，端庄雍容之象，才得为国人心中冠领群芳，万世称王的不二选择。尽管相对于岁寒三友之类专以象征名世的花卉，牡丹仍是更多地作为观赏花卉，以其绝代芳华引人流连忘返；然而我们仍不能忽视古人为了提升这一芳华俗物的观赏价值，使之符合主流文人审美观念与道德伦理期待而做出的种种努力，也无法否认古人对“花王”一名所寄托的在物质观照之外的那些精神气质与德行品格上的期待与赋意的苦心。这正是中国牡丹审美文化的动人与过人之处，也最能体现中国传统审美观念的真实面貌及其发展状况。至于牡丹象征是怎样生成的，与传统民俗文化有何种密切的亲缘关系，我们可以从如下几个方面深入探讨：

第一节　牡丹花下死：中国传统民俗文化中的牡丹情结

清翟灏《通俗编》卷一九“鬼神”有“牡丹花下死，做鬼也风流”的俗语，并明言此说：“见《元曲选》《曾瑞卿留鞋》剧，又李好古《张生煮海》云：‘牡丹花下鬼风流。’”这一俗语广泛应用在戏曲、小说等俗文学中：

〔生〕花园土地。保扶我跳过这墙去。大大的许个愿心。也罢。牡丹花下死，做鬼也风流。（明崔时佩《西厢记》）

正是：“牡丹花下死，做鬼也风流。”（清钱德苍《缀白裘》）

“俗语云：‘牡丹花下死，做鬼也风流’。”（清李渔《十二楼》）

〔丑〕“员外，你叫做牡丹花下死，见鬼也风流。”（《雷峰塔》）

总在牡丹花下死，黄泉做鬼也风流。（清陈端生《再生缘》）

晁源叫了一声“救人”，小鸦儿已将他的头来切掉；把唐氏的头发也取将开来，结成了一处，挂在肩头，依旧插了皮刀，拿了那条闷棍，腾了墙，连夜往城行走。这正叫是：“牡丹花下死，做鬼也风流。”（清《醒世姻缘传》）

“牡丹花下死，做鬼也风流”作为一个俗语，显然用以代指极为美好，值得为之一死的人、事、物，这是对牡丹物色美的极致推崇。这种惊心动魄的宣言映照了牡丹惊世绝俗的美丽，赏花人爱花如狂之心也表露无遗。其背后的逻辑是牡丹足以指代生命最美好的部分，往往是爱情。若探其源，这句俗语的出现与流变，正反映出的牡丹作为一种观赏植物的卓出群芳的地位，以及一代甚至世代人们对于牡丹经久不息的爱赏之心态。

牡丹被视作观赏花卉始于唐，人们对牡丹的痴迷是在中晚唐显现到北宋达到巅峰的，此后牡丹之爱千年不衰。至今洛阳、菏泽等地牡丹花开时节仍是游人如织，狂热之甚丝毫不逊古人。和梅花、兰花等传统名花相比，牡丹显然是后起新秀。然而，她以惊人的美丽：硕大的花朵、绚烂的色彩、迷人的芳香，一出现就夺得了上至帝王下至平

图 086 ［明］佚名《货郎图》，中国国家博物馆藏。右上角两朵硕大的牡丹舒展优美，是明代市民庭院场景的真实展现。

民百姓如痴如狂的热爱：

花开花落二十日，一城之人皆若狂。（唐白居易《牡丹芳》）

独占风光三月暮，声名都压花无数。（宋曹冠《凤栖梧·牡丹》）

在唐宋上千首咏牡丹诗词中，这样的例子多不胜数，笔记小说中记载的名流贵胄为牡丹而狂的典故轶闻也是连篇累牍。无论是沉香亭畔明皇与杨妃的盘桓赏爱还是太白《清平调》三章中的完美呈现，无论是欧阳修的花谱、富弼的花园、邵雍的安乐窝还是洛阳的万花会，都为后来千古文人欣然神往。尤其是洛阳，牡丹花开的时候满城人“绝烟火游之”，人与人之间没有了贫贱富贵之分，同是爱花赏花人，有好花的地方就地搭台赏玩，流连不去。甚至为怕错过好花，秉烛夜赏，冒雨走探，即使以端谨顽固著称的司马光也曾“为看姚黄拼湿衣”。牡丹花下死的宣言已呼之欲出。

《独异志》卷上记载了这样一个关于晚唐名相裴度的故事：

唐裴晋公度寝疾永乐里，暮春之月，忽偶游南园，令家仆僮舁至药栏，语曰：“我不见此花而死，可悲也。”怅然而返。明早，报牡丹一丛先发，公视之，三日乃薨。[①]

这个故事被后人演绎得很具体动人：开成四年重病在床的裴度忽然想到要去园林中去观赏牡丹。家仆们抬着他来到兴化坊池亭，这时园中的牡丹还没有开放，裴度怅然若失地说：“我没见到这花就死去，太可悲了。”次日一早，家僮飞报园中的一株牡丹花已经怒放，裴度看到了牡丹花开，饱览国色天香的动人芳姿后方安然与世长辞。裴度

① ［唐］李冗《独异志》，中华书局1983年版，第21页。

对牡丹如此痴迷与依恋，让人自然而然地想到：牡丹花下死，做鬼也风流！

《渑水燕谈录》里还有这么一个故事也颇有几分牡丹花下死的意味：

> 卢丞相多逊谪死朱崖，旅殡海上。天庆观道士练惟，一夜闻窗外有人读书，审其声韵，有类多逊。明日，有诗题窗外曰："南斗微茫北斗明，喜闻窗下读书声。孤魂千里不归去，辜负洛阳花满城。"笔迹亦类之。明年，归葬洛。此说得之孙巨源。而杨文公云，其子全扶柩归葬江陵佛舍，与此不同。未知孰是，姑两录之。[①]

故事的主角是北宋仁宗时宰相卢多逊，他死在贬所琼州并被就地安葬在附近的天庆观中。但他念念不能昔日故乡那美丽的牡丹，于是显灵托梦给观中道士表达自己怀念牡丹的心迹，还在窗外题诗。道士将此事告诉他的家人，家人于次年将他迁葬回故里。卢多逊这才安然长眠于牡丹花下。我们不能也没有必要去追究故事的真实性，只需体会这个故事的产生及其广泛流传中透出的时人对于牡丹的热爱与珍重之意就足矣。

宋人眼里牡丹能让一切花都黯然失色。难怪欧阳修《洛阳牡丹记》说当时洛阳人眼中只有牡丹。说起其他的花，都是某花某花，只有牡丹直接称作花。爱她，亲切地给她一个昵称，花；敬她，则直以花冠之，认为唯有她才配得上这一称呼。李格非的《洛阳名园记》记载的那个著名的天王院花园子，之所以被誉为花园子，是因为它只种牡丹。"洛

---

① ［宋］王辟之《渑水燕谈录》，《宋元笔记小说大观》第2册，第1297页。

阳人惯见奇葩，桃李花开未当花。须是牡丹花盛发，满城方始乐无涯”（邵雍《洛阳春吟》），只有牡丹花开才能让洛阳人如痴如醉。花开之时，上至太守下至担夫，人人奔走观赏，文人骚客更是诗酒相约花下徘徊。这是何等风流景象。这风流是不仅是盛世文人潇洒风度的表现，也如此完美地展现了盛世繁华绚烂的文化。虽然没有人这么说出来，但是，这两个时代人们的牡丹之爱的心态趋于一致并逐步定型：为花成狂，牡丹花下死，做鬼也风流！

南宋后期，牡丹在金人和蒙古铁骑的践踏中变成了中原士人心中不能触碰的伤痕，那是故国繁华的印记，是曾经太平的影像，是可望而不可即的故土。牡丹的故乡，文人的精神家园，汉民族千年的灵魂据点已然失陷于外族之手。此时的牡丹就带有了几分悲壮，因为“回首洛阳花世界”已是“烟渺黍离之地”（文及翁《贺新郎·西湖》），人事已非，可堪回首。

然元朝统一后，社会经济得到了很大程度的恢复与发展，经历了唐宋的极度灿烂的文化也继续发展。元曲登上了历史舞台并大放光彩成为一代文学的代表。“牡丹花下死”完整地出现在元代杰出的戏曲演员珠帘秀散曲套数《正宫·醉西施》的《玉芙蓉》一曲中云：

> 寂寞几时休？盼音书天际头。加人病黄鸟枝头，助人愁渭城衰柳。满眼春江都是泪，也流不尽许多愁。若得归来后，同行共止，便是牡丹花下死，做鬼也风流。[①]

这只曲子描述的是对久别的心上人的相思之苦。深婉缠绵，余音袅袅，把一个闺阁女子满腔深情与苦楚描绘的淋漓尽致。该曲呈现出

① 隋树森《全元散曲》，中华书局1964年版，第354页。

了散曲精致细腻的艺术魅力，堪称元散曲之绝唱，更是珠帘秀本人的一曲凄婉的生命之歌。

珠帘秀是当时元都城大都（今北京）杂剧舞台上一颗璀璨的明星。史载，她不仅“姿容姝丽”，而且精于表演，杂剧独步一时，“驾头、花旦、软、末、泥等，悉造其妙，名公文士颇推重之”（杨慎《词品》）[①]，后辈称她为“朱娘娘”。她与当时著名文人关汉卿、卢挚、冯子振等都有交游，且与关汉卿有着相当的交情。他们勇敢地公演《窦娥冤》来揭露现实黑暗的故事还被后人写成杂剧永垂史册，足见这个奇女子的气魄。然这个才华横溢的美女并未得到命运的眷顾，她辗转于舞台前后，周旋于文人之中，却没有找到自己的位置。曲子背后那个无从考证的心上人毕竟没有回来，她的等待也是一场空梦。失望中嫁给了一个道士，郁郁而终。牡丹花下死的夙愿也终于成了不可企及的梦想。

这曲子里的牡丹已幻作人世间一切美丽而难得的事物尤其是幸福的象征了。那个时代戏子是何等卑微，不论她有多优秀、有多完美都只能是文人权贵的玩偶，她很清楚那些围绕在她身边的人的逢场作戏，她于他们只是寻欢作乐的对象。如果能够真心相惜、长相厮守、永不分离，就算付出生命代价也值得。这种对美好人生不懈追求的痴狂心理与唐宋人热爱牡丹之心是相通的。这句话不仅是对宋人牡丹情结的总结与生发，也是这一情结的延续与激扬。无论对牡丹还是其所象征的那份生命和谐美满的执着追求，都深刻地体现着古人的生命意识与惜花情结。

到了明末思想解放，这一情结得到了进一步的深发，更是直入人心。

---

① ［明］杨慎《词品》拾遗，商务印书馆1937年版，第311页。

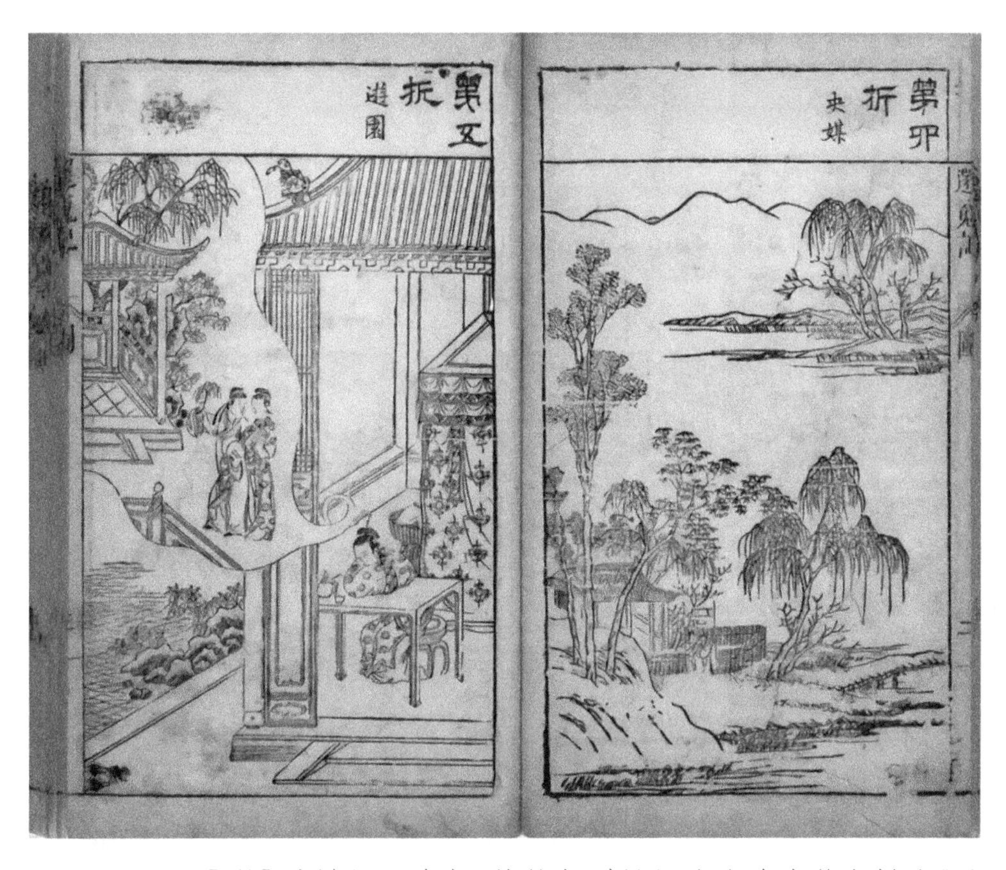

图 087　［明］臧懋循评改本《牡丹亭》插图，出上海古籍出版社《汤显祖戏曲集》插图。

明人牡丹情结的极致代表是汤显祖的《牡丹亭》（图 087）中杜丽娘形象的塑造。这个大家闺秀在姹紫嫣红开遍的后花园中感悟了青春的美丽与短暂。她憧憬幸福、向往美好的爱情，不愿辜负这如花美眷、似水流年。她决心去追求她想要的而这个世界给不了的美好生活，充实自己的生命与灵魂。柳梦梅的出现对她是偶然也是必然，向往自由灵魂、鲜活生命、美满人生的人，总有勇气去打破藩篱找寻自己心之所系、九死不悔的东西。这东西一旦出现，她就会紧紧追随，生死不弃。

梦中的牡丹亭边是杜丽娘选择人生的一个新的开端。走上了那条路，她就没想过要回头。随后的相思成疾，自写容貌，甘赴黄泉，葬身花下都是她对自己许下承诺的兑现。地府里与阎王的争辩、皇宫中对皇帝的呈诉，无不显现她的勇敢与坚定。她用自己的努力赢得了自由与幸福，也赢得了世人的仰慕与尊重。这个葬身牡丹花下的风流之鬼也成了牡丹一般国色天香而劲心傲骨、至死不渝的高贵典型。所谓“情不知其所起，一往而深。生者可以死，死者可以生。生者不可以死，死者不可以生者，皆非情之至也”[①]，即是这种矢志不渝，生死相许的坚贞。这里的牡丹亭象征了那种打破外在的封建礼教与内在的封建观念的枷锁，勇敢追求幸福、自由的崇高精神。这种为了心中理想生死以之的坚定执着就是“牡丹花下死”的精神。这个故事发生在牡丹亭下，自然也是牡丹最有资格见证杜丽娘生命中最美好最重要的时刻。而牡丹作为对男女生命中美好的青春、爱情的见证的文化符号早在唐宋时期已经萌芽。欧阳修在回忆自己人生最美好的青春时光时，就反复用到牡丹意象，他说“曾是洛阳花下客，野芳虽晚不须嗟”（《戏答元珍》），曾徘徊在牡丹花下，就足慰平生，可无怨无悔了。这种因青春美好投注而产生的对牡丹花极深的眷恋，在宋代以后被文人雅客反复吟咏，最终将牡丹与美好生命年华紧密联系起来，让《牡丹亭》中的杜丽娘在姹紫嫣红的花园中完成了生命激情的萌动，青春意识的觉醒，并发出“那牡丹虽好，他春归怎占得先”的叹息，将青春空老的惆怅，生命美好的期待都寄托在牡丹花上，牡丹成为合情合理又深入人心的象征青春爱情等生命中最为美好事物的文化符号。

由上述可见北宋牡丹热潮兴起后，人们由对牡丹的色相之美的热

---

① ［明］汤显祖《牡丹亭》题词，人民文学出版社 1983 年版，第 1 页。

爱进而推崇其内在高洁坚贞之性，牡丹成为一个表里如一的尊贵美丽的典型，对牡丹的热爱也成了文人的一个情结。这一形成于北宋的情结影响甚为久远，直到明清为牡丹而成狂成痴，甚至甘心死于花下的佳话传说也是俯拾皆是、播在人口。元人“牡丹花下死，做鬼也风流”的提出不仅是对宋人那种潇洒风神与飘逸通达的心态继承，是由时代风气熏染下的新生发：由牡丹的美艳丰盈与生命的自由美满之间的共性生发出的牡丹所象征的自由、美满之意。这更与明人的思想解放相结合，成了与封建礼教枷锁对立的人生自由美满的至情的符号。不仅凸显出牡丹国色天香之美，更张扬了对牡丹所蕴含之自在无羁、美满充盈的生命状态的大胆肯定与追求。宋人在牡丹审美认识上的成就不止于当代的开创，更在于对后世乃至整个中华民族审美情趣的深远影响。

在这一情结的影响下，自唐宋开始，中国古人热衷种牡丹，买牡丹，戴牡丹，咏牡丹，画牡丹……将牡丹花纹用在日常衣食住行、器具家用方方面面，如图 039、056、084、085、086、090、096 等都是这一情结在元明清人生活中的体现，又足可见牡丹花在古人日常生活中的普遍。古人将牡丹封为花王，奉为花魁，将牡丹审美文化上升为文化符号融入中国传统文化血脉之中，让牡丹至今仍是国花最为普及的备选甚至首选。元代诗人李孝光的《牡丹》诗有言：“富贵风流拔等伦，百花低首拜芳尘。画栏绣幄围红玉，云锦霞裳涓翠茵。天上有香能盖世，国中无色可为邻。名花也自难培植，合费天工万斛春。”[①]很能代表传统中国人对牡丹的狂热。

① ［元］李孝光《五峰集》卷一七，《影印文渊阁四库全书》本。

第二节　牡丹怎堪称王者：牡丹审美模式中体现的民俗观念

牡丹是在北宋时期才最终确立其王者至尊的地位，并在整个古代思想文化领域长期立于不败之地。这其中最关键、明确的一点是宋人在不断的与其他花卉的比较鉴定中，将其一步一步推向了君临天下的至尊地位。比较牡丹与传统名花在宋人眼中的优劣高低，对于理解宋人的审美理想与思想观念等问题都是有所裨益的。

一、谁是王者：牡丹、梅花地位之争体现出的传统思维模式

“牡丹终古是花王”，“梅花当是群芳首”，在中国古代文化史上曾被推举到群芳之首的，一是牡丹、一是梅花。这两种花无论在历史背景还是文学发展上都是十分深厚的历史渊源，富贵雍容、昌盛太平又孤高贞刚之牡丹与寒素雅淡、凌霜傲雪、坚贞高洁之梅花在人们心中的地位也难分轩轾。无怪竞选国花多年来，人们始终在两者间徘徊难决。然从历史进程上看，两花的地位却时有起伏。牡丹大盛时，人们将一切凡花皆鄙为果子花，梅花自也在其例；梅花昌隆时，南宋人称其“一丘一壑胜姚黄”（陆游《梅花绝句》自注），连牡丹之王姚黄都不放在眼里，牡丹地位自是一落千丈。牡丹与梅花在历史中有过怎样的较量，北宋人在这场争竞之中起到了什么样的作用，值得我们认真探讨。

牡丹唐前无有闻，到了大唐却是平步青云、贵极一时。为了它“一国如狂不惜金”（白居易《牡丹芳》）、“每暮春，车马若狂，以不耽玩为耻”（李肇《唐国史补》），人们在狂欢纵赏之余也积极将牡丹之美艳尊贵印象形之于歌咏，并抒发自己种种感受，出现了“芍药

与君为近侍，芙蓉何处避芳尘”（罗隐《虚白堂前牡丹相传云太傅手植在钱塘》）等推崇尊宠乃至夸饰之语。牡丹的花王地位在唐代就已经有人推举，在北宋最终确立，并且直到现在其地位仍是坚不可摧的。唐人已有“雅称花中为首冠，年年长占断春光”（殷文圭《牡丹》）、“万万花中第一流”（徐夤《牡丹花》）的说法，李建勋《春日送牡丹》“天意似嫌群卉杂，花王留在晚春开”，已始以百花王称之，到了北宋时期这种做法更为普遍。不仅牡丹题材文学中频频用到花王意象，如“百紫千红，占春多少，共推绝世花王”（晁补之《夜合花•和李浩季良牡丹》）等；与其他花卉联咏时尤其注重凸显其崇高地位，如王质咏桃花之“休说休说，世只两名花，芍药相，牡丹王，未尽人间舌”（《蓦山溪》枯林荒陌）、曹勋咏芍药之“自是诗人佳赠意，花王香借余姿”（《临江仙•赏芍药》）、杨万里咏芍药之“好为花王作花相，不应只遣侍甘泉”（《多稼亭前两槛芍药，红白对开二百朵》）等，都清晰可见牡丹在宋人心目中至尊无上之地位。

牡丹审美文化所含诸如富贵吉祥、繁荣昌盛、太平美满之意在古代有着深广的历史文化渊源，至今人们心目中的花王普遍而言还是牡丹。毕竟对美好生活的期待，是古往今来人们共同的祈愿。大俗大雅、亦雅亦俗，因而雅俗共赏，得到了上自帝王权贵下至贩夫走卒的最广大的人群的喜爱。因而牡丹作为花王，有着极为深刻的社会心理背景的。

梅花与牡丹一样是名满天下的花中魁首，其观赏历史比牡丹更悠久、文化内涵更深厚。相比牡丹文化而言，梅花文化偏于高雅化。它属于士大夫上层精英文化。虽然梅花的生长习性较之牡丹要随和很多，随处可见，是较为平民化花卉。对梅花的欣赏能突破其物色之美而深入体会清、贞、高洁的内蕴也只是特定人群。梅花向来以花型素淡精

图 088　清雍正珐琅彩梅花牡丹纹碗，故宫博物院藏。

致著称，对这份清雅倾慕需要很深厚的审美素养。对梅花凌霜傲雪、不畏恶劣环境，领袖群芳，先春开放而引申出的品格的高洁不屈，人格的清贞刚健都是文人心向往之的理想至境。中国向来是一个注重精神的国度，对一些素淡雅致的小花的欣赏确实比那些硕大美艳的大花如牡丹等，更能显示中国人精神上内秀之美。所以在表现中国人内在形而上的精神方面，梅花比牡丹更加贴切。然而梅花真正被称作百花冠首的时间是在南宋时期，这一时期是梅花审美文化大盛。陆游说它“一丘一壑胜姚黄”，南宋人咏梅花之作连篇累牍，在数量上以绝对的优势压倒了牡丹（详见程杰师《宋代咏梅文学研究》）。

在唐牡丹“佳名唤作百花王”到南宋“梅花当为群芳首”的转变中，北宋处于较尴尬而敏感的位置。如程杰师所言，牡丹代表的是大国雍容气象、昌盛太平景象，以北方汴洛文化圈为重心；梅花代表的素雅清净、孤傲高洁的气质与坚韧刚贞之骨气，以南方文化为根据地。

根据经济基础决定上层建筑的原理，弄清楚北宋经济重心所在，即可辨析北宋之文化中心所在。无疑北宋时期的经济文化重心在东京开封及西京洛阳为中心的汴洛地区，而这一地区正是牡丹的繁荣滋长地区。另，北宋人的审美趣味仍是钟情牡丹而冷落梅花，这一点苏轼最为典型：他在某年冬日游杭州牡丹重要景点吉祥寺看梅花的时候，曾作一首梅花诗，感叹的不是梅花之坚贞高洁却是牡丹为何不能四时开放，让他在冬日也能一睹国艳娇容。虽然眼中是凌霜傲雪之梅花，心里却记挂的是国色天香之牡丹。此外，他还专作了两首诗，反复申述自己“不是花时肯独来”、希望“安得道人殷七七，不论时节遣花开”的爱花盼花之心，厚此薄彼之意一目了然，坡公之偏好牡丹于此可见一斑。这也典型地代表着北宋多数人的看法。北宋文人津津乐道的“百花低首拜芳尘”“百花何处避芳尘”，梅花自然在其中。由北宋时期并无大型的梅花观赏活动及成熟理论著作的生成这一事实也可旁证北宋时期梅花地位远逊于牡丹。可见在两花之争中，北宋人坚定地选择了牡丹。

而南宋时期，牡丹与梅花地位的则发生了转换，陆游与曾几争论“梅与牡丹孰胜”[①]，已说明时人心中，梅花已经具备与牡丹争胜的资质，地位已旗鼓相当，两者的尊卑优劣也开始成了话题。而范成大《梅谱》则直言：“梅，天下尤物，无问智贤愚不肖，莫敢有异议。学圃之士，必先种梅，且不厌多，他花有无多少，皆不系重轻。”[②]言外之意，牡丹竟然已不足与梅花相提并论了。这种转换并非仅仅是因为南宋人在残山剩水中苟且偷安因而心境内敛，喜欢素雅寒淡的梅，也不仅是

① ［宋］陆游《梅花绝句》自注，《剑南诗稿校注》卷一〇，第846页。

② ［宋］范成大《范村梅谱》，《范成大笔记六种》，中华书局2002年版，第247页。

因为南宋建都临安，经济文化中心都转移到了地理上的梅花旺盛生长区。因为事实上虽然南宋只有半壁江山，科技文化发展仍然是相当繁荣，陈寅恪笔下中华文明造极一时“赵宋”包括并甚至主要就是指的是南宋。南宋的文化不能仅仅以“被疏梅，料理成风月”的衰世概括。因此在此对牡丹与梅花地位的这番计较并非为品评高下，它实质上是甚至时代文人自己都没有意识到的对前代的反正，是一个重塑时代自信心、自豪感的过程。与北宋初期文人以牡丹之“大北胜”对抗南汉茉莉花“小南强”的用心是一脉相承的。这就解释了我们上编论述南宋牡丹真实地位时产生的疑惑，为何他们不遗余力地推崇梅花的魁首地位，罔顾牡丹最为广泛的群众基础及已然上升为文化象征的花王地位，也可以解释审美文化虽然是没有时代界限的，但不同朝代总有各自不同的特色，总能突破强大的传统思维束缚，开创出自己的时代特色。

因此，牡丹与梅花花王地位之争，其实反映的是一种传统思维模式，即“尊王”观，尊王攘夷就能维护正统。而维护正统并非仅仅是愚忠，在封建社会中正统地位的稳固意味着社会秩序的平和稳定，这是社会经济发展、人民安居乐业的前提，因此维护正统即是维护安定太平的社会环境。谁是花王对人们日常生活似乎并无影响，但自己的时代审美品位被封为“王”，奉为正统，当然攸关时代自信心、自豪感的重建，安定民心、重塑时代文化精神等等重大时代课题。

二、花王、花相、花侍——等级烙印、宗法社会人伦关系的反映

牡丹审美文化作为一种深殖于中国传统民族心理与民族情感的产物，其产生发展之思想根源并不限于文人主导之主流思想，也有着深厚而广阔的民俗文化背景。这其中既有濡染至深的民族对于外物在色彩、形态的审美好尚，也有封建传统的等级宗法观念在人们头脑中的

影射。北宋时期，在传统文化的映照下，不同色彩的牡丹被有意识地择优培育且赋予了不同象征意蕴。黄者有姚黄为王，紫者有魏紫为后，等级森严、尊卑有序。

“牡丹王、芍药相”（图089）这一说法起源于北宋，在宋朝的诗文杂著中屡见不鲜。陆佃《埤雅》载：“今群芳中牡丹品评第一，芍药第二，故世谓牡丹为花王，芍药为花相。”[①]牡丹别称木芍药，芍药别号小牡丹。牡丹与芍药有着相当复杂而密切的联系。历代歌咏牡丹与芍药的文学中，总是强调两者之间的某种联系。牡丹与芍药究竟有何渊源？

其一，从生物学上说，牡丹与芍药可谓近亲。他们同属于毛茛科芍药属，其根株、花型、色香气韵上都有着某种相似点，直到现在还有不少人分不清形貌相似的牡丹与芍药。一定程度上可以说，牡丹就是木本的芍药，芍药即是草本的牡丹。牡丹以花似芍药而得名木芍药。

难怪古人认为两者是同源的。然牡丹与芍药还是有着很大的区别的。

首先，是花型上。牡丹比芍药的变化要大许多。芍药的花径一般在十五厘米左右，而牡丹的花径则是十到三十厘米不等，个别花朵甚至超过四十厘米，真的达到了古人所描述的“大可径尺”的地步；

其次，茎叶上。牡丹为根生，芍药为丛生。一般而言。在种植中，草本丛生的芍药当年即可长到60至100厘米，而木本根生的牡丹则需要三四年的功夫才能生长成型。同时，牡丹的植株一般都比芍药要矮小。另外，牡丹叶一般是三瓣而芍药叶则是单瓣的，区别也是十分明显的；

---

① ［明］高濂《遵生八笺》卷一六“燕闲清赏笺”卷下芍药谱，第605页。

图089　左为安徽博物馆藏清樊圻《牡丹图》，右为南京博物馆藏清任颐《红芍药图》。牡丹、芍药同异一目了然。虽都有雷同的艳丽花朵，但风格却大不一样。芍药丛生，纤弱柔美，需篱笆扶持；牡丹则根骨苍劲，与湖石辉映。可想见古人论花以芍药为相、牡丹为王的因由。

再次，花期上，牡丹又称谷雨花，一般在四月下旬开放，芍药则比牡丹要晚十五天左右，要到立夏才开，俗谚说“谷雨三朝看牡丹，立夏三朝看芍药”。因此，生物上看两者是多有区别的。

其二，文化上，牡丹与芍药同属晚春芳物。物色之美惊艳外，皆因不与百花争艳的殿春之德深受称赞。然而无论历史积淀还是文学成就上，芍药文化与牡丹文化都判然有别或说不同的历史时期中甚至还高下有别。古典文化中芍药主要文化意蕴有二：一是源自诗经郑风溱洧的相思相好之意：

溱与洧，方涣涣兮。士与女，方秉蕳兮。女曰：“观乎？”士曰：“既且。”“且往观乎？洧之外，洵訏且乐。”维士与女，伊其相谑，赠之以芍药。

溱与洧，浏其清矣。士与女，殷其盈矣。女曰：“观乎？”士曰：“既且。”“且往观乎？洧之外，洵訏且乐。”维士与女，伊其相谑，赠之以芍药。[①]

青年男女在郊外水边嬉戏，互赠送芍药以示相好。这是芍药与男女相思结缘的起点。朱熹《诗集注》对这一篇的说法为：芍药为香草，以芍药为赠而结恩情之厚也。后来秦观的《春日》中的“有情芍药含春泪”、姜夔《扬州慢》中的“念桥边红药，年年知为谁生”也都是延续的这一思路；

二是芍药又有“将离”“离草”之名，代离别表依依之意。这些都是由简单的物色之美引申而出的与人情的某种联系。其关联象征的也不过是个人的相思别怨，较之牡丹的与国家兴盛、天下太平、子孙

① 周振甫《诗经译注》，中华书局2002年版，第131页。

繁荣等关乎天下气运关乎子孙后代的理想憧憬而言，对于中国古代那些以治国平天下为己任的文人士大夫而言，个人感情自然要比民族气运逊色不少。仅从古人的相关题材诗歌创作对比上也可看出这一问题：历代芍药专题不逾千篇，而牡丹专题则仅宋代粗略估计也有数千篇，文人关注之偏向一目了然。在文化意象史上，芍药意象也远不如牡丹意象内涵丰富而深入人心。牡丹依芍药而得名，却兴起后迅速超越芍药之上，这是历代尤其是北宋文人在不断的比较与赋意中作出的选择。将一后起新秀推到出身风雅的古老花卉之上，并指责古人“不见诸经载牡丹”，也体现出宋人大胆怀疑与创新精神。

牡丹与芍药同属毛良科芍药属，花型、花色、叶片等生物特性上都极为相似，至今唯一的分辨标准仍是从植株上判断木本、草本之别。况芍药出身经典，比唐代方扬名的牡丹有着悠久太多的历史。然而古人尤其是唐宋人对两者有着毫不掩饰的厚此薄彼的态度，刘禹锡牡丹诗“庭前芍药妖无格”，讽刺芍药草本不够“坚贞”有“格”，舒元舆《牡丹赋》所谓“羞死芍药”，更是贬低芍药，都为了凸显“唯有牡丹真国色”，牡丹与芍药的地位开始高下迥异，牡丹为王、芍药为相成为古人的共识。

值得注意的是为什么以唐宋为主的古人如此注重品第，一定要用品第的方式夸耀动植物的高下。综观古人各种牡丹谱录，无不以高下品第，其他百花谱中也必叙其高下位次。“花王”“花相”“群芳首”这些思维方式中体现的是古人什么样的思想观念。

显然“王”“相”是封建社会成立之后产生的观念，而严格上下等级则是儒家的“礼”即社会秩序的表达，所谓“君君臣臣、父父子子”的观念，体现在封建社会生活的方方面面，由皇家主持，文人士大夫宣扬，最终内化为中国传统文化中的集体无意识观念之一。人们面对牡丹的国色天香、艳极无双时，内心的喜悦震撼无以言表，只能通过比较品评来让天下百花“俯首拜芳尘”以体现其高超的地位。这样的高下品第的方式，自然是封建等级社会下对于阶级意识无意识的认可。

在对牡丹的审美态度上，还能体现出等级制度对国人思维方式的束缚。传统文人对类似牡丹这样极美、极好的事物的态度，总不是真心的欣赏、由衷的喜悦，以平等而自由的视角客观冷静的判断，而是往往要尊崇为“王”，要俯首拜服，体现出鲜明的对于王者、上位者、权贵的臣服、敬畏的姿态。之所以人们对花王牡丹有着长期坚定的热爱，牡丹审美文化自唐宋繁荣之后至今长盛不衰，获得了上千年来上至宫廷贵族、文人士大夫，下至贩夫走卒、平民百姓一致的追捧与爱慕，自然少不了对被符号化了的牡丹审美内涵的认同。皇家贵族的富贵与牡丹的雍容相得益彰；儒家主导思想的文人墨客对皇权的依附及对阶级秩序维护也使牡丹意象成为他们对于社会稳定繁荣、时代太平清明理想的寄托对象；而平民百姓，对富贵小康生活的向往是他们永恒的理想，对红墙朱门的近乎畸形的向往（楚王好细腰，宫中多饿死）与敬畏（封建制度对平民阶层物质上的压榨精神上的压迫是他们无可回避的现实生存状态）也是他们封建阶梯底端的生存状态真实的映射。

上编牡丹审美方式之宫廷观赏部分已经提到，牡丹审美文化是自上而下的文化，最初就是宫廷豪贵的好奇引发了民众追捧的热潮，唐人三街九衢看牡丹，看的不仅仅是国色天香，更是“举国如狂不惜金”的豪门望族香车宝马、冠盖云集的盛况，可知民众跟风追捧的更多的是牡丹花下那些富贵风流、豪华奢侈的社会上层生活方式。这就是为何历代笔记小说中关于牡丹的记载，总是大多离不开“炫富”的心思的缘由之一。前文中提到的诸多材料中，如唐代“一丛深色花，十户中人赋”、沉香亭故事，北宋的洛阳的天王院花园子、“万花大会”，南宋张镃风雅豪奢的牡丹宴，明代京郊惠安伯园中的牡丹花海，清宫中的国花堂等，细细看来，无不是财力与国力的炫示，无不能让人窥见富贵豪华的上层阶级生活之一二。由此不难推断出牡丹“花之富贵者也”的论断自然并非仅出于物色上的雍容华丽，恐怕更多是牡丹成名于雕梁画栋下、金屋玉堂前，与富贵阶层有着密不可分的关联。牡丹这一富贵花的得名及其地位的确立，还有古今上下一致对牡丹花的喜爱与推崇，显然有着封建社会阶级意识、等级观念千年熏染下，古人的阶级意识对日常生活与审美的潜移默化的影响与渗透。

这种影响与渗透是在各种相关典籍中都是有迹可循的。为了体现牡丹的至尊地位，古人不惜将一切名花践踏在地。与它相比桃李等凡花几乎失去称为花的资格，只有牡丹才有资格称作直以花称之，这份荣耀实非一般：

洛阳人惯见奇葩，桃李花开未当花。须是牡丹花盛发，满城方始乐无涯。（邵雍《洛阳春吟》）

桃李花开人不窥，花时须是牡丹时。牡丹花发酒增价，夜半游人尤未归、（邵雍《洛阳春吟》）

若使春风但桃李，春风殊未可雌雄。（方岳《次韵牡丹》）

魏紫风流，姚黄妖艳，桃李皆粗俗。（无名氏《念奴娇》）

这些花或表时序，以衬托牡丹殿春之气度；或代表色彩花型上都很一般普通花朵，来烘托牡丹国色天香、艳冠群芳的不凡气质；或表示一般争名夺利的浮花浪蕊，以反衬牡丹一枝独秀、高傲脱俗的品格。由以上数例我们可以看出，牡丹花王的至尊地位正是在与这些花的对

图 090　明洪武釉里红四季花卉纹石榴尊，故宫博物院藏。

比中不断强化、深入到人们的意识当中的。桃李诸花在那些方面弱于牡丹，因而会被用作陪衬以显示牡丹之艳质超凡呢？这也需要分别从它们生物特性与文化内涵两方面来分析。首先是生物性上，如上文所说，牡丹花径一般在 10-30 厘米，桃李梨杏等花的规模是远远无法与之匹敌的。这些花花朵一般都十分细小，掩映在绿叶之中，虽然繁华一片，却还是不成规模。在姿态的端庄富艳方面，它们是远远无法与牡丹相匹敌的。在色香神韵方面，一朵牡丹也足备佳景，而一朵桃花或杏花等小花却实在不成气候。虽说造化面前万物平等，因而“苔花如米小，也学牡丹开”，但即使学得了牡丹傲世芳华，也仍是无法与牡丹的美艳雍容相匹敌的。

其次是在文化内涵上，桃李杏等一般芳物虽然历史也相当悠久，亦深植于古代文化之中，文化意蕴也相当深厚。杏花繁华热闹的勃勃生机、桃花求仙访道的仙风道骨；海棠春睡的娇媚可人、菊花隐者的飘逸出尘、莲花浸染佛香的纯净高洁……但是却没有哪一种能如同牡丹一般有这样丰富深厚的文化内涵，不同的牡丹品种有着不同的神韵，或端庄雍容如王者降临，或风情万种如贵妃临妆，或素白淡雅如仙子下凡，或姿态高绝如隐者避世，它的文化内涵丰富无比。这或许就是牡丹文学超越其他花卉文学而在中国人的心目中获得了无上地位，达到了繁荣的顶峰的内因。

然而这些都是以文人为代表的古人思维模式，思想观念外化投射而出现的现象，它的本质是阶级意识影响下的品第的观念。品第是中国传统文化中一个源远流长思维模式，它影响着中国数千年来世世代代人们的思想与观念。从牡丹与其他花卉的比较中，我们可以窥见其中一斑。

古人在观赏牡丹之时，往往总要将其与其他花卉比较，并在比较中厚此薄彼，以此来凸显主题，这种思维模式在文学创作中源远流长，也有其艺术技法上的逻辑可言。然而我们单纯将其视为艺术手法，则无法解释在文学领域之外，社会生活各方各面有意无意体现出来的“品评”意识。

宋人邱濬在《牡丹荣辱志》中以封建等级分封制度为众花品第，按照宫廷等级制度分为王、后、妃、嫔、命妇等。将牡丹列为宫廷贵族，上至君王下至妃嫔皆为牡丹族系，芍药梅花等花也只能列于远属，并认为：

> 花卉繁芜于天地间，莫逾牡丹。其貌正心荏，茎节叶蕊，耸抑检旷，有刚克柔之态。远而视之，疑美丈夫女子俨衣冠当其前也。
>
> 姚黄为王：名姚花以其王者，非可以中色斥万乘之尊。故以王以妃示意上下等伦也。[①]

这种以王以妃示意上下等伦的分封次第俨然形成了一个秩序井然、等级森严的皇宫内苑图景，体现出了严格的封建等级观念。“世只两名花，牡丹王、芍药相，未尽人间舌”，传统的牡丹为王、芍药为相的说法也同样反映着这种观念，而这两种说法都是出现在北宋时期，虽然由文人总结出来，但却是源于中央集权强化的封建中后期以宋人为代表的古人注重尊卑有序的民俗观念。这种观念在整个社会的普遍长期的盛行也离不开整个社会民间群体的推举宣扬之力。它必然出于民间长期形成的社会观念之凝聚，反映着整个社会对牡丹文化的观念与认识。欧阳修等人对各地牡丹民俗的总结与升华正体现着文人与民俗文化之深刻内在关系。等级尊卑观念何以空前强化并如此鲜明地反

① ［宋］邱濬《牡丹荣辱志》，《左氏百川学海》本，第031册。

映在民俗观念与审美文化活动里，原因有二：

一是统治者出于对国家长治久安的考虑，加强了思想控制。等级制度在西周时期已经建立，但是无论是历代的宦官、外戚专权还是权臣悍将的犯上作乱、农民起义对皇权的颠覆等都直接体现着对这一观念的藐视与对抗。经历了五代频繁的政权交替、武将擅权，北宋统治者深刻体会到封建等级与皇权观念对于维护封建统治的重要性，在重建国家机器的同时也空前强调思想的控制，极度强化这一观念，以压制、消解人民的反抗意识。北宋一百多年间基本没有上述诸如宦官、外戚、武将作乱之事，这不仅体现制度体制上的完善，也体现着宋人在思想控制上取得的骄人成绩。上有所好，下必极之，统治者这一意志也必然渗透到民俗观念之中。这一观念在明清时期更是甚嚣尘上，配合着中央集权对于思想控制强度的加大，“不关风化体，纵好也枉然”的思想背景中，牡丹品赏关乎人伦教化也就自然而然受到重视、尊崇。

二是文人代表的主流文化对中原正统地位的自觉维护。经历五代十国时期与汉民族的长期融合，北宋时期周围少数民族已充分汉化，掌握了先进的生存方式，并迅速强大起来，耽耽虎视宋庭。中原正统地位受到严重挑战。外夷已不再是荒蛮之地野蛮粗俗之徒，其实力已足以与中原抗衡甚至有取而代之之势，这不能不让一直有着绝对的优越感的中原民族感到前所未有的压力与恐慌，因此急切呼唤等级制度来配合中原正统地位与王权尊严的重建。北宋春秋“尊王攘夷”之说大盛即源于此。文人之文化向心力对民俗文化相关观念的发展之影响自也不可小觑。正如章学诚《上辛楣宫詹书》所言：“世俗风尚，必有所偏。达人显贵之所主持、聪明才俊之所奔赴。”[①]上层社会之好尚观念对下层民众及整个社会风俗的形成有着极大的影响。在王权与士大夫文化的影响下，封建等级与皇权观念得到空前彰显，中央集权已由制度内为观念进入世人心中。民间牡丹题材工艺美术活动如绘画、雕刻、织染中处处体现出对这一观念的维护与展示。

用等级制度来品评牡丹，赋予其至尊地位既是封建统治阶级深化统治意识的一种手段也被统治阶级对于富贵太平永葆的标榜与期许。因而得到了上下一致的推崇与传承。花王花后、花王花相在牡丹题材文学中成了一个常规甚至俗套的用法，足见这种观念的深入人心。那种为万物品第列次、与花卉称兄道弟的状况虽然早已有之，在宋代盛行的花卉比德的传统下更是普遍。然能用人类统治阶级的分封之法，封王拜相、封后纳妃却是牡丹独有的特权。牡丹被奉为花王、敬为贵客，丝毫不敢亵渎其至上威严。这和人们称虎为百兽之王、凤为百鸟之王等一样，都是一种极致的推崇，这种万物有至尊称王的观念也是现实中等级尊卑意识的曲折反映。这一点宋人罗大经《鹤林玉露》中已有阐发：

> 洛阳人谓牡丹为花，成都人谓海棠为花，尊贵之也。亦如称欧阳公、司马公之类，不复指其名字称号。然必其品格超绝，始可当此。不然，则进而君公，退而尔汝者多矣。[②]

对此“品格超绝”的芳国至尊人们是心怀尊崇的，这种尊崇的心态的本身即体现着宋人日趋深化的等级品第观念。在宋人眼里，唯有

---

① ［清］章学诚《章氏遗书》卷二九，外集二，文物出版社，1982。

② ［宋］罗大经，王瑞来点校《鹤林玉露》丙编卷一，中华书局1983年版，第245页。

给予足够崇高尊贵的地位及相应的尊重，方符合牡丹之芳姿艳质、骨气品性。在尔汝百花之时，宋人绝不敢自比牡丹，其尊贵可想而知，宋人在牡丹身上灌注的等级与皇权观念也是一目了然的：

彼芍药、萱草之凡材，侬李标梅之俗物。杜若骚人，兰香燕姬，曾不得齿其徒隶，况与之论其甲乙哉？（宋祁《上苑牡丹赋》）

洛阳亦有黄芍药、绯桃、瑞莲、千叶李、红郁李之类，皆不减他出者。而洛阳人不甚惜，谓之果子花，曰某花。至牡丹则不名，直曰花。其意谓天下真花独牡丹，其名之著，不假曰牡丹而可知也。其爱重之如此。（欧阳修《洛阳牡丹记》）

宋祁的矜耀、欧阳修陈述都让我们清晰体会到北宋牡丹的尊贵地位，同时也可见古人品第观念在社会生活中的应用。这种品评观念是如何产生的，有着复杂的源流关系，至少要上溯到魏晋清谈之风中，在此限于篇幅不便详述，但我们不妨通过古人的言论探究一下他们对于万物品评的动机：

花卉繁芜于天地间，莫逾牡丹……姚黄为王：名姚花以其王者，非可以中色斥万乘之尊。故以王以妃示意上下等伦也。（邱濬《洛阳贵尚录》）

“以王以妃示意上下等伦”透露了非常重要的信息，即在承担文化传承重任，担负时代使命的文人士大夫眼中，这种品评不是无意的休闲之举，而是一种观念的展示与宣扬即“上下等伦”的封建社会等级观念。所谓上下等伦，即上下有别的等级伦理观念。在封建社会，这种观念是社会等级制度的基石，同时也是社会机器平稳运转的根基。等级的僭越就是秩序的破坏，秩序的破坏滋生混乱动荡，而混乱动荡，

图 091　［清］慈禧《玉堂金粉满天香》，私人收藏。慈禧太后极爱牡丹，她曾力推牡丹为国花。她的日常生活各种器具、服饰纹样中处处是牡丹纹，如图 073 就是她常用器具之一。慈禧还善画牡丹，有《功名富贵图》等多幅牡丹图传世。此图构图清新疏朗，柔媚娇艳，傅色淡雅脱俗，有相当高的艺术水平。虽或出代笔，但慈禧对牡丹花的热爱却十分真实。

不免民不聊生，国家倾覆。因此，对等级的维护并非文人仅仅为了自身阶级利益的私心，也是出于对社会的责任感与忧患意识。这种责任感与忧患意识外化在他们的文学中就是中国古典文学中一个相当重要的主题“教化思想”。

而牡丹观赏中体现出来的等级意识，正是意在倡导儒家伦常观，这一点清人张潮早有评说：

> 古谓禽兽亦知人伦。予谓匪独禽兽也，即草木亦复有之。牡丹为王，芍药为相，其君臣也；南山之乔，北山之梓，其父子也。荆之闻分而枯，闻不分而活，其兄弟也；莲之并蒂，其夫妇也；兰之同心，其朋友也。
>
> 江含征（之兰）曰‘纲常伦理，今日几于扫地，合向花木鸟兽中求之。’又曰‘心斋不喜迂腐，此却有腐气。’[①]

草木是不会有伦常的，人刻意将伦常赋予草木，使之承当社会教化功能，在日常赏玩中潜移默化地影响民众、宣导人情。这才是牡丹为王、芍药为相等品第方式背后体现的文人思维逻辑或曰创作动机。如前文所论，伦常即是秩序，秩序关系社会兴衰，所以纲常伦理扫地的时代，人们尤其重视花木鸟兽的比德，祈求在赏玩中移风化俗、重建秩序。而这种动机的广泛被应用、被承认，则又证明这种教化作用是确实有效果的，封建社会中广大民众无意识地将这种观念融入到日常生活之中，自然也是对这种以秩序为外在表现形式的稳定繁荣，因此无论笔墨纸砚、花草树木无不分高下、次等伦，将这种品质、品相的高下以阶级地位的高下排序以透露出深入骨髓的阶级意识、人伦观念。

---

① ［清］张潮《幽梦影》，中华书局2008年版，第131则，第137页。

然而人伦是无法通过教化挽救的，它只是一种社会衰落的前奏，是无法挽救的封建社会秩序沦落的序曲。并且在社会黑暗腐坏的大背景下，对秩序的强调更会加重阶级矛盾，僵化的教条、刻意的宣扬都无济于事，这就是江之兰所谓“此却有腐气”所批判的。所以牡丹审美文化的盛行，从来不是一种单纯的社会现象，它是绵延千年的文化传统，它部分代表着民众对秩序、对阶级、对富贵繁华的上层社会的向往，是社会等级意识的辐射所致。前人早就发现了这一点，他们多次批评牡丹盛行带来社会风气的腐坏。唐人白居易的新乐府中《卖花》中的“一丛深色花，十户中人赋”对于牡丹审美的奢华之风的批判可谓鞭辟入里，这里批判的自然不是牡丹，而是追新逐异，奢侈豪华的贵族阶层以及严重两极分化的世态。宋人代文学中也多有体现，如王溥《咏牡丹》：“枣花至小能成实，桑叶虽柔解吐丝。堪笑牡丹如斗大，不成一事又空枝。”[①]以一些虽然不起眼却能结出丰硕果实的花作比来从实用主义的角度批判牡丹的浮华。其实牡丹并非“不成一事”，其根皮可以入药，其花蕊可以作为食材，可以调制香料。这种比较的本质也是对“名不副实”的贵族阶层的微辞：尸位素餐、鱼肉百姓，王侯将相宁有种，牡丹何以当得花王？这些批判正从反面印证了花卉审美文化从来都并非单纯的审美活动，它是审美思想、传统文化观念的侧影，反映的是中国人心中对社会生活最为真实的看法，赏花在传统中国文化中从来也不是简单的出于爱美之心的艺术享受，对于宫廷贵族，赏花从来都是他们富贵奢华生活的理念的外化；对于文人而言，赏花也是他们高雅情志，闲适清雅生活的寄托；而对于百姓，赏花往

① 《全宋诗》第3册，第1080页。

图 092　明青玉镂雕牡丹纹佩，故宫博物院藏。

往就是仰慕向往花下的富贵高雅的统治阶级生活方式。从这一意义上来讲，牡丹审美文化长盛不衰的缘由，从本质上说也有一部分是出于中国传统阶级文化与儒家等级意识影响下民众对阶级阶梯无意识的崇拜向往。毕竟唯有如此，我们才可以理解为何历代牡丹观赏过程中对花色上的偏爱（尊姚黄为王）及对牡丹高下品第的热忱（封王封妃）。而历代关于牡丹文化的记载中又尤其重视帝王将相、文人雅士的观赏故事，自觉将牡丹与个人的富贵、社会的繁华联系起来，来巩固与充实牡丹作为百花之王的文化内涵。

小　结

当我们打开历代典籍中去体味古人对牡丹的狂热时，不难发现牡丹与宫廷豪门的奢侈淫靡生活的关联；人们对牡丹的痴迷中透露出的追求世俗功名富贵、奢侈享乐的物欲横流之势；也不难发现很多人已经以清醒犀利的眼光对牡丹提出了批判“牡丹妖艳乱人心，一国如狂不惜金。曷若东园桃与李，果成无语自成阴”（唐王溍《牡丹》）。我们不禁要问：如此庸俗华艳，牡丹怎堪称王者？对此古人给出了明确的回答：牡丹国色天香、艳冠群芳，足以娱情悦性，且牡丹富贵尊荣，是百花之王。对王者的尊崇是暗合封建社会的纲常伦理观念的，“纲常伦理，今日几于扫地，合向花木鸟兽中求之”（张潮《幽梦影》），“故以王以妃示意上下等伦也”（邱濬《洛阳贵尚录》）。

这个回答不仅是通过对牡丹的审美认识的不断深华、对牡丹审美文化的不断赋意改造、对牡丹象征意蕴的不断发掘、推举与提升作出的，更是通过于在群芳的比较鉴别中有意地厚此薄彼、品第列次中不断抬高牡丹之身价地位，巩固其王者地位的实际审美创作活动最终给出的。他们不仅在花容花色之类的物色之美上将牡丹置于群芳之首，压倒万千芳国微物；更在花德花品等德性品行之美上将牡丹推至百花之王的至尊无上之地位，君临天下花卉。在宋人眼里牡丹这“大北胜”是象征国威，可弹压外夷陋邦之“小南强”的[①]。这种气魄胸襟是足以与大唐盛世之气势相匹敌的。尊贵雍容之牡丹也极好地代表着陈寅恪所说的“华夏民族之文化，历数千载之演进，造极于赵宋之世”[②]之文化的昌隆鼎盛、彬彬文治的北宋王朝的辉煌景象。牡丹与中原繁华、旧日太平的对照，在南宋时期已经成为共识，洛阳牡丹已是南宋人追慕北宋繁华的集体记忆附着固定意象之一，到明清文学中牡丹作为富贵花、太平繁荣的符号更是深入人心。

第三节　玉堂富贵：牡丹盛行的民俗思想背景

在相关章节中，我们已经详细论述了牡丹在各种民俗传统工艺艺术领域的普遍应用与繁荣发展。牡丹能够如此深入全面地在广大民众的生活日用工艺中展开，这自然离不开作为经济基础的牡丹种植事业的高度繁荣发展。然而这只是物质条件，并不必然能够使得牡丹在民俗艺术观念中扬名立身。更为关键的原因是，牡丹的某些特质对了传统民俗审美观念的胃口，因此深入民众心灵之中，成为他们表达对美

① ［宋］陶穀《清异录》卷上，《宋元笔记小说大观》，第 37 页。
② 陈寅恪《金明馆丛稿二编》，古籍出版社 1980 年版，第 245 页。

好生活的感怀与向往的载体。牡丹审美文化的盛行，是有着肥沃的民俗文化土壤滋养的。

任何文化现象都是在一定时代的社会文化背景中形成的，牡丹也不例外。牡丹审美文化能取得巨大的成就，自然有其社会、文化等方面的深刻原因。牡丹进入人工种植观赏领域是在隋唐时期，其审美地位却是在宋代得到提升与最终奠定的。隋唐之前史籍已有牡丹之名，不过是作为药材深藏山谷之中。相对桃李莲兰那些自古即以芳华著称的名花而言，牡丹是名副其实的后起新秀。然而自大唐盛世进入审美视野，它就以后来居上之势迅速压倒群芳，成为时尚新宠。不过此时牡丹观赏还主要集中在其国色天香、艳极无双的物色特征，未着意其审美精神与文化内涵。北宋百余年间牡丹的审美特征越来越受到关注与推崇，精神寄托意义也不断得到丰富与凸显。价值地位也一路飙升，最终被推举为花王并升华为崇高的文化象征。这一过程有此时社会生活、思想观念与民俗文化的深厚背景，也与牡丹自身的生物优势在这一时期的充分体现密不可分。下面分别加以阐述。

一、富贵花与繁华世

盛世与牡丹之遇合并非偶然。牡丹为富贵之花，生性娇弱尊贵，需以丰厚的物质基础作保障；牡丹进入观赏视野的第一站就是大唐盛世之宫廷豪门，滋长繁荣于名副其实的富贵繁华之地。唐玄宗携杨贵妃于沉香亭前赏花，并命李白进新曲，李龟年按新谱歌之。牡丹在宫廷内苑与传奇帝妃、风流才子、梨园圣手相遇合这一风流胜事早已是脍炙人口的盛世美谈；杨国忠四香亭百宝妆栏的奢华豪侈、宁王宫中以金铃护花之华贵清雅也是盛世一景。宫廷豪贵之奢华富贵之气自然渲染了繁盛其间、备受宠爱的牡丹。另外，牡丹“花开时节动京城”，引得长安豪贵“每暮春车马若狂，以不耽玩为耻”的数十年间正是大唐“斗米数钱无兵戎”、繁华太平的数十年。而自安史之乱长安沦陷兵火之后，牡丹也再难以重现当年的繁华。太平盛世则花盛，时衰世易则花衰，这难免给人以国祚系之的联想，也不难引导宋人沉潜出牡丹之时代鼎盛昌隆、太平繁华的象征。牡丹与时代兴衰的内在关联于此可见一斑。

就宋人本身所处时代环境而言，牡丹象征太平昌盛之文化内蕴也是应时代要求出现的，代表着一代文人的心理趋向与时代体认。经历了五代数十年的动乱流离，社会经济遭到了极大的破坏，周边少数民族辽、女真等已经强大到足以威胁中央王朝安定，宋人对来之不易的太平自然倍感期待与珍惜。统治者甚至不惜制造彬彬文治的太平之象来掩饰武力上的无能，达到稳定人心、巩固统治地位的目的。太平成了北宋一代津津乐道的话题，无论是出于祈愿还是粉饰，盛于太平盛世，象征富贵繁华之牡丹都得到了极致的推崇。北宋社会一片歌舞升平、繁华喧嚣的气象，享乐之风盛行一时。求田问舍成为宋人上下一致的选择，园林圃艺事业得到了极大的发展。牡丹作为一种国色天香其表、富贵繁华其里的百花之魁成为这些园林中必不可少的妆点。这些都是作为休闲娱乐活动的赏花风气盛行的土壤，也是牡丹审美文化盛行的社会文化根基。

同时，北宋时期社会经济的普遍繁荣，园林圃艺事业高度发展。得牡丹走出了宫廷与王公贵族的园圃，而广泛出现在各阶层民众面前。一览“国色天香”之绝艳，体味明皇妃子的浪漫风流、太白清平调的才气风度，追慕大唐盛世的繁华成为北宋时期上至帝王下至庶民一致的心理趋向。无数人争相引种栽培，徘徊观赏，为了一睹牡丹之绝代芳容，他们不远千里、不惜重金。牡丹的身价急剧上升，千金买姚黄成为一种风雅时尚。于是社会需求日益扩大刺激着牡丹种植规模的极度扩张与技术的不断进步，而规模的扩张与技术的进步则进一步支持了观赏活动的盛行，促成了一场巨大的牡丹审美风潮的形成，也因此为牡丹审美文化的形成提供了坚实的土壤。

这一时期社会经济的普遍繁荣、政治的长期稳定太平带来了人们心态的改变，形成了诸多有着鲜明时代特色与巨大影响的社会风习，这其中与牡丹审美文化的发展密切相关的有如下几方面：一、奢侈慕华之习；二、闲雅优游之气；三、重文崇雅之风。

首先，是奢侈慕华之习。北宋社会尤其是京畿地区是十分热闹繁华的，人们也争相以富贵豪华相尚。从太祖杯酒释兵权的经济赎买政策及其及时享乐言论；到太宗时期开始的频繁的赏花钓鱼宴会及对大臣大手笔的赏赐；再到真宗声势浩大的几次东封西祀、广建天下道观；直至徽宗穷奢极欲的花石纲、艮丘，无不可见北宋一朝宫廷之奢侈靡费。寇准以蜡烛作薪、宋祁修唐史众妓环侍宛如仙境、晏殊称自己不事豪侈仅因“无钱尔”（《梦溪笔谈》卷八）、宋词中透露的那些歌舞笙箫、富贵奢华的生活方式等，士大夫之奢侈于之可见一斑。《东京梦华录》言“大抵都人风俗奢侈”，《容斋随笔》卷六载：“国家承平之时，四方之人以致声色为言，盖士大夫则用功名进取为心，商贾则贪舟车南北之利，后生嬉戏则以纷华盛丽为悦。”全宋文中共有九篇戒奢侈的诏疏，全作于北宋时期，又不难体味此时市民阶层奢侈浮华之习的盛行。牡丹审美文化虽有劲心刚骨、高洁脱俗之向上一意，但本质仍是奢侈浮华的社会氛围的产物。正是其尊贵奢华风范引人们追慕不已。奢侈之风的盛行对这种需要相当成本的名贵花木的栽培、养护、观赏之普及有着莫大的推动作用。社会各阶层奢侈浮华之风的盛行促成了牡丹种植观赏的蔚然成风，从而也支持了牡丹审美文化的繁荣。

其次，闲适优游之风。北宋时期尤其是北宋中期以后社会繁荣昌盛、国泰民安，上下笼罩在一片闲适优游的风气之中。琴棋书画诗酒茶成为日常生活的必需品，吟诗弄曲、啸傲林泉成为一种普遍的生活方式，更表现在赏花弄花也成为生活中不可或缺的一部分。北宋一朝上至帝王豪贵广植花木以自娱，下至文人士子侍花弄草以养性，再下至平民百姓种花买花以求利。牡丹是他们一致的选择。其尊贵奢华足称帝王将相富贵尊荣之气势；其国色天香、风姿天然深契文人才子求雅尚美之心理；又由于其艳冠群芳、名动天下既可满足好奇之心又带来丰厚利润，市民阶层也热情参与。宫廷赏花钓鱼之会、内苑赏花活动之频繁、规模之宏大，豪门权贵的花会花宴之豪侈奢华，文人士子花时欢会吟赏、寄赠往来之风雅，市民百姓倾城游春、百工竞作之热闹非凡，无不是北宋优游风气的明证。北宋人热衷声色之娱，享受盛世清闲。而声色娱乐中又唯赏花最为清雅脱俗。花下吟赏极尽风流潇洒之风神气度，忘却红尘纷扰、名缰利锁，做个花下闲人，“管领风月”，是北宋人一致的追求。牡丹观赏之风的盛行也得力于这种安闲逸乐的世风，如图 093 即是这种世风在艺术上的表现。

再次，重文崇雅之风。若说牡丹作为奢侈的名贵花木在北宋大面积大规模的种植观赏主要得力于奢侈浮华之风的盛行与闲适优游之风，其能超脱豪贵之流争竞咂弄的玩物、突破其物色特征而走向精神文化领域则得力于重文崇雅之风。物质生活的优越为精神文化生活品质的提高奠定了基础，在此基础上，宋人竭力追求与营造闲适优雅的生活方式与审美化、艺术化的生活氛围。他们将牡丹也纳入审美生活构造之中，在求雅的大前提下侍弄吟咏，将个人的审美观念与理想倾注于牡丹栽培、观赏的各个环节之中，也按照自己的审美眼光来品评阐述牡丹的风神气度。在此，牡丹的审美文化意蕴逐步凝聚成形。宋人不仅追求生活的艺术化、享受闲适优雅的艺术氛围，同时也追求精神上的完满自足、逍遥乐易的境界，他们强调道德修养的重要性，自觉以崇高的德性之美规范引导自己，进而比德花木、在自然界中寻找德性高标的芳物崇之敬之、师之友之以彰显个人品行修养。他们发现牡丹雍容端庄、高冠群芳，便奉之为王，赋予它从容优雅、庄严尊贵的王者风范与坚贞高洁、劲心刚骨的仁者风神。

整个社会盛行的奢侈慕华之习与闲适优游之气促成了牡丹种植观赏规模的空前扩张，为加深牡丹审美特色的认识从而提炼精神文化因素提供了可能。重文崇雅之风在此基础之上，推动了牡丹审美认识的升华以及牡丹象征的形成。在这种种社会历史条件与世风熏染之下，宋人洗净了牡丹身上的奢侈淫靡之气。尊之为花王、奉之为贵客，充分发掘出了牡丹富贵繁华的外表下所蕴含的崇高文化意蕴，将其塑造成一个太平繁华之盛世、尊贵雍容之王者、高洁不屈之仁人的象征，一个崇高的文化符号。

二、争赏街西紫牡丹：牡丹与阶级意识影响下的传统颜色崇拜心理

牡丹花朵的雍容华美与民族审美心理好尚有着深刻的共鸣。中国古典审美文化注重形态上的那份圆润丰盈的中和之美，而牡丹雍容典雅的神韵正暗合人们的这份追求。因此，牡丹才以其绝代芳华引发了自古而今无数文人才士经久不息的爱赏。因而，人们结合民族群体喜好为各种色彩的牡丹品种赋予了各种审美意蕴。而总结前文可知，古代文人墨客对牡丹的歌咏有着色彩上的偏重，花工在花色上选择性优

图 093　［宋］刘松年《十八学士图》，台北故宫博物院藏。图中所画虽为秦王李世民文学馆中房玄龄、杜如晦等学士。而其场景、氛围却都是宋代士大夫日常生活的展现。李世民时代，牡丹似尚不曾出现在文人视野中，焚香、品画的文房清赏也更似宋人情趣。

育优培时也同样有着色彩上的偏重。这两种人群身份地位不一，在牡丹色彩上却有着共同的爱好，显然这是一种整体民族风尚、民俗精神的体现。在传统牡丹的九大色系中，最常见的是红白二色，而从文人吟咏频率与花工加意栽培好尚上看，历代人们最爱的依次是黄色（姚黄为王）、紫色（魏紫为相）、红色，邵伯温《邵氏闻见后录》“洛人以姚黄为王，魏花为妃”，邱濬《洛阳贵尚录》“姚黄为王：名姚花以其王者，非可以中色斥万乘之尊”，皆可以为证。这种观念自宋一直盛行至明清，清余彭年《曹州牡丹谱》“花正色”部分首列黄色七种，这种偏好显然并非特定时代特殊趣味可解释。事实上，这正是中国传统封建社会等级制度的烙印及宗法人伦关系的外化。本节我们集中分析这种牡丹色彩高下观念所体现的民俗精神，或曰审美精神。

首先，黄色牡丹之爱。这是北宋民俗文化在牡丹审美中体现最为显著的一点。唐人作品中罕有提及的黄色牡丹得到了宋人极大的推崇，各种花谱都将黄色牡丹冠于其他颜色牡丹之上，姚黄更以其色之纯正而被奉为牡丹之王。这些都要从黄色受尊崇说起。五行中中部属土，为黄色。黄色代表地，万物生命之源；代表中央，又是中原正统、王权的象征。赵匡胤黄袍加身，就意味着皇权的获得。自古皇室都是以黄色为基调以示尊贵。据《旧唐书·舆服志》载，自唐总章元年始已有法律条文明确规定“一切不许着黄”。黄色正式成了一个不可凌越的尊贵色彩。这种禁忌本身强化着黄色的尊贵，让人心生敬畏。姚黄正是有着这样尊贵的明黄色，端庄雍容、俯视群伦，体现王者至尊风范的名品，难怪宋人始终尊之为牡丹之王。这一观念在北宋的空前突出也与当时时代背景关系密切。尤其是在与周边少数民族的冲突中兴起的春秋“尊王攘夷”之学与中央集权与皇权思想的强化，都直接影响着黄色牡丹作为中央王权与中原正统之代表的备受推举。

图 094　色借相公袍上紫。马海摄于故宫洛阳牡丹花展。

其次，紫色牡丹之爱。紫牡丹名品数量虽然不多，但是其地位之尊崇较之红花却是有过之而无不及的。魏紫贵为花后尤为典范。紫气东来，尊贵吉祥；朱紫豪门，奢华昌隆。紫色有着和红色同等崇高地位。古人对紫色的喜爱大概是从先秦时期开始的。相传，齐桓公喜欢穿紫色的衣服，举国上下也就都跟着穿紫色的衣服，一时间紫色的布成了炙手可热的物品。管仲建议桓公作出对紫色很厌恶的样子，很快境内就再也没有人穿紫色的衣服了。这个故事表现的是宫廷文化的向心力。紫色在这时已作为尊贵的象征进入人们视野，此后地位更高不可攀。权门贵族对紫色的垄断也是由来已久。因而诗歌中常用朱紫来指代权门，红紫也是权贵专用的装饰色彩。故宫城墙也被染上紫色因而称作紫禁城，雍容华贵的魏紫也被奉为花后。上前图 080 及图 094、图 096，即是这一观念在绘画领域的体现。

再次是红色牡丹之爱。从现存材料来看，红色牡丹在北宋时期得到了极大的关注与推崇，不仅在各类品种中最为丰富而且名品辈出。绝品如潜溪绯、状元红、瑞云红等更是备受关注、身价不菲。以欧阳修《洛阳牡丹记》为例，其中共载名品 24 种，红色牡丹即有 18 种，占总数的 75%。为何古人更钟情于红色牡丹，为何总以红色装点喜庆场合，为何对红色有如此深切的感情？究其根源有二：一是古人对于红色的崇拜。红色崇拜的来历，历来众说纷纭。但是总结起来不外是以下几种说法，太阳崇拜、火崇拜、血崇拜。火红的太阳给人温暖、希望，几乎是一切崇拜的起点与源头；而温暖的火苗也同样是希望、生机、活力的源泉；生命本源——血液的崇拜更源于人们对于生命、力量的崇拜。二是从光学物理上来说，红色给人以强烈的视觉冲击与审美愉悦。古人以为红色代表吉祥、喜庆、热情、斗志，它能唤起人们对美好生活的向往。因此红色在古代民俗文化中得到了极大推崇，被广泛应用于生活方方面面。在等级制度森严的封建社会里，更是宫廷权贵们的专属色调。今天我们还能从那些现存古建筑的红门、红柱、红墙中体会到所谓朱门的含义。自先秦开始颜色就已经被赋予了等级特权思想。历代律令中就有不少关于红色的规定，从官制上来说，唐宋五品以上才有资格穿红色官服。红色表示喜庆尊贵，以红色为主色调的牡丹自然也就有了祥瑞尊贵的含义。牡丹名品如状元红、瑞云红等无不鲜明艳丽，怎不让人过目难忘、喜气顿生。由本书诸多插图可知，历代传世牡丹画中红色牡丹占十之八九，可见一斑。

图 095　清点翠花簪，故宫博物院藏。色彩绚丽夺目，花卉纹理纤毫毕现，体现出了高超的技艺水平和不朽的艺术价值。

总之，姚黄为牡丹之王，是因为正黄色是皇家专用的颜色，唐朝时已经有禁令，宋太祖黄袍加身后正黄色更成为民众心中皇权的外化。正黄色的姚黄牡丹如身披御衣的至尊君王，当然是牡丹之王；魏紫为牡丹之相，是因为紫色是唐宋时期三品以上高官朝服的颜色。身着紫色袍衣的，自然非富即贵；而红色牡丹不仅是娇艳动人，更应着杜甫所谓“朱门酒肉臭”，朱门即红门，红色门墙之内金屋玉堂，富贵豪奢。最受欢迎的牡丹色彩显然都带有封建等级社会的阶级意识的投影。士庶衣着上禁用正黄色，却无人能禁自然花草的衣着。而在天人合一的传统观念中，牡丹天然的正黄、朱紫之“正色”正是天地灵秀之气所钟，这就是所谓“管弦围簇天生贵”。

色彩属于花卉的自然属性有着牡丹生物种性上的因素，但何种花色能得到优先选育，却有着十分明显的人工选择倾向。唐人以为“白花冷淡无人爱”、宋人用白花实验培育新品欧家碧，都表现着古人对白色牡丹的冷漠（这种冷漠包括审美与实际种植培育等各个方面的疏忽）。而这直接导致了虽然白色牡丹花最原本的状态，今天可见最为接近古代野生牡丹的品种多是白花，而历来白花品种绝佳者少之又少。北宋时期社会上下都特别注重对纯正的黄色、红色与紫色牡丹的培育。黄色牡丹在北宋时期得到推崇之后，开始名品辈出，压倒红紫二色，成为上品。以红紫二色为主体色系的牡丹得到宠爱典型地体现着传统民族审美观念上对此二色的偏好。红紫二色牡丹则自引种至今获得极大的欢迎，人们有选择地专意培养这两个品种。使得整个牡丹栽培史上，这两个色系的牡丹新品最多，品质最优。北宋时期花品名目迭出、不胜枚举，但仍以红紫二色为主体。人们对红紫的崇尚如上文所说其实还是根源于一种对美好生活的期望。人们向往更幸福的生活，希望自己可以如权门豪贵一般过富足的生活。牡丹的大红大紫（如图 096）、富艳华贵，不仅正符合权贵的胃口，也是平凡人们的祈愿。

图 096　［宋］佚名《牡丹图册》，故宫博物院藏。

民俗文化中的牡丹实是一个说不尽的巨大话题，仅文化观念也远非以上几点可以总结。总结上述论述可知，牡丹审美文化与古代尤其是北宋时期传统民俗心理有着深刻的内在联系，正是有着深厚的民俗根基，牡丹审美文化方能在北宋时期深入展开达到辉煌境地。

[附录]

洛阳牡丹甲天下：洛阳牡丹的文化意义

地处中原腹地，地理环境优越、人文荟萃的名城洛阳自古以来有两点闻名天下：一是其崇高的政治历史地位。洛阳为九朝古都，在不为都城时也往往为陪都，古人有“天下治乱之侯见于洛阳”的说法，洛阳盛衰关乎天下气运，有着无与伦比的政治经济、历史文化地位；二是洛阳牡丹甲天下。自中唐牡丹作为观赏植物兴起于宫廷之后，牡丹在洛阳渐渐得到全面繁荣发展，到了北宋已有洛阳牡丹“天下第一”之说。牡丹成了这个城市的标志，洛阳也成为牡丹的精神故乡。至今每年四月牡丹盛开之时，洛阳仍是人流如织，狂热不减当年。洛阳可以说是中国古代尤其是北宋规模最大、影响最巨的牡丹观赏胜地，这一胜地的形成发展历程、历史因由及其文化意义值得我们专题梳理与论述。

一、洛阳与牡丹

牡丹向来因其花大色艳、雍荣华艳而被称作富贵花，没有相当雄厚的物质基础而种植牡丹，不仅在经济上不免力不从心，在古人看来中也是对牡丹的辱没。古人的观念中，牡丹就应该种植在高门深院、雕栏画阁之中，以青釉幕遮日、金铃护花，绝色美人持酒，金剪打剥；

图 097　洛阳王城公园。王城公园面积不大，但却是最负盛名的牡丹园，年年花会游人如织，可谓北宋耸动天下的“天王院花园子”的后身。

赏花之时，应是高人名流品茗清谈、诗酒酬唱或豪门权贵临曲阁回廊、对玉杯金盏，绝非粗茶淡饭、蓬门陋居可应付。另外，牡丹娇弱多病，畏寒惧湿，人工培植变异性大，培植新品需要相当精力与技术的投入，没有一代代花工的精心养护、不断的尝试与突破，也就不可能变异百种，越出越奇。这种经济与精力的要求非寻常人家财力可支。唯有那些以享乐为目的的豪门大族、文士名流方有闲情逸趣倾情养护、尽情欢赏。这决定了牡丹文化中的富贵奢华本质特点。唯有极度奢华铺张、风流潇洒方可尽显牡丹尊贵本质。

另一方面，牡丹千娇百媚、变异万端，尊荣富贵之态压倒群芳，符合豪门贵族炫富尚奇心态，也以其绝代芳华牢牢吸引着千古文人的心目。他们竞相种植、观赏、酬唱往还。在这些追捧与歌咏中，牡丹身价百倍，跃居群芳之首，夺得花王的桂冠。没有豪门贵族的推赏、文人名士的歌咏，牡丹的种植规模化、变异品种的不断的推陈出新，牡丹观赏热潮的经久不衰，牡丹文化的迅速兴起与成熟就失去了最大的动力。

由以上两点，我们不难总结出牡丹名胜出现的地区必需的两大条件：首先是经济相对繁荣。只有交通便利、商贾辐辏、十丈软尘、富贵繁华之乡，才是这天生娇贵繁艳的牡丹大面积生长繁荣之乡。与此同时，只有文化昌隆、名流汇聚的文化胜地，才是牡丹文化滋生繁衍昌盛之地。经济重镇物资丰盛、财力雄厚，牡丹才不至于是藏之深院、孤生丛植的奇珍异宝，而可以成为一种规模化、地域化的观赏文化景观，在更广阔的范围内形成审美时尚；而文化重镇名流汇集，是天下士人景仰辐辏之地，才具有巨大的文化吸引力与影响力，才能使得牡丹审美文化迅速并且深入地兴盛起来。这样的城市必须经济发达却不是充满倾轧与争斗、硝烟弥漫的政治权力中心，而是豪门林立、名流辐辏的文化中心，富贵繁华而又风流儒雅。说到这些，熟悉宋史的人都明白，唯一也是最符合条件的即是当时的西京洛阳。

对洛阳的文化历史条件，邵雍《闲居吟》有极为精辟的总结：

文物四方贤俊地，山川千古帝王都。①

洛阳地处中州，曾为多朝古都与陪都，经济力量极为雄厚，有不少高门氏族世代聚居，也积淀着浓厚的文化底蕴。在北宋时期更是经济繁荣、文化昌隆，同时毗邻皇都，信息畅通发达。兼有名山秀水、

---

① ［宋］邵雍著，郭彧整理《邵雍集》，中华书局 2010 年版，第 333 页。

佳木奇卉，自然环境极其优越，是那些全身远害，脱离政治倾轧而又时刻关心时政民生的文人士子栖身的绝佳选择。

图 098　2017 年洛阳牡丹文化节。中国洛阳牡丹文化节原名洛阳牡丹花会，始于 1983 年，迄今已经举办了 34 届。每逢花会，不仅倾城而动，且吸引国内外众多爱花人。此节现已录入国家非物质文化遗产名录，年年四月再现欧阳修《洛阳牡丹谱》中“满城绝烟火游之”的盛况。

因而北宋时期的洛阳不仅是豪门林立、繁华昌盛的经济重镇而且也是名流荟萃、卧虎藏龙的文化重镇，这为牡丹审美文化的隆盛提供了得天独厚的经济文化土壤。经济的繁荣使得洛阳有实力创造实现“万家流水一城花”的奇观胜景；文采风流使得洛阳人对赏花艺花之审美趣味与雅化人生的追求形成风尚并影响全国。正是洛阳这个占尽天时地利的历史名城给了牡丹审美文化以安身之处，辉煌之机；同时也因此得了“花福”[1]，更加名扬天下。下面分别从政治经济两方面详述洛阳成为牡丹之乡的历史条件：

首先，北宋时期的洛阳是个经济政治重镇。在南北宋之交，政治经济重心南移之前，中国古代政治经济重心一直在以洛阳为中心的广大中原地区。洛阳地处关陇要塞、南北枢纽，自西周起已经成为汉民族政权的重心所在，发展到北宋时期洛阳已有近千年的历史。这千年中它是夏朝、商朝、东周、东汉、曹魏、西晋、北魏、隋、武周等朝的都城，在那些不是都城的朝代中它也往往是作为陪都，所谓东都、西都、东京、西京之称地理上都是就其与都城位置而言，而在政治经济上也反映着它的不可替代的地位。

这里有众多的名门大族聚居，也是众所周知的皇陵圣地；这里多出英才贤俊、历史名流，是一个散发着古老文明之优雅沉静之气的文化名城。虽然商旅辐辏、富贵繁华，却以风流文雅相尚、道德文才相属。既无都城开封之权势明争暗斗、官场残酷倾轧，也无其他繁华之地的奢华浮糜、民风浇薄，豪门势要与普通民众一致推崇精雅闲适的审美生活方式。于是精心于房屋的设置、园亭的构造、花木的配置，在生活的方方面面都体现出审美意识。

洛阳园林在北宋时期得到了极度辉煌的发展，据史料记载，北宋时期洛阳城中园林星罗棋布，其精致风雅甲于天下。这自然是以雄厚的经济实力为后盾的。豪门望族园囿之奢华壮观、士族文人园林之精

---

① ［宋］陶谷《清异录》卷上“人事门”，“九福”条：“京师钱福、眼福、病福、屏帷福，吴越口福，洛阳花福，蜀川药福，秦陇鞍马福，燕赵衣裳福”，《宋元笔记小说大观》，第37页。

巧秀雅、僧道寺院园林之庄严肃穆，风格多样、不一而足，然相通的是对花木的广泛培植应用，这一点从李格非的《洛阳名园记》中即可有所体会。以山水花木为主体的园林的兴盛自然带动了花木种植与观赏的兴盛。洛阳花木品种之齐全、变异之新奇，冠绝天下，侍花弄草成了一项雅俗共赏、贫富咸宜的文化娱乐活动。这里正是牡丹这一富贵繁荣之花生长的绝佳土壤。难怪入宋之后牡丹迅速在洛阳发展起来并且以燎原之势点燃了上至宫廷豪贵下至平民百姓的一场审美狂潮，将牡丹审美文化推向了一个史无前例的巅峰状态。

优越的经济基础为牡丹的大面积种植与新品培育提供了雄厚的物质支撑，从而为牡丹培植育种技术的进步奠定了坚实的基础。与此同时，雄厚的物质条件也为人们高水平的精神生活铺平了道路，审美愉悦的追求、生活方式的雅化，直接推动着园林花艺的普及、花卉观赏活动与相关观念的积淀与成熟，这也是牡丹审美文化能够发展成熟的关键。另一方面，政治条件的优越又使得洛阳既备受关注、尽享政策护持又远离权力纷争可安享繁华。优厚的物质条件与政治背景使得北宋洛阳成为名副其实的富贵风流之乡，这正是牡丹这一“富贵花”滋长繁荣的圣地。北宋时期洛阳牡丹的繁荣而至于甲于天下的基本条件即是作为经济政治重镇的洛阳为牡丹的种植观赏之繁兴提供了坚强的后盾。当园林遍及洛阳城，牡丹成为园林构景一个主导因素时；当种牡丹赏牡丹成了洛阳人的日常生活情趣爱好，贩夫走卒也戴花；花时倾城而出看牡丹，一场视觉盛宴就在洛阳展开，相应审美文化也在此迅速发展而至于成熟。牡丹在洛阳得到了最精心的养护、最热情的欢赏、最真挚的热爱，最终成为这个城市活的精魂，缔造一个千古流芳的佳话。富贵花开富贵地，洛阳之“花福”可得而知矣！

图660 [清]郎世宁《瓶花图轴》，台北故宫博物院藏。两枝风致嫣然的红色牡丹插在稳重典雅的瓷器花瓶中，器具的典重精雅与牡丹的雍容华美交相辉映。这幅图也是有寓意的，瓶谐音平，瓶安即平安。瓶中安放富贵花即平安富贵。这是宫廷吉祥寓意插花的经典搭配。也是宫廷吉祥寓意绘画的典型题材。

然而，牡丹审美文化首先是一种文化，它必定是在特定的观念意识的推动下才成为时尚，也正是这种观念意识的推动才使得种植观赏得以普及。因而对于牡丹而言，洛阳能够成为其故乡成为其辉煌繁荣之地的一个更关键的原因，是洛阳作为北宋的文化中心的历史文化地位。真正确立牡丹至尊无上的审美地位并使之形成风潮席卷全国的，并非洛阳充足的物质条件，而是其崇高的文化地位与巨大的文化影响力。因此，我们有必要了解一下洛阳在北宋的文化地位。

图 100 ［清］余𥡴《花鸟图册》，故宫博物院藏。

如上文指出，洛阳作为一个历史名城、政治经济重镇，在北宋时期有着举足轻重的影响力。又由于这里地处中原腹地，战火少有燃及，又有佳山秀水，自然环境优越；同时，毗邻都城，尽享京畿之政治地理优裕又脱离都城之喧嚣危机，是豪门望族、皇亲国戚、士人名流聚居的理想之地。因而洛阳被宋人公认是“缙绅之渊薮”，这里聚居着百代昌隆的高门大户、汇集着才高德茂的各界名流。人物荟萃，自然风流蕴藉；实力雄厚，方能优游闲适。洛阳文化精英的风雅生活引天下人瞩目、竞相效仿。他们对牡丹的热爱也将牡丹推向整个社会、推向芳国至尊、推向牡丹审美文化巅峰。

洛阳的文化地位不仅是历史的积淀，更是乘时代名流荟萃的风云之便。我们不妨为北宋时期在洛阳筑园安居的名流开个简略的清单，北宋时期居住洛阳、交游唱和的名人有：欧阳修、梅尧臣、文彦博、司马光、富弼、邵雍、范纯仁等。仅如上数位，无不是北宋乃至整个中国历史上光芒四射、万古流芳的大人物。或为政界元老、声震朝野；或为学术尊长、名播宇内；或为文坛主盟、领袖群伦，其对社会文化之影响力可想而知。他们的一举一动自然是整个社会各界人士仰望与效仿的焦点。这些人在洛阳花下的过从酬唱乃至戏谑笑谈使得洛阳城都笼罩在他们所营造的高雅隽永的文化氛围之中，从而成为天下名士神往的文化圣地。而这些人无一例外都对洛阳牡丹有着异乎寻常的喜好，这份推赏对牡丹的种植观赏的普及与牡丹审美文化的走向繁荣自然是功莫大焉。这些集多种身份于一体的高级文人不仅有着广泛而深刻的影响力，他们本身即是有着鲜明的审美趋向与高度的审美创造能力的审美主体，他们观赏牡丹过程中的方式与观念反映在其个人吟味与集体交流唱和的创作活动中逐渐积累起来一些关于牡丹各方面的审美特质与审美内涵的把握都是构成牡丹审美文化的肌骨。他们独特的审美经验形成的优雅清贵的审美意念与精神则是牡丹那审美文化的灵魂。他们创造出的审美观念与方式深深吸引着一大批人，他们左右着整个文化的走向、引领着整个时代风尚的盛行，正是他们的爱赏使得牡丹登上至尊宝座并以君临天下之势，赢得了举世推崇、形成了一股席卷整个朝代的审美狂潮，走向了辉煌的顶点。也是他们的爱赏、善赏，让洛阳牡丹有了超脱凡俗的雅致高格。

整个两宋时期甚至宋以后整个历史时期，人们提起牡丹总说是“洛花”“洛阳花”；观赏牡丹是洛中胜事，举办花会是“效洛中故事”；花下游赏唱酬是继洛中名贤佳话。即使洛阳牡丹已经衰落，其他地区牡丹种植繁盛一时，仍自觉“要不可望洛中”（陆游《天彭牡丹谱》）。牡丹种植与推广的技术在北宋已有相当成就，各地各个时节都有牡丹可赏，然而花开时节仍有众多人不远千里云涌洛阳；北宋以后牡丹种植基地随着经济文化重心一路南移，洛阳花仍然是古代文人关于牡丹最鲜明的集体记忆。他们瞻仰与回忆的不仅仅是牡丹国色天香的风神气度、富贵繁荣的雍容风度；更是洛阳的人杰地灵，名士风流潇洒冠绝天下的文化气象，名人德高望重、风流蕴藉的气质风范。洛阳的文化底蕴与北宋时期洛阳特殊的文化地位与影响力是洛阳牡丹得以甲于天下、牡丹文化得以繁荣昌盛的根本所在。

洛阳不仅以其地处中州的优越地理条件适宜牡丹的成长而成为牡丹培植中心，更以其雄厚的经济实力成为牡丹新品培育基地与栽培养护技术前沿，同时以其无与伦比的文化优势成为牡丹审美文化成熟、辉煌之地。洛阳与牡丹的结缘实是天作之合，是牡丹之幸也是洛阳之幸，缔造了一个北宋文化奇迹，为北宋文化史、洛阳历史、牡丹审美文化史写上了光辉的一笔。然而这一切并非理所当然也非一蹴而就，让我们走进历史去探求洛阳与牡丹的因缘际会之始末根由。

二、洛阳牡丹的成名与特色

牡丹是在中唐武后时期开始闻名，刘禹锡所谓“唯有牡丹真国色，花开时节动京城”，唐人牡丹题材文学作品主角也是“五陵侠少”“长安豪贵”，场景也往往是皇宫大内、京城豪门与慈恩寺、西街等长安牡丹观赏中心。可见当时的栽培中心在长安。洛阳牡丹尚未出名。但是史料中已有相关记载，略具两条以为佐证：

> 天后之乡西河也，有众香精舍。下有牡丹，其花特异。天后叹上苑之有缺，因命移植焉。由此京国牡丹日月寖盛。（唐舒元舆《牡丹赋》）[1]

> 洛阳大内临芳殿，庄宗所建。前有牡丹千余本，其名品亦有在人口者……（宋陶谷《清异录·百叶仙人》）[2]

舒赋中的上苑即是洛阳西苑，因为武则天居住于此，西苑也有“上林苑”之称。可见牡丹闻名之初就已与洛阳结下不解之缘。然而当时洛阳各方面的条件还都不如长安，武后引入洛阳并没有让洛阳牡丹从此闻名，直到传入长安牡丹方才扬眉吐气。然而就在都城长安牡丹甚嚣尘上、大红大紫引无数人狂欢纵赏时，洛阳牡丹已经开始渐渐兴起并且积累了不少技术经验，洛阳还出现了著名花师宋单父，到了庄宗时期，洛阳牡丹已有压倒长安之势，据《清异录》，庄宗于洛阳建临

---

① 《全唐文》第 8 部，第 7485 页。

② ［宋］陶谷《清异录》，《宋元笔记小说大观》，第 37 页。

芳殿，殿前种牡丹千余本，有“百药仙人”“月宫黄”“小黄娇”等品种，可见此时洛阳牡丹不仅规模可以比肩与长安并且已经开始出现新品。这表明晚唐五代时期洛阳牡丹已经有了深厚的种植栽培经验积累，在规模技术上也有了相当的优越性，这为北宋洛阳牡丹的繁荣做好一定的物质技术上的准备。

在北宋时期，洛阳牡丹也不是立刻就获得注意的，宋初大乱初平，人们惊魂甫定，还无暇顾及花草侍弄。这时牡丹主要在一些自然产地如丹州、延州、青州、越州等地，规模有限，也少有关注。第一部牡丹专著僧仲休《越中花品》记载的是越州地区的牡丹种植状况，即可见此时洛阳牡丹还未闻名。到了北宋中前期即真宗仁宗时期，社会趋于稳定，经济文化也得到了极大恢复，社会呈现出一派繁荣太平的景象。与此同时，建国以来确立的崇文政策此时也得到了彻底的贯彻，社会一片儒雅的文化气氛，文人主导的社会生活中艺术气息渗透到生活的方方面面，侍花艺术成为宋人生活不可或缺的消闲方式。牡丹以其国色天香、富贵天成也迅速夺取了人们的眼光。此时牡丹种植观赏活动空前活跃、范围急剧扩张，文学作品也大量涌现、一批总结经验提供借鉴的谱录著作也相继出现。其中两个现象引起了我们的注意，即牡丹迅速超脱百花，确立了其王者至尊地位；洛阳牡丹迅速脱颖而出，甲于天下，引领时代潮流。

详检宋人文集史籍，我们发现第一批将洛阳与牡丹联系起来，或者说第一批提及洛阳牡丹的文人是仁宗嘉祐到元祐年间的洛中文人群体，欧阳修《洛阳牡丹图》、梅尧臣《韩钦圣问西洛牡丹之盛》、邵雍《洛阳春吟》、司马光《又和安国寺及诸园赏牡丹》等作品都盛赞洛阳牡丹之盛、洛花之奇艳、洛人爱花之甚，名流相聚赏花之风流潇洒。

这些人的文化影响力上文已有详述，洛阳牡丹得以特出天下牡丹，与这些人的推赏自然密不可分。第一个完整表达出洛阳牡丹甲天下的人是欧阳修，中国第一部完整存世的牡丹专著《洛阳牡丹记》即出于他手，文中第一卷“花品序”说：

牡丹出丹州、延州、青州，南亦出越州，然出洛阳者，今为第一。[①]

这一说得到了时人的公认，梅尧臣“洛阳牡丹名品多，自谓天下无能过”（《牡丹》）、欧阳修“洛阳地脉花最宜，牡丹尤为天下奇”（《洛阳牡丹图》）、司马光“洛邑牡丹天下最，西南土沃得春多”（《又和安国寺及诸园赏牡丹》）等。此后洛花成为牡丹的别称，洛阳成为观赏牡丹一个不二的选择，人们想到牡丹就自然而然想到洛阳，洛阳牡丹成为一个风雅繁华的美丽符号被广泛运用到文人作品。洛阳牡丹不仅是一个赏心悦目的牡丹胜地，更成为一个蕴含丰厚、意义深远的文化符号。直到南宋时期，中原陆沉，洛阳牡丹也在兵火中憔悴枯萎。牡丹的种植中心移到南方杭州、彭州等地。人们仍然念念不忘洛阳牡丹，各地出了新品奇葩也总说是移之洛中，是洛中旧花。洛阳牡丹的地位已经深入人心、不可动摇了。

洛阳牡丹在北宋仁宗时期闻名天下，自然离不开当时洛阳的历史积淀与现实优越政治地理区位因素，但更离不开的是这一时期名流如欧阳修等的推赏品题。文坛盟主与政界元老、道学前辈的共同抬爱，对洛阳牡丹身价的提升与定格可谓立下了汗马功劳。然而这些文人的抬爱也不是胡乱追捧，从他们的诗文描述中我们了解到当时的洛阳牡

① ［宋］欧阳修《欧阳修全集》，第 1096 页。

图 101　牡丹纹砖雕，洛阳古墓博物馆藏。

丹确实有许多其他地方无法比肩的特色与优越性。另外，全国各牡丹种植基地纷纷从洛阳引种，众多新奇品种往往出自洛中。洛花之美艳绝伦、品种繁多、新异特出让天下牡丹爱好者瞻为马首，也证明了洛阳牡丹甲天下在当时也绝非浪得虚名。

总结起来，洛阳牡丹有如下特出群伦之处得以甲于天下：

一、洛阳地脉花最宜，牡丹尤为天下奇——洛阳牡丹之“奇”

物以稀为贵，牡丹本为花中珍品，国色天香，花开富贵、春满洛阳已是一奇；这奇花在洛阳特为繁盛、变异百出而且是越出越奇，是天下牡丹品种变异之源、新品育种基地，当各地还在进行野生品种驯化、培育单叶花时，洛阳已经可以在变异基础上有选育优良品种，逐渐淘汰多叶，以千叶牡丹为主，是一奇；当各地牡丹也红白斗色相夸耀时，洛阳牡丹已经“四色变而成百色，百般颜色百般香”，花型更是惊人，动辄“大如斗”“面径尺”，令人惊绝，又是一奇；更奇的是洛阳牡丹绝不墨守陈规，它的变异速度远远超过了人们审美疲劳的速度，往往一种新奇品种还观之不足，早有新品立上头，将其比下去，“鹤翎鞓红非不好，敛色如避新来姬”，还未充分叹赏，已成过时旧花。欧阳修所谓“四十年间花百变”（《洛阳牡丹图》）是唯有洛阳牡丹方能创造的奇迹。难怪理学大家邵雍要说“四方景好无如洛，一岁花奇莫若春”（《洛阳春吟》），在这“万川流水一城花”（宗泽《至洛》）的繁花似锦的洛阳，家家户户种着新奇绝异的牡丹；花开之时万人空巷、倾城出游，不分上下贫贱一律戴花饮酒，花开花落二十日风雨无阻、游人如织。多少传说佳话、就诞生在这洛阳花酒之间，这是怎样一种文化奇观、太平盛景。洛阳牡丹之奇不仅在于花奇，更在于其风雅格调异于他处。有如数新奇之处，难怪四方名士云涌而至，留恋不去。

二、种植栽培技术冠绝天下

没有种植栽培技术的精湛，洛阳牡丹花之奇也无从谈起。洛阳花工的技术之高令天下花工望尘莫及。许多先进的育种养护技术都是洛中花工率先研发出来从而流布天下的。没有洛阳花工的努力，牡丹种植的普及、新品辈出的局面是不可想象的。没有洛阳花工的创造性努力，牡丹能够从洛阳流布四方，四季花开、名品迭出都是需要更久的时间。没有花工努力下洛阳牡丹的这份普及与新异，牡丹审美活动的扩展与审美观念与意识进步都会受到限制，牡丹审美文化也难以达到辉煌的地步。

洛阳花工在牡丹种植栽培方面的技术及其成果集中反映在欧阳修《洛阳牡丹记》这部总结洛阳牡丹栽培技术与成果、介绍洛阳牡丹名品风俗等情况的专著。种植、引种、栽接、医治、浇灌等技术一应俱全。此书一出，流布甚广、传抄众多，也足见此书的价值与洛阳花工花艺的借鉴价值。从现在植物学的角度来看，这些技术也有着相当的科学性与可操作性，北宋洛阳花工的聪明才智可见一斑，洛阳牡丹能够甲于天下，他们的奉献自然功不可没。那些绝世名品如姚黄、魏紫等都是以洛阳花工姓氏为名，体现出鲜明的技术专利痕迹，这也从一个侧面反映了洛阳牡丹种植技术的精妙。

《墨庄漫录》记载了一个洛阳花工创造新品的实例：

> 洛中花工宣和中以药壅培于白花如玉千叶、一百五、玉楼春等根下，次年花作浅碧色，号欧家碧。岁贡禁府，价在姚黄之上。尝赐近臣，外庭所未识也。①

这种药物壅培改变花色的技术，北宋以后就失传了，南宋人追述时的钦羡之意溢于言表。这正是洛阳牡丹能够长久立于领袖群芳之不败之地的技术根基，唯有如此技术，才有“万家流水一城花”的盛景。

三、观赏方式引领时尚潮流

洛阳牡丹观赏活动在北宋时期影响极为广泛深远，这首先是由于北宋洛阳的政治文化地位对全国的影响力其次在于当时聚居洛阳的名流对社会各界广泛的影响力。这些名流都是德行兼备、声名卓著之人，

---

① ［宋］张邦基《墨庄漫录》，中华书局2002年版，第63页。

图 102　清雍正铜胎画珐琅黄地牡丹纹蟠龙瓶，故宫博物院藏。

同时他们还博学多才有着相当深厚的文化功底与审美感受、审美创造能力，他们的一举一动都有着极大的吸引力，引得追慕者竞相仿效。

众多的审美观念与生活方式都是由他们开创并流布四方，最终成为北宋文化的一部分。他们是宋人审美观念的创造者与时尚潮流的引领者。他们的行为方式引导着一代审美文化的发展方向。这些人集中在洛阳牡丹花下，吟赏风流异于一般人。他们对牡丹的热爱对整个社会对牡丹的态度有着直接的影响。他们花开之时日日游赏、他们不惜泥泞冒雨走探名花，他们尊牡丹为王、认为天下真花独牡丹，他们自诩为“善识花人”（邵雍《独赏牡丹》），提出“花宜醉后看”（《花前劝酒》）、“花妙在精神”（《善赏花吟》），创造出游赏、酒赏、诗赏种种方式，赏花过程中处处体现着优雅闲适的文人意趣。这种观赏活动的艺术化、雅化乃至于观念化的审美活动对牡丹审美文化发展有着至关重要的作用，对其他地区追慕名流文人风雅气度、追慕汴洛文化清雅气象有着绝大的吸引力。

洛阳太守举办万花大会让众多文人钦羡不已，他们不仅在笔记文集中频频提及，还在条件允许的情况下努力“效洛中故事”。司马光等在洛阳花下举办的耆老会、富弼家园中的赏花宴、名流结伴冒雨访姚黄等佳话都为天下名士悠然神往，争相效仿。洛阳牡丹之奇在这些人的精心品题、徘徊纵赏之中，得到了充分的品味与开掘。他们的高妙品位让牡丹突破了物色之美而提升到精神领域，获得了崇高的精神文化价值。他们灌注于牡丹之中的那些审美观念与理想对整个社会的牡丹观赏观念方式与理念都有着极大的导向作用。北宋时期花谱著作如雨后春笋层出不穷与文坛主盟欧阳修亲自执笔为牡丹作谱不无关联，从后起的诸多花谱对欧谱的追述与格式的模仿上可见这一点。北宋时期各地文人牡丹题材文学作品中写不尽的对洛阳牡丹的追慕、对先贤名士牡丹观赏方式的钦羡也体现出宋人对洛阳牡丹无限的向往倾慕。

图 103　国中无色可为邻。马海摄于故宫洛阳牡丹花展。

他们追念洛阳牡丹也更是在追慕洛阳名流贤士开创的清雅高洁的审美生活方式，追念洛阳牡丹所代表的那种繁华太平、富贵吉祥、风流潇洒之意。

洛阳牡丹花繁盛新异，在花色品种上也远远超出其他地区，又有名流高士纵情欢赏、市民上下一致的推崇。花中之王的地位由此确立，牡丹审美文化也从此走向成熟。在牡丹审美文化的成熟辉煌的过程中，洛阳牡丹所起的作用尤为重要。洛阳牡丹甲天下在文化上也有其深厚的根基。

三、洛阳牡丹在北宋时期的兴衰轨迹与历史原因

如上文在探讨洛阳牡丹成名因由时提到，洛阳牡丹之盛虽然由来有自，在唐代洛阳牡丹的栽培已有一定的基础，舒元舆《牡丹赋》中“京国牡丹，日月浸盛”的京国即武周都城洛阳。但是在宋初几十年间，洛阳牡丹的发展还是比较缓慢的，名气也没有突显出来。各种史料记载牡丹产地是极为分散，规模也是十分有限的。洛阳与牡丹的联系只是偶有出现，没有特殊的文化意味。这一时期可以称为洛阳牡丹的准备期，这一时期比较有代表性的文学作品宋初诗人宋白的《牡丹诗》十首中仅一句提及“洛水桥南三月里，两无言语各知心”，洛水桥南仅是一个地名，别无深意，也丝毫难以体味洛阳牡丹有何特异之处。但是洛阳种植牡丹并且已经引起了文人的注意，这无疑是洛阳牡丹在宋代起步的一个标志。

这一时期洛阳牡丹湮没无闻的原因有二：一是当时社会政治历史背景。经历了五代长期的战乱纷争，社会经济遭到了极大的破坏，再加上北宋建国初国家并未统一、经历了数十年的统一战争以及与其后北方边境的几次大规模的冲突，整个国家也是元气大伤，需要相当时间来恢复生产，自然无暇也无力顾及花木种植观赏；二是由于宋初物

质条件的限制与文化观念的蹈袭，审美文化上还没有形成自己的特色、园林与花卉种植都处于起步阶段，牡丹作为一种富贵繁华之花在社会没有发展、繁荣到一定程度时，未能大面积繁荣。这一时期牡丹种植范围与规模都极为有限，因此观赏审美活动也具有极大局限性，牡丹审美文化的沉淀与深化也就缺乏必要的物质文化基础。但是这一时期随着经济、文事业的恢复，牡丹种植与审美活动也逐步展开，在宫廷与公卿贵族的鼎力支持之下，牡丹种植已经达到了可观的规模，一个新的牡丹热潮呼之欲出。

北宋真宗、仁宗时期到神宗时期，是牡丹审美文化的昌盛时期。岁币买和结束了与辽朝的战争，达到了前所未有的和平；数十年的休养生息、偃武修文也使得社会呈现一片经济繁荣、太平昌盛、文质彬彬的景象。开国以来确立的优裕文人政策此时也得到了全面的贯彻。物质生活水平的普遍提高给文人追求精神文化生活的精致化与雅化提供了充裕的条件，公私园林极度繁荣发展、侍弄花木成为宋人上下一致推崇的生活风尚。尤其是在洛阳这个文化名城，园林鳞次栉比，花木种类繁多新奇。牡丹更是作为时尚新宠，遍植大小园林，深得洛阳人的喜爱。邵伯温《邵氏闻见录》记载了这时洛阳人观赏牡丹的盛况：

洛中风俗尚名教，虽公卿家不敢事形势，人随贫富自乐，于货利不急也。岁正月梅已花，二月桃李杂花盛开，三月牡丹开。于花盛处作园圃，四方伎艺举集，都人士女载酒争出，择园亭胜地，上下池台间引满歌呼，不复问其主人。抵暮游花市，以筠笼卖花，虽贫者亦戴花饮酒相乐，故王平甫诗曰：“风暄翠幕春沽酒，露湿筠笼夜卖花。”姚黄初出邙山后白司马坡下姚氏酒肆，水地诸寺间有之，岁不过十数枝，府中多取

图 104　清铜胎漆雕剔红开光牡丹纹花瓶，故宫博物院藏。

以进。次曰“魏花”，出五代魏仁甫枢密园池中岛上。初出时，园吏得钱，以小舟载游人往观，他处未有也。自余花品甚多，天圣间钱文僖公留守时，欧阳公作花谱，才四十余品，至元祐间韩玉汝丞相留守，命留台张子坚续之，已百余品矣。姚黄自浓绿叶中出微黄花，至千叶。魏花微红，叶少减。此二品皆以姓得名，特出诸花之上，故洛人以姚黄为王，魏花为妃云。[1]

从邵氏记述中我们可以体会此时洛阳牡丹的发展盛况，不仅广泛种植观赏，形成姚黄、魏紫等品牌，出现盈利性花园花市，还出现了理论总结性质的花谱。这些都代表着北宋时期牡丹审美文化发展的最高成绩，因而也是牡丹审美文化达到成熟顶峰的标志。

图 105　洛阳牡丹甲天下。

这一时期洛阳不仅牡丹种植面积有了极大的扩展，洛阳相望尽名园，而且凡园皆植牡丹之盛况。大批对整个宋代文化历史都有着极大影响的名流在因缘际会之下聚到了一起，以其巨大的文化影响力推动

① ［宋］邵伯温《邵氏闻见录》，中华书局 1983 年版，第 186 页。

了牡丹观赏风气的盛行与观赏理念的成熟定型。新品的层出不穷、观赏方式的不断趋向多样化与理论化、文学作品的大量涌现、经验总结成果描述性的谱录作品也迅速发展成熟。牡丹审美文化在洛阳这种种活动中发展成熟起来，并且走向了全面的繁荣。洛阳牡丹也从此奠定了甲天下的审美文化地位并逐步被赋予了深刻的审美文化意蕴，这一时期随着整个牡丹审美文化的兴盛，洛阳牡丹也走向了辉煌的巅峰，写下了牡丹审美文化史上最辉煌绚烂的一页。

第三个时期即徽宗至南渡时期，是洛阳牡丹的衰落时期。这一时期不仅关于洛阳牡丹题材文学数量剧减，观赏活动之规模声势也大大降低以至于消亡。不仅新品出现频率大大降低，甚至种植面积都大幅度锐减。大型花会、文会等观赏活动趋于消歇，花市等相关经济活动也逐渐停止，洛阳牡丹全面走入沉寂，牡丹种植的中心也离开洛阳向南转移。北宋末期的张邦基已经认为洛花不如陈州花盛且好。翻检这一时期的文学作品，交口称赞洛阳牡丹之美艳奇绝、新品迭出，花事之兴盛风雅之作已寥寥无几；相反对前一阶段洛阳牡丹种植观赏盛况的追忆之作却越来越多，字里行间已经充满了昔非今比的感伤。种种事实都表明，这一时期洛阳牡丹确乎是走向了衰落。其原因自然是复杂的，但主要还是如下几个方面：

这一时期内部政治黑暗、民生凋敝；外部强敌窥伺、危在旦夕。虽然仍有不少人在末世狂欢中醉生梦死，但是多数已经歌不成调，尤其是那些博学多识又富于浓重的忧患意识的洛阳名流更是无心流年花酒。若问古今兴废事，请君只看洛阳城，也可以说成若问北宋兴衰事，请君只看洛阳花。随着内政上由于冗官、冗吏、冗费造成的种种问题导致了财政上的崩溃，苛捐杂税纷至沓来；其次是徽宗赵佶与蔡京童

图 106　清乾隆黄地粉彩镂空干支字象耳转心瓶，故宫博物院藏。镂空部分右上玉兰，右下牡丹，合为玉堂富贵，构图精美，工艺精巧，富于皇家奢华富贵气质。

贯之流奢侈淫靡、穷奢极欲，为了满足他们的口服耳目之娱肆意搜刮天下百姓；再次是日趋强大的北方少数民族部落凌厉强悍攻势让不识兵戈近百年、风雅迂阔的大宋子民望而生畏，庞大的军费更让统治者焦头烂额只得加大搜刮力度。凡此种种，让人民的负担日趋沉重，社会经济日趋凋敝。首当其冲的便是经济繁荣、物华天宝的洛阳。其经济实力的雄厚全国少有可比，自然是搜刮的重点对象。同时洛阳牡丹之繁华富贵、国色天香也一如既往地吸引者荒淫的君主的尚奇好异之心，搜刮起来更肆无忌惮。洛阳牡丹也就此彻底衰落，邵伯温载：

> 政和间予过之当春时，花园花市皆无有，问其故，则曰："花未开，官遣吏监护，甫开，尽槛土移之京师。籍园人名姓，岁输花如租税。"洛阳故事遂废。[1]

到了北宋末期，宫廷对洛阳牡丹的搜刮已经到了花农无以为生的地步，每有名品，花未开已经在官府上贡的名单之中，不及士民观赏已经连根移入京师。如那著名的欧家碧，是洛阳花工创造的一个奇观，价在姚黄之上。这奇丽的碧花想也当能为主人招来横财，洛阳名流也将为之成狂，歌咏连篇累牍。然而结果并非如此，除了谱录载有此名，罕见有文人题咏，更无姚黄般引万人空巷的记录，何以至此？据《墨庄漫录》载，这欧家碧"岁贡禁府，尝赐近臣，外庭所未识也"[2]，原来这新花一出就被皇家看中，列为囊中之物。洛阳牡丹遭掠夺，无新奇可赏，人们的观赏热情自然消退；无利可图，花工的推陈出新动力自然消失。如此洛阳牡丹盛事就逐渐消歇，繁华不再了。花工"改业其他"，不仅曾经令天下人艳羡的万花大会成为故事，就连司马光

---

① 《邵氏闻见录》，中华书局 1983 年版，第 186 页。

② 《墨庄漫录》卷二，《宋元笔记小说大观》第 5 册，第 4738 页。

等人结伴探寻名花也成了繁华一梦。繁华之地不再繁华，富贵之花难保富贵，社会的凋敝于此尤可见一斑。正是由于洛阳不再繁华富贵，文化名流也相继星散，牡丹审美文化失去了物质与精神双重土壤，洛阳牡丹盛极而衰、风采不再也在所难免。再到南渡时期金兵南下，兵火所及、中原陆沉，洛阳牡丹随即香消玉殒，成为一个宋人不可触碰的伤口。由最初的湮没无闻到后来的盛况空前再到最终的盛极而衰、归于沉寂，洛阳牡丹在北宋走过了一个完整的生命历程，也基本勾画出了牡丹审美文化在北宋的发展轨迹。这不仅让我们看到了洛阳牡丹在牡丹审美文化中的地位，也让我们更深切地体会到了牡丹富贵繁华、太平昌盛之象征的来由：花开盛世，当繁华不再，牡丹也无以为生，憔悴凋零。洛阳牡丹最深刻地体现着牡丹这一精神内蕴，因而文化内涵也更为丰厚。

四、洛阳牡丹的文化意义

洛阳牡丹之盛在北宋甚至在整个历史上都是首屈一指的。洛阳牡丹种植之广布、技术之高新，观赏活动规模范围之大、影响示范价值之高，洛阳人牡丹审美活动之丰富多样、活动理念之高雅，都成为天下人仰望的典范，在宋人眼中，洛阳牡丹才是真正太平昌盛、人物风流的代表。即使之前唐时长安牡丹也曾有“花开花落二十日，一城之人皆若狂”之繁盛，之后陈州、杭州、彭州等地牡丹也曾“动以顷计”、花开时节也游人如织，但是却不能取代洛阳牡丹的地位，洛花仍是牡丹的一个崇高而权威的代称。不难体会在宋人的观念中，洛阳牡丹已

图 107　洛阳地脉花最宜。

经远远超出了普通的牡丹种植观赏中心的物质地位，而升华为一个崇高的精神象征与文化符号，洛阳牡丹甲天下说的也绝不仅仅是洛阳牡丹在物色芳华上的过人之处，而更有其文化象征意蕴上的不可凌越之处。综而观之，洛阳牡丹在北宋有如下文化意义：

一、天下牡丹之乡

牡丹的生长与应用历史相当悠久，在唐前漫长的历史岁月中，它始终隐没山野之中，沉寂在芍药的名下。直到正式进入人工栽培与观赏时期唐朝，宫廷豪贵推赏不已也仅是爱其绝代芳华、艳极无双，牡丹还没有获得独立的文化价值。到了北宋，牡丹被赋予了丰厚的思想文化象征意义，牡丹审美开始彻底突破晚春芳物之生物特色关注而升华到崇高的精神文化领域。牡丹开始被塑造成为一个有着富贵端庄、雍容华贵之外表，从容高洁、劲心刚骨之内涵的王者至尊形象，有了骨肉灵魂。完成这一飞跃的地点是在洛阳，人物是洛阳牡丹花下那一群以自己的功业德行、文采风流书写历史的名流如欧阳修、邵雍等。因而洛阳自然成为了牡丹灵魂依附之故土。

宋人说牡丹必称洛花、必念洛阳，那些与洛阳同时或稍后的牡丹种植观赏中心即使事实上的繁荣早已超过洛阳，仍无法取代洛阳花地位。奇品异株总是“移之洛中”“洛中旧品”“其本自洛中”。各地文人作谱记录当地牡丹之盛时，也从不忘坦言 “要不可望洛中”“不及洛中之盛”。当时牡丹种植中心陈州、彭州都曾被誉为“小洛阳”，透露了洛阳牡丹不可替代的崇高地位。花工技艺超群者为洛中花工，洛阳花谱刊行天下，成为天下种植观赏牡丹之指南标的；洛阳牡丹被钦定为宫廷赏花最高等贡品，是皇帝自娱与示宠名臣之首选；洛阳名流开创的观赏方式与观赏理念被天下竞相效仿、奉为风雅高格之典范；虽然牡丹已遍布海内，为一睹洛阳牡丹芳容，天下之士仍是纷至沓来、

图 108　洛阳中国国花园牡丹。

求田问舍以作终身之计，或狂欢纵赏，极一时耳目之娱。这自然是由于前文论及的洛阳之特殊历史文化地位所赋予洛阳牡丹的深厚历史文化意蕴。富贵繁荣、风雅高格之地盛开富贵繁荣、太平昌盛之花，是盛世太平、人物风流最好的注脚。洛阳牡丹甲天下岂是徒有虚名。历经千年沧桑直至今日，洛阳仍是人心所向的牡丹之乡，足见这一观念的深入人心（图 097、098、103、105、107 等）。

二、富贵太平之象

如前文述及，洛阳在北宋有着极为优越的经济文化条件，作为陪都它有着等同于都城洛阳的经济政治优势，物质条件之优裕是其他任何城市都无法比肩的，洛阳之富贵繁华最典型地代表着整个宋代社会繁荣所达到的高度。正如北宋著名文人李格非所言“天下之治乱候于洛阳之盛衰而知。洛阳之盛衰候于园圃之兴废而得”，洛阳盛则天下盛，洛阳衰则天下衰，洛阳的历史地位可想而知；园圃盛则洛阳盛，园圃衰则洛阳衰，足见以牡丹为主的园圃在洛阳的地位。牡丹在洛阳最盛，无疑是为这富贵之乡锦上添花。富贵花开富贵地，也就昭示着整个时代的昌盛安定。洪咨夔《路逢徽州送牡丹入都》说，“太平莫道全无象，脱繍鸣铃传送花”，视驿路送牡丹为“太平之象”，北宋时期洛阳牡丹是宫廷牡丹观赏最主要的来源，鸣铃送花也几乎是洛阳的专利，万花大会也是洛阳举办才名副其实。洛阳牡丹为太平之象早已是自然而然的事实。

邵雍在洛阳筑安乐窝，花时小车出游，自称是“且与太平装景致”，

图 109　唯有牡丹花盛发，满城方始乐无涯。丁小兵摄。

被宋人传为盛世佳话，津津乐道；司马光居洛阳独乐园中，牡丹开时

广招名流举办耆老会、真率会，也成为宋人竞相效仿的盛世掌故。洛阳花下那些闲适逍遥的游赏、雍容典雅的欢会都深入体现着太平盛世人们的知足感恩之意、自豪得意之情、风流潇洒之态。洛阳牡丹是这些盛世太平景象最好的布景，也是最好的道具，从而也成为最好的证明。

富贵繁华之地齐聚风流蕴藉之士共赏繁华富贵之花，这份天时地利与人和实属难能可贵。当繁华已逝太平不再时，人们愈加追念不已。洪适一句“洛阳荆棘久，谁是惜花人”感慨深切令人动容，饱含乱世人对太平繁华的无限追念。史实证明南宋时期洛阳在大金的统治下也是十分繁荣的，种花赏花也似不减当年，北方牡丹审美文化并未中断。则所谓荆棘是长在文人心中的。洪氏无疑将洛阳牡丹当作当年繁华太平的盛世的表征。陆游笔下梦里反复咏唱的洛阳牡丹意象也满载着他对中原故土、繁华太平渴望。这代表着整个南宋多数文人的心理，追念洛阳牡丹那份繁华也就是追念当年那份繁荣昌盛。牡丹已是富贵繁华之象，盛开于富贵繁华、集中显现大宋繁荣太平的西都的洛阳牡丹更是北宋时期社会繁荣富庶、太平昌盛的见证。无怪宋人提及洛阳牡丹总有别样的兴致与神采，而宋人对洛花之种植观赏、名品异种、技术经验、名人轶事乃至逸闻奇事总是事无巨细、津津乐道。洛阳牡丹历经千年在人们心目中仍有崇高而无可替代的位置。

三、文物风流之表征

北宋是个彬彬文治的社会，文化、艺术氛围极为浓厚，并且渗透到日常生活的方方面面，宋人以文采才学相尚，以儒雅风流自命。琴棋书画诗酒花成为宋人普遍的生活方式与态度。在经济条件的普遍繁荣之下，宋人竭尽所能优化精神生活条件，其中包括生活方式的雅化、艺术化，也包括审美活动的高雅格调的追求。最能代表宋人的文物风流的莫过于洛阳文人群体在牡丹花下进行的种种活动、体现的种种风姿神韵。

洛阳时贤如欧阳修、司马光、邵雍、富弼等无不是道德功业与德性品行举世称扬，在文学艺术方面的修养更是可为表率。他们是整个宋代文化的核心与灵魂人物，他们的行为方式与思维观念塑造着宋型文化的基本概念与方向。他们的喜好与偏向引导着整个北宋文化的走向。宋代的笔记小说无不用了相当浓重的笔墨、充满崇敬向往地勾画着这一群人优雅的生活方式与潇洒的风神气度，这对宋代审美文化的发展有着近乎决定性的影响。这些人一致选择了洛阳作为安身立命之处（即使当初并非作意，后来无不追念终生），选择了洛阳园林赏牡丹作为他们崇雅乐生的第一步。许多关于文化走向的尝试、审美观念的革新、生活方式思考与生命意义的探讨都是他们在洛阳花下彼此唱酬过往中逐步清晰与成熟的。这一点而言，洛阳的意义远远超出了文化重镇，对于北宋文化，洛阳是灵魂重地；对于宋调的形成，洛阳更是发源与成型之地。

列举宋代文坛上有标志性人物与事件，洛阳的文化地位即可一目了然：宋代文学兴起之初第一个文学流派西昆派代表人物多是以钱惟演为首的西京幕府文士；诗文革新运动代表人物欧阳修、梅尧臣主要代表观点与作品多作于西京任职时期；理学代表人邵雍安居洛阳三十余年，完成了《太上感应篇》《皇极经世说》等理论名作，奠定了宋代理学发展之诸多方面，其《伊川击壤集》独树一帜，为宋诗坛一大景观；政界元老司马光退居洛中独乐园，完成了史学皇皇巨著《资治通鉴》可为百代规范……没有这些人，没有洛阳为这些提供的优越物质文化条件，宋代文化便难以走向辉煌且与大唐文化比肩并立而不愧。

有如此地位，洛阳才是天下文人向往的圣地，洛阳风尚方为天下竞相仿效追慕的时代风尚，洛阳人的喜好才成为天下爱尚的先导。洛阳牡丹方成为一个崇高的文化符号令天下人推崇不已。人们推崇洛阳牡丹也即是在推崇洛阳名流所开创的文化风尚与审美观念，崇尚徘徊于牡丹花下的那些文化精英所代表的高雅的生活方式与审美风神。洛阳牡丹因此成为文物风流之表征受宋人狂热膜拜、衷心神往。这也是为何平静达观的宋人对热闹繁华的洛阳牡丹如此执着的深刻内因。

小　结

总之，洛阳在北宋时期是牡丹的种植与观赏中心。洛阳牡丹以其品种之多、新品嬗替之速、栽接技术之精、观赏活动之盛赢得了甲天下之美誉，备受世人关注与推崇。洛阳成为牡丹之乡，天下热爱牡丹之人的朝圣之地；牡丹也为洛阳带来“花福”，成为这个城市的标志，为这个古老的城市添上了一份时尚风雅的时代气息，给它在北宋的进一步繁荣创造了良好的契机。北宋时期洛阳牡丹受到了极致的推崇，并形成了一个崇高而意蕴深厚的文化符号。洛阳与牡丹的结缘成就了北宋审美文化史上一个绚烂的奇迹。

洛阳牡丹之所以备受推崇，走向极度繁荣，并上升为崇高的文化符号不仅在于“洛阳地脉花最宜”，也不仅在于洛花之新奇娇艳甲于天下，更在于洛阳这一历史文化名城所赋予牡丹的繁荣富贵、太平昌盛的政治文化意蕴以及聚居洛阳的北宋文化精英之文化理想与审美观念熏染之下洛阳牡丹身上所渗透的高雅闲适、文物风流的艺术审美气质。

图 110　花开花落二十日，满城之人皆若狂。马海摄。

洛阳牡丹的文化意义在于它传递着文化精英对于文化发展方向与

审美艺术理想的观念态度，传递着文化精英的潇洒风流的风神气度，更传递着繁华安定的昌盛太平气象。这些对整个北宋社会上下有着莫大的吸引力与引导示范作用，在此后相当长的历史时期中更成为一种不可企及的治世理想盛景。[1]

① 本文插图属学术引用，多有网络资源，由于反复转载中作者擅署、误署现象比较严重，未能一一归功原拍摄者、提供者，在此对图片的实际作者和所有者致以诚挚的歉意和谢意！

征引文献目录

说明：

一、本著征引之古代四库各类及现当代各类资料汇编、学术专注均在此列，引用报刊文章仍见当页脚注。

二、按汉语拼音字母顺序排列。

1.《北宋文人集会与诗歌》，熊海英撰，北京：中华书局，2008。

2.《陈与义集》，［宋］陈与义撰，北京：中华书局，1982。

3.《池北偶谈》，［清］王士祯撰，北京：中华书局，1982。

4.《春渚纪闻》，［宋］何薳撰，北京：中华书局，1983。

5.《词话丛编》，唐圭璋撰，北京：中华书局，1986。

6.《诚斋乐府》，［明］朱有燉撰，上海：上海古籍出版社，1989。

7.《韩非子校注》，张觉校注，长沙：岳麓书社，2006。

8.《东京梦华录》，［宋］孟元老撰，济南：齐鲁书社，1996。

9.《帝京景物略》，［明］刘侗撰，北京：北京古籍出版社，2000。

10.《风月牡丹仙》，［明］朱有燉撰，中国国家图书馆藏明永乐宣德正统间自刻本。

11.《福州南宋黄昇墓》，福建省博物馆编，北京：文物出版社，1982。

12.《范成大笔记六种》，[宋] 范成大撰，北京：中华书局，2002。

13.《古今图书集成·草木典》，[清] 陈梦雷编，台北：鼎文书局，1977。

14.《古典戏曲存目汇考》，庄一拂撰，上海：上海古籍出版社，1982。

15.《广群芳谱》，[清] 汪灏撰，上海：上海书店，1985。

16.《后汉书》，[晋] 陈寿撰，北京：中华书局，1962。

17.《鹤林玉露》，[宋] 罗大经撰，北京：中华书局，1990。

18.《花与中国文化》，何小颜撰，北京：人民出版社，1999。

19.《荆楚岁时记》，[南朝] 宗懔撰，谭麟译注，武汉：湖北人民出版社，1986。

20.《旧唐书》，[汉] 刘昫撰，北京：中华书局，1975。

21.《洛阳名园记》，[宋] 李格非撰，北京：中华书局，1960。

22.《洛阳牡丹》，王世端撰，北京：中国旅游出版社，1980。

23.《洛阳市志·牡丹志》，洛阳市地方史志编纂委员会编，郑州：中州古籍出版社 1998。

24.《明代杂剧全目》，傅惜华撰，北京：中国戏剧出版社，1958。

25.《渑水燕谈录》，[宋] 王辟之撰，北京：中华书局，1981。

26.《牡丹史》，[明] 薛凤翔撰，李冬生注，合肥：安徽人民出版社 1983。

27.《牡丹人物志》，李保光主编，济南：山东文化音像出版社，2000。

28.《墨庄漫录》，[宋]张邦基撰，北京：中华书局，2002。

29.《梅文化论丛》，程杰撰，北京：中华书局，2008。

30.《能改斋漫录》，[宋]吴曾撰，上海：上海古籍出版社，1979。

31.《南宋咏梅词研究》，赖庆芳撰，台北：台湾学生书局，2003。

32.《欧阳文忠公文集》，[宋]欧阳修撰，上海：商务印书馆，1936。

33.《全唐诗》，[清]彭定求等编，北京：中华书局，1960。

34.《全元散曲》，隋树森编，北京：中华书局，1964。

35.《全宋词》，唐圭璋编，北京：中华书局，1965。

36.《全芳备祖》，[宋]陈景沂撰，北京：中国农业出版社，1982。

37.《全唐文》，[清]董诰等辑，北京：中华书局，1983。

38.《群芳谱诠释》，[明]王象晋撰，北京：农业出版社，1985。

39.《青楼集笺注》，孙崇注，北京：中国戏剧出版社，1990。

40.《全明散曲》，谢伯阳撰，济南：齐鲁书社，1994。

41.《全宋诗》，北京大学古文献研究所编，北京：北京大学出版社，1998。

42.《全唐诗》，中华书局编辑部，北京：中华书局，1999。

43.《全辽金诗》，阎凤梧、康金声编，太原：山西古籍出版社，

2003。

44.《全宋文》，曾枣庄、刘琳主编，上海：上海辞书出版社，2006。

45.《全芳备祖》，陈景沂辑，程杰、王三毛点校，杭州：浙江古籍出版社，2014。

46.《石湖集》，[宋]范成大撰，上海：上海古籍出版社，1981。

47.《宋史》，[元]脱脱等撰，北京：中华书局，1983。

48.《苏东坡全集》，[宋]苏轼撰，北京：中国书店，1986。

49.《说郛》，[元]陶宗仪撰，北京：中国书店，1986年影印本。

50.《事物纪原》，[宋]高承撰，北京：中华书局，1989。

51.《宋诗选注》，钱钟书撰，北京：人民文学出版社，1989。

52.《宋元珍稀地方志丛刊》，中华书局编辑部编，北京：中华书局，1990。

53.《岁时广记》，[宋]陈元靓撰，北京：中华书局，1999年影印本。

54.《宋元笔记小说大观》，上海古籍出版社编，上海：上海古籍出版社，2001。

55.《宋代咏梅文学研究》，程杰撰，合肥：安徽文艺出版社，2002。

56.《诗经植物图鉴》，潘富俊撰，上海：上海书店出版社，2003。

57.《士与中国文化》，余英时撰，上海：上海人民出版社，2003。

58.《诗经译注》，程俊英译注，上海：上海古籍出版社，2004。

59.《宋集珍本丛刊》，舒大刚主编，北京：线装书局，2004。

60.《宋代咏物词史论》，路成文撰，北京：商务印书馆，2005。

61.《宋史专题课》，邓广铭、漆侠撰，北京：北京大学出版社，2008。

62.《邵雍集》，［宋］邵雍撰，北京：中华书局 2010。

63.《太平御览》，［宋］李昉等编，北京：中华书局，1960。

64.《唐国史补》，［唐］李肇撰，上海：上海古籍出版社，1979。

65.《唐五代笔记小说大观》，上海古籍出版社主编，上海：上海古籍出版社，2000。

66.《通志》，［宋］郑樵撰，杭州：浙江古籍出版社，2000。

67.《唐宋诗歌论集》，莫砺锋撰，南京：凤凰出版社，2007。

68.《唐诗纪事校笺》，［宋］计有功撰，王仲镛校笺，北京：中华书局，2009。

69.《吴郡志》，［宋］范成大撰，《影印文渊阁四库全书》本。

70.《渭南文集》，［宋］陆游撰，上海：商务印书馆，1936。

71.《文献通考》，［元］马端临撰，北京：中华书局，1986。

72.《文史通义新编》，章学诚撰，上海：上海古籍出版社，1993。

73.《五代王处直墓》，河北省文物研究所编，北京：文物出版社，1998。

74.《五杂俎》，［明］谢肇淛撰，上海：上海书店，2001。

75.《王世襄集》，王世襄撰，北京：三联书店，2013。

76.《续资治通鉴长编》，宋李焘撰，北京：中华书局，1986。

77.《西湖梦寻》，［明］张岱撰，上海：上海古籍出版社，1982。

78.《西溪丛语》，［宋］姚宽撰，北京：中华书局，1993。

79.《宣和画谱》，潘云告主编，长沙：湖南美术出版社，1999。

80.《元代杂剧全目》，傅惜华撰，北京：作家出版社，1957。

81.《原诗》，［清］叶燮撰，北京：人民文学出版社 1979。

82.《酉阳杂俎》，［唐］段成式撰，北京：中华书局，1981。

83.《元白诗笺证稿》，陈寅恪撰，北京：三联书店，2001。

84.《袁宏道集笺校》，［明］袁宏道撰，钱伯城笺校，上海：上海古籍出版社，2008。

85.《明杂剧史》，徐子方撰，北京：中华书局，2004。

86.《中国农学全录》，王毓瑚撰，北京：农业出版社，1958。

87.《直斋书录解题》，［宋］陈振孙撰，上海：上海古籍出版社，1987。

88.《中国牡丹谱》》，肖鲁阳、孟繁书，北京：农业出版社，1989。

89.《中国花经》，陈俊愉、程绪珂主编，上海：上海文艺出版社，1990。

90.《中国牡丹与芍药》，王莲英主编，北京：中国林业出版社，1996。

91.《中国牡丹品种图志》，李嘉珏主编，北京：中国林业出版社，1998。

92.《中国绘画全集》，李丽萍等主编，北京：文物出版社，1999。

93.《中国牡丹纹图谱》，陈鲁夏，谭红丽撰，北京：北京工艺美术出版社，2000。

94.《中国园林文化》，曹明纲撰，上海：上海古籍出版社，2001。

95.《中国文物定级图典》，马自树编，上海：上海辞书出版社，2001。

96.《周敦颐集》，［宋］周敦颐撰，长沙：岳麓书社，2002。

97.《中国牡丹全书》，蓝保主编，北京：中国科学技术出版社，2002。

98.《中国韵文史》，龙榆生撰，上海：上海古籍出版社，2002。

99.《中国祥瑞象征图说》，月生撰，北京：人民美术出版社，2004。

100.《中国文学理论》，［美］刘若愚撰，杜国清译，南京：江苏教育出版社，2006。

101.《中国出土壁画全集》，徐光冀等编，北京：科学出版社，2012。